KB072069

최신판

생활 속
영양학

이승림 · 이순희 · 최현숙 공저

이 책을 펴내면서

 최근 우리 사회는 서구화된 식습관과 생활양식의 변화로 식품 섭취와 관련된 만성질환의 발병과 이에 따른 사망률도 증가하고 있습니다. 이러한 문제의 주된 원인으로 영양 불균형과 잘못된 생활양식을 들 수 있습니다. 건강과 영양에 대한 관심이 급증함에 따라 범람하는 영양정보 속에서 건강한 100세를 위하여 영양상태를 개선하고 질병예방을 도모하기 위해 올바른 영양지식과 정보 전달의 중요성이 부각되고 있는 실정입니다.

 따라서 이 책은 수많은 정보의 홍수 속에서 올바른 영양정보를 구별할 수 있는 능력을 키우고 실생활에 적용시키기 위해 영양에 관한 기초이론을 습득할 수 있도록 6대 영양소의 종류, 성질, 소화흡수 및 대사, 결핍증, 급원식품을 비롯한 영양소별 한국인의 영양소섭취 실태에 대해 정리하고, 각 내용에 대한 이해를 돕고자 여러 가지 표와 그림들을 함께 제시하였습니다.

 집필진들이 다년간 영양학 강의를 하면서 느꼈던 영양학의 기초와 심화부분을 구별하여 식품·영양 전공자뿐 아니라 비전공자들 역시 이해하기 쉽게 구성하였기에 영양학 강의를 위한 교재뿐 아니라 100세 시대를 위한 현대인들의 식생활 길라잡이 역할 또한 할 수 있기를 소망합니다.

 집필진 모두 최신 영양정보를 토대로 자료를 제공하고자 노력했으나 부족한 부분이 많으리라 생각됩니다. 금번에 미흡한 부분들은 앞으로도 계속 보완해 나갈 것을 약속드리며 이 책을 대하는 많은 분들의 아낌없는 조언을 부탁드립니다.

 끝으로 이 책을 출판하는데 여러모로 애써주신 도서출판 효일 김홍용 사장님을 비롯한 임직원 여러분들께 진심으로 감사드리며 이 책이 나오기까지 주변에서 심적으로 많은 격려를 아끼지 않았던 저자들의 가족들에게도 감사함을 전하고 싶습니다.

저자 일동

Content

CHAPTER

01

영양과 건강

인간이 생명을 유지하기 위해서는 산소와 물, 그리고 영양소가 필요하다. 이 중 식품을 통해 공급되는 영양소는 체내에서 다양한 생리작용을 통해 신체가 최적의 건강상태를 유지할 수 있도록 한다.

평균수명이 길어지고 건강에 대한 관심이 높아지면서 사람들은 어떤 음식을 어떻게 먹어야 건강하고 오래 살 수 있는지에 대해 고민하게 되었다. 즉 건강을 우선으로 하여 삶의 질을 추구하는 생활방식의 개념들이 식생활에도 대두되었다.

1. 영양과 영양소의 정의

영양(nutrition)이란 인체를 비롯한 생물체가 식품에 함유된 성분을 이용해서 성장, 생명유지 및 활동을 계속하는 과정이다. 다시 말해 외부로부터 음식을 섭취하여 이것을 소화흡수시킨 후 영양소를 이용함으로써 건강을 유지하고, 노폐물을 체외로 배설하는 일련의 과정을 말한다.

영양소(nutrient)는 생명을 유지하기 위해 식품에서 섭취·공급되는 것으로 체내에 열량을 생성하고 신체를 구성·성장시키고 체조직을 유지·보수하며 인체의 기능을 조절하는 성분들이다. 영양소는 크게 탄수화물, 지질, 단백질, 비타민, 무기질, 그리고 수분의 6대 영양소로 분류된다[표 1-1]. 이 중 탄수화물, 지질, 단백질은 신체에 에너지를 제공하는 3대 영양소로 분류하며, 특히 탄수화물과 지질이 주된 에너지 영양소이다. 그 외 비타민, 무기질, 그리고 수분은 에너지를 제공하지는 못하나 체내 생리 조절을 위해 필요한 영양소들이다.

영양학(science of nutrition)이란 사람이 식품을 섭취한 후 체내에서 일어나는 일련의 과정을 다루는 학문으로 영양을 과학적으로 체계화한 것이다. 즉, 인체에 영양소를 공급하여 그 영양소에 의해 인체의 건강이 유지·변화되는 과정을 연구하는 학문이라고 할 수 있다. 따라서 영양학에서는 영양소의 특성, 소화, 흡수, 대사, 저장 및 배설되는 과정뿐만 아니라 결핍증, 과잉증, 급원식품 및 나아가 바람직한 식생활을 영위하기 위한 영양소 섭취기준과 식사지침 등을 다루게 된다.

영양 식품을 이용해서 성장, 생명 유지 및 활동을 계속하는 과정
영양소 인체의 기능을 조절하는 성분들
영양학 영양소에 의해 인체의 건강이 유지·변화되는 과정을 연구하는 학문

표 1-1 영양소의 종류

영양소	종류	
탄수화물	포도당, 과당, 갈락토오스, 유당, 서당, 올리고당, 전분, 식이섬유소 등	
지질	중성지방, 인지질, 콜레스테롤 리놀레산, 리놀렌산, 아라키돈산, EPA, DHA 등	
단백질(아미노산)	히스티딘, 이소루신, 루신, 메티오닌, 리신, 페닐알라닌, 트레오닌, 트립토판, 발린 등	
비타민	지용성 비타민	비타민 A, 비타민 D, 비타민 E, 비타민 K
	수용성 비타민	비타민 B_1, 비타민 B_2, 니아신, 판토텐산, 비타민 B_6, 엽산, 비타민 B_{12}, 비오틴, 비타민 C 등
무기질	다량무기질	칼슘, 인, 마그네슘, 나트륨, 칼륨, 염소, 황
	미량무기질	철, 아연, 구리, 요오드, 셀레늄, 불소, 망간, 크롬, 몰리브덴, 코발트 등
수분	수분	

인간이 생명을 유지하기 위해서는 여러 종류의 다양한 영양소가 필요하다. 이들 영양소는 주로 식품 속에 함유되어 있지만 때로는 인체 내에서 합성되기도 하고 섭취된 영양소가 체내에서 다른 영양소로 전환되기도 한다. 체내에서 각각의 영양소가 하는 일은 다르다. 대사과정을 거쳐 에너지를 공급해 주거나, 체조직을 구성하고, 체내의 대사과정이 정상적으로 이루어질 수 있도록 조절해 준다[표 1-2]. 영양소의 작용은 서로 연관되어 있으며, 또한 서로 보완하여 작용하므로 균형 있는 영양소의 섭취가 매우 중요하다.

표 1-2 영양소의 주요작용

영양소	에너지원	체조직 구성	체내 대사 조절
탄수화물	●		
지질	●	●	
단백질	●	●	●
비타민			●
무기질		●	●
수분		●	●

2. 영양과 건강

세계보건기구(WHO)에 의하면 "건강이란 단지 질병이 없거나 허약하지 않은 상태만을 의미하는 것이 아니라, 육체적·정신적·사회적으로 완전히 양호한 상태를 의미한다."라고 정의하였다. 추가적으로 "건강이란 긍정적이고 진취적인 자세를 바탕으로 삶에 대해 정신적, 육체적 그리고 사회적으로 적응하고 있는 상태"라고 설명할 수 있다. 개인의 건강은 유전·성별·연령 등의 생물학적 요인, 공해·소음·방사능·교육·사회경제적 여건·주거 상태 등의 환경요인, 의료체계와 진료시설 등의 보건의료 요인, 식사·운동·휴식·흡연·음주·스트레스, 안전벨트 사용 등 생활습관 요인의 영향을 받는다[그림 1-1]. 이 중 생활습관 요인이 50%를 차지하고 있으며 그중 가장 중요한 부분이 식생활인 것으로 학자들은 주장하고 있다. 따라서 식생활은 인간의 생명유지에 필수적이며 건강한 삶을 유지하기 위하여 매우 중요하고 우리 몸에 필요한 영양과 영양소를 공급해 줄 뿐만 아니라 체내 방어체계를 튼튼하게 하여 질병을 예방하고 치료하는 데 밀접한 연관이 있다.

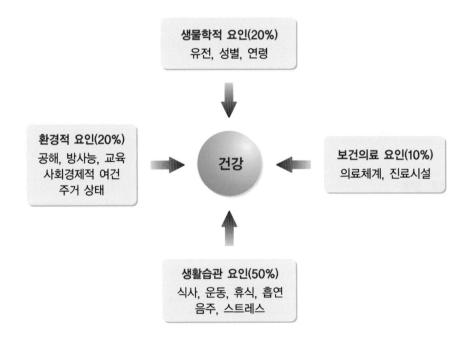

[그림 1-1] 건강에 영향을 미치는 위험 요인

영양과 건강과의 관계

- **영양상태와 분명한 관련이 있는 건강문제**: 비만, 영양부족, 성장지연, 철 결핍성 빈혈, 충치 등
- **영양문제가 여러 위험요인 중의 한 가지로 작용하는 건강문제**: 저체중아 출산, 선천성대사 장애, 대사성 질환, 고혈압, 일부 암(대장암, 유방암, 폐암 등), 골다공증, 뇌졸중 등
- **영양상태가 건강상태를 호전 또는 조절할 수 있는 건강문제**: 에이즈, 당뇨병, 위장관질환, 신장질환 등

인체가 건강을 유지하기 위해서는 영양소를 적정수준으로 섭취하는 것이 필요하다. 적정 범위보다 약간 적거나, 약간 많은 경계수준으로 영양소를 섭취하는 경우에는 신체의 기능이 감소하게 된다. 더 나아가 영양소를 적정 수준보다 크게 부족하게 또는 더 많이 섭취하면, 결핍증이나 독성을 일으키게 되고 심하면 사망에 이르게 된다[그림 1-2].

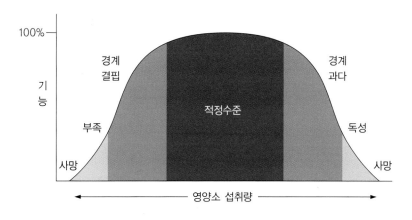

[그림 1-2] **영양소 섭취량과 건강상태**

과거에는 영양소의 섭취부족과 열악한 의료 및 주거환경으로 인해 폐결핵, 폐렴 등으로 대표되는 감염성 질환이 질병의 대부분을 차지하였다. 그러나 현대 사회에서는 영양부족에 의한 문제는 감소하는 반면, 악성 신생물, 순환기계 질환 등의 만성질환이 만연되고 있다. 만성질환의 발생은 집단의 위생관리보다는 유전, 연령, 성별, 생활양식, 환경인자 그리고 식습관에 의하여 영향을 받는다. 이 중 식습관은 다른 요인에 비해 우리가 스스로 조절할 수 있는 요인이므로 만성질환의 예방뿐만 아니라 치료를 위해서는 올바른 식생활이 반드시 요구된다. 따라서 인간의 건강한 삶에 있어서 영양의 역할이 과거와는 다른 의미로 더욱더 중요시되고 있다.

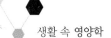

3. 건강한 식생활

식품에 함유된 영양소의 종류와 양은 서로 다르며 한 가지 식품에 모든 영양소가 들어 있지는 않으므로, 인체에 필요한 여러 영양소를 얻으려면 다양한 식품을 골고루 섭취하는 것이 필요하다. 또한 건강을 유지하기 위해서는 에너지와 영양소를 적정수준으로 섭취하는 것이 중요하므로 너무 많거나 적지 않게 필요한 만큼 적당량을 섭취하는 것이 필요하다. 즉 건강한 식생활을 실천하기 위한 가장 기본적인 방법은 매일의 식사에서 **다양한 식품을, 적절한 양으로 골고루 섭취하여 영양의 균형**을 이루어야 하며 이들 개념은 각각 독립적이라기보다는 상호 연관적인 것으로 이해될 수 있다. 이를 위해 한국영양학회에서는 영양소 섭취기준을 제시하고, 영양소 섭취기준을 충족시키는 건강한 식사를 구성하도록 도와주기 위해 고안된 것이 식품군을 기준으로 작성된 식사구성안과 식품구성자전거이다.

(1) 한국인 영양소 섭취기준

한국인 영양소 섭취기준은 건강한 개인 및 집단을 대상으로 하여 국민의 건강을 유지·증진하고 식사와 관련된 만성질환의 위험을 감소시켜 궁극적으로 국민의 건강수명을 증진하기 위한 목적으로 설정된 에너지 및 영양소 섭취량 기준이다. 이는 에너지 및 영양소 섭취 부족뿐 아니라 과잉 섭취로 인한 건강문제 예방과 만성질환에 대한 위험의 감소하는 것에 목표를 두고 있다.

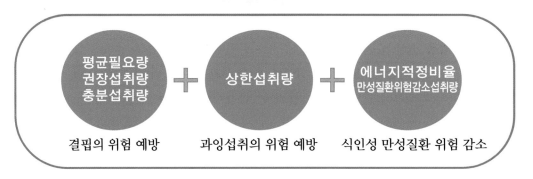

[그림 1-3] 2020 한국인 영양소 섭취기준 방향

1) 영양소 섭취기준의 구성

2005년에는 영양소 권장섭취량뿐 아니라, 최근 문제가 되고 있는 만성질환이나 영양소 과다섭취에 관한 우려와 예방의 필요성을 고려하고, 비타민과 무기질 보충 및 영양소강화 또는 첨가식품의 이용 등 환경 변화 등을 고려한 새로운 개념의 영양섭취기준(Dietary Reference Intakes; DRIs)이 제정되었다. 2015년 영양소 섭취기준이 도입되었고, 2020 한국인 영양소 섭취기준에는 **안전하고 충분한 영양을 확보하는 기준치**[평균필요량(estimated average requirement; ERS), 권장섭취량(recommended nutrient intake; RNI), 충분섭취량 (adequate intake; AI), 상한섭취량(tolerable upper intake level; UL)]와 식사와 관련된 **만성질환 위험감소를 고려한 기준치**(에너지 적정비율, 만성질환 위험감소량)를 제시하였다[표 1-3, 그림 1-3].

영양소 섭취기준은 그 활용도와 효과를 높이기 위해 매 5년마다 최신 과학적 연구결과, 우리 국민의 체위와 질병 양상의 변화 그리고 식생활과 식생활 변화 등을 반영하여 제·개정하고 있다. 개정된 2020년 한국인 영양소 섭취기준은 부록에 제시하였다.

영양소 섭취기준 제정 이전에는 영양권장량이 1962년에 세계 식량농업기구와 세계보건기구 한국위원회에 의하여 최초로 제정된 이후 2000년, 7차 개정까지 한국영양학회에 의해 5년마다 재정하면서 적용하였다.

표 1-3 영양소 섭취기준의 개념

구성	개념
평균필요량(EAR)	• 건강한 사람들의 1일 필요량의 중앙값 • 인구집단 절반의 1일 필요량을 충족시키는 값
권장섭취량(RNI)	• 평균필요량에 표준편차의 2배를 더하여 정한 값(개인차 감안) • 인구집단의 97~98%의 영양필요량을 충족시키는 값
충분섭취량(AI)	• 평균필요량을 산정할 자료가 부족하여 권장섭취량을 정하기 어려운 경우에 제시하기 위한 값 • 건강한 인구집단의 영양섭취량을 추정 또는 관찰하여 정한 값
상한섭취량(UL)	• 과다 섭취 시 독성을 나타낼 위험이 있는 영양소를 대상으로 선정 • 인체 건강에 유해한 영양을 나타내지 않을 최대 영양소 섭취기준
에너지 적정비율	• 에너지 섭취비율이 건강과 관련성이 있다는 과학적 근거 • 탄수화물 · 지질 · 단백질의 에너지 적정비율 설정
만성질환 위험감소 섭취량	• 건강한 인구집단에서의 만성질환의 위험을 감소시킬 수 있는 영양소의 최저 수준의 섭취량

2) 영양소 섭취기준의 활용

영양소 섭취기준은 건강한 개인 또는 집단을 대상으로 하여 이들의 식사섭취상태를 평가하고 식사를 계획하는 데 주로 활용된다. 즉 개인이나 집단의 식사를 통한 영양소 섭취가 적절한지를 평가하여 영양문제를 진단하고, 영양부족이나 영양과잉이 되지 않으면서도 적절한 영양을 공급할 수 있는 식사계획을 세우는 데 활용된다. 따라서 지역사회 집단 또는 개인의 영양상태를 판정하고 식사계획을 수립하고자 할 때에는 영양소 섭취기준의 내용을 충분히 이해하여 목적에 맞게 사용하는 것이 중요하다[그림 1-4, 표 1-4].

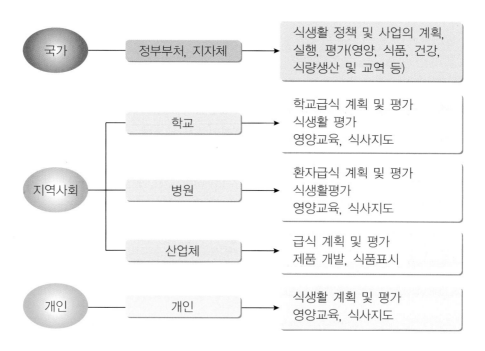

[그림 1-4] 각 분야별 영양소 섭취기준 활용

표 1-4 한국인 1일 영양소 섭취기준

성별		남자			여자		
연령(세)		15~18	19~29	30~49	15~18	19~29	30~49
체위기준치	신장(cm)	172.4	174.6	173.2	160.3	161.4	159.8
	체중(kg)	64.5	68.9	67.8	53.8	55.9	54.7
에너지(kcal)	필요추정량	2,700	2,600	2,500	2,000	2,000	1,900
단백질(g)	권장섭취량	65	65	65	55	55	50
식이섬유(g)	충분섭취량	30	30	30	25	20	20
수분(mL)	충분섭취량	2,600	2,600	2,500	2,000	2,100	2,000
비타민 A(μgRAE)	권장섭취량	850	800	800	650	650	650
비타민 D(μg)	충분섭취량	10	10	10	10	10	10
비타민 E(mg α-TE)	충분섭취량	12	12	12	12	12	12
비타민 K(μg)	충분섭취량	80	75	75	65	65	65
티아민(mg)	권장섭취량	1.3	1.2	1.2	1.1	1.1	1.1
리보플라빈(mg)	권장섭취량	1.7	1.5	1.5	1.2	1.2	1.2
니아신(mgNE)	권장섭취량	17	16	16	14	14	14
비타민 B$_6$(mg)	권장섭취량	1.5	1.5	1.5	1.4	1.4	1.4
엽산(μgDFE)	권장섭취량	400	400	400	400	400	400
비타민 B$_{12}$(μg)	권장섭취량	2.4	2.4	2.4	2.4	2.4	2.4
판토텐산(mg)	충분섭취량	5	5	5	5	5	5
비오틴(μg)	충분섭취량	30	30	30	30	30	30
비타민 C(mg)	권장섭취량	100	100	100	100	100	100
칼슘(mg)	권장섭취량	900	800	800	800	700	700
인(mg)	권장섭취량	1,200	700	700	1,200	700	700
마그네슘(mg)	권장섭취량	410	360	370	340	280	280
나트륨(mg)	충분섭취량	1,500	1,500	1,500	1,500	1,500	1,500
칼륨(mg)	충분섭취량	3,500	3,500	3,500	3,500	3,500	3,500
염소(mg)	충분섭취량	2,300	2,300	2,300	2,300	2,300	2,300
철(mg)	권장섭취량	14	10	10	14	14	14
아연(mg)	권장섭취량	10	10	10	9	8	8
구리(μg)	권장섭취량	900	850	850	700	650	650
요오드(μg)	권장섭취량	130	150	150	130	150	150
셀레늄(μg)	권장섭취량	65	60	60	65	60	60
불소(mg)	충분섭취량	3.2	3.4	3.4	2.7	2.8	2.7
망간(mg)	충분섭취량	4.0	4.0	4.0	3.5	3.5	3.5
크롬(μg)	충분섭취량	35	30	30	20	20	20
몰리브덴(μg)	권장섭취량	30	30	30	25	25	25

자료: 보건복지부, 한국영양학회. 2020 한국인 영양소 섭취기준(2020)

(2) 식사구성안

우리나라 사람들이 좋은 영양상태를 유지하기 위해서는 균형 잡힌 식사가 필요하다. 따라서 영양학을 전공하지 않은 일반인들이 영양적으로 만족할만한 식사를 제공할 수 있는 식단을 계획하거나 먹은 음식의 영양가를 평가하는 데 도움을 주기 위해서 다음과 같은 식사구성안이 제시되었다.

- 식품에 함유된 영양소의 특성에 따라 6가지 식품군으로 나눈다.
- 각 식품군에 속하는 식품마다 일상적으로 1회에 섭취하는 1인 1회 분량을 정한다.
- 생애주기 및 성별에 따라 하루에 섭취해야 할 각 식품군의 횟수를 정한다.

1) 식품군

식품군은 균형 잡힌 식생활을 위하여 매일의 식생활에서 반드시 먹어야 하는 식품들로서 주로 식품에 함유된 영양소의 종류를 중심으로 하여 분류한다. 각 나라마다 국민 특유의 식생활을 감안하여 4~7개군으로 정하고 있으며, 우리나라는 6가지 식품군을 정하고 있다.

표 1-5 식품군의 분류, 해당 식품 및 기준 영양소

식품군	해당 식품	기준 영양소
곡류	곡류, 면류, 떡류, 빵류, 시리얼류, 감자류, 기타(묵, 밤, 밀가루), 과자류	탄수화물, 식이섬유
고기·생선·달걀·콩류	육류, 어패류, 난류, 콩류, 견과류*	단백질, 지질, 비타민, 무기질
채소류	채소류, 해조류, 버섯류	식이섬유, 비타민, 무기질
과일류	과일류, 주스류	식이섬유, 비타민, 무기질
우유·유제품류	우유, 유제품	단백질, 비타민, 칼슘
유지·당류	유지류, 당류	지질, 당류

* 고기·생선·달걀·콩류에 견과류가 포함됨

2) 식품군별 대표식품의 1인 1회 분량

1인 1회 분량은 통상적으로 대부분의 국민들이 한 번에 섭취하고 있다고 생각되는 식품의 양으로서 건강하고 질병이 없는 일반인들로 하여금 식사구성 계획을 쉽게 하도록 돕기 위한 수단으로 개발되었다. 식품의 1인 1회 분량(serving size)은 한 사람이 한 번에 섭취해야 하는 식품의 양을 의미하는 것이 아니라, 일반적으로 대부분의 사람이 한 번에 섭취하고 있다고 생각되는 식품의 양(예: 밥 한 공기, 우유 한 컵 등)을 뜻한다. 각 식품군에 속하는 식품의 1회 분량은 국민건강영양조사 자료를 기초로 하였다. 우선 각 식품군별로 섭취량이 상대적으로 높고, 영양소별로 기여도가 높으며, 연령별로 상용되는 식품을 고려하여 대표식품을 선정하였다. 그 다음 건강한 일반 사람들의 일반적인 1회 섭취량을 참고로 하여 1인 1회 분량을 선정하였다[그림 1-5].

* 표시는 0.3회

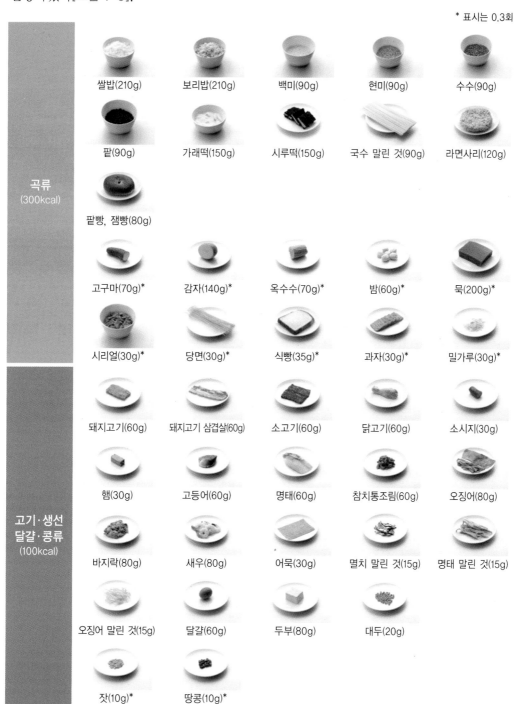

곡류
(300kcal)

쌀밥(210g)   보리밥(210g)   백미(90g)   현미(90g)   수수(90g)

팥(90g)   가래떡(150g)   시루떡(150g)   국수 말린 것(90g)   라면사리(120g)

팥빵, 잼빵(80g)

고구마(70g)*   감자(140g)*   옥수수(70g)*   밤(60g)*   묵(200g)*

시리얼(30g)*   당면(30g)*   식빵(35g)*   과자(30g)*   밀가루(30g)*

고기·생선
달걀·콩류
(100kcal)

돼지고기(60g)   돼지고기 삼겹살(60g)   소고기(60g)   닭고기(60g)   소시지(30g)

햄(30g)   고등어(60g)   명태(60g)   참치통조림(60g)   오징어(80g)

바지락(80g)   새우(80g)   어묵(30g)   멸치 말린 것(15g)   명태 말린 것(15g)

오징어 말린 것(15g)   달걀(60g)   두부(80g)   대두(20g)

잣(10g)*   땅콩(10g)*

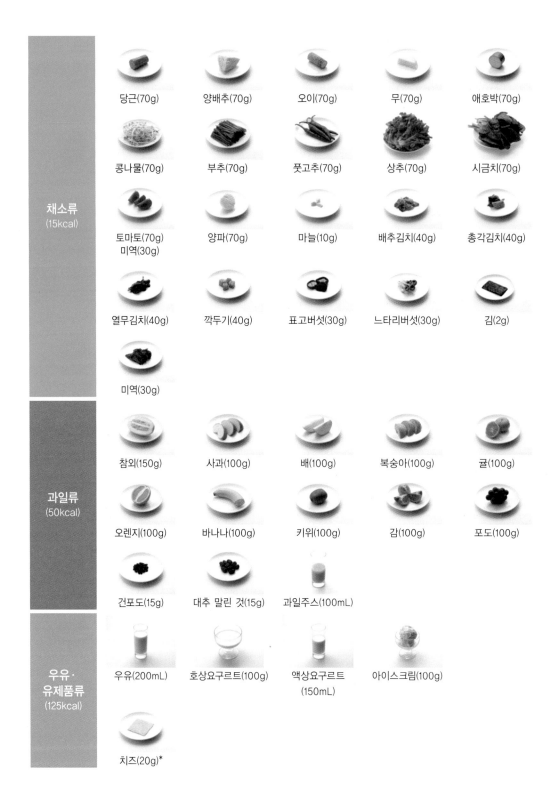

채소류 (15kcal)

당근(70g) 양배추(70g) 오이(70g) 무(70g) 애호박(70g)

콩나물(70g) 부추(70g) 풋고추(70g) 상추(70g) 시금치(70g)

토마토(70g) 양파(70g) 마늘(10g) 배추김치(40g) 총각김치(40g)
미역(30g)

열무김치(40g) 깍두기(40g) 표고버섯(30g) 느타리버섯(30g) 김(2g)

미역(30g)

과일류 (50kcal)

참외(150g) 사과(100g) 배(100g) 복숭아(100g) 귤(100g)

오렌지(100g) 바나나(100g) 키위(100g) 감(100g) 포도(100g)

건포도(15g) 대추 말린 것(15g) 과일주스(100mL)

우유·유제품류 (125kcal)

우유(200mL) 호상요구르트(100g) 액상요구르트(150mL) 아이스크림(100g)

치즈(20g)*

[그림 1-5] 식품군별 대표식품의 1인 1회 분량

자료: 보건복지부, 한국영양학회. 2015 한국인 영양소 섭취기준(2015)

3) 권장식사패턴

영양소 섭취기준을 만족하는 1일 식사구성 즉, 식품군별 1일 권장섭취횟수를 제시하기 위해 개발된 것이 권장식사패턴이다. 권장식사패턴은 반드시 이렇게 먹어야 한다는 것이 아니라, 이런 정도의 식사구성을 하면 영양소 섭취기준을 잘 만족시킬 수 있다는 의미의 예로서 제시한 것이다. 따라서 식품군별 대표식품에 따른 1인 1회 분량과 권장식사패턴을 이용하면 쉽게 개인의 식사계획과 식단을 구성할 수 있다.

권장식사패턴은 A타입과 B타입의 두 가지로 나누어 필요 열량별로 제시하였다. 어린이와 청소년의 경우는 우유·유제품을 하루 2회 섭취하는 것을 기준으로 하였으며(A타입), 성인은 1회 섭취하는 것을 기준으로 하였다(B타입). 이는 어린이, 청소년, 그리고 성인의 음식섭취 양상이 다르고, 우유·유제품에 대한 기호도 차이가 큼을 고려한 것이다. 성별·연령별 1일 권장식사패턴은 [표 1-6]에 제시하였으며, 성인기 여자(19~64세, 1,900kcal, B타입)와 성인기 남자(19~64세, 2,400kcal, B타입)의 식단구성의 예는 [표 1-7]과 같다.

표 1-6 권장식사패턴(섭취횟수)

적용대상	A타입					B타입			
	1,400 kcal	1,700 kcal	1,900 kcal	2,000 kcal	2,600 kcal	1,600 kcal	1,900 kcal	2,000 kcal	2,400 kcal
식품군	3~5세 유아	6~11세 여	6~11세 남	12~18세 여	12~18세 남	65세~ 여	19~64세 여	65세~ 남	19~64세 남
곡류	2	2.5	3	3	3.5	3	3	3.5	4
고기·생선 달걀·콩류	2	3	3.5	3.5	5.5	2.5	4	4	5
채소류	6	6	7	7	8	6	8	8	8
과일류	1	1	1	2	4	1	2	2	3
우유·유제품류	2	2	2	2	2	1	1	1	1
유지·당류	4	5	5	6	8	4	4	4	6

자료: 보건복지부, 한국영양학회. 2015 한국인 영양소 섭취기준(2015)

표 1-7 식사구성의 예

19~64세 여성 권장 식단(B타입 1,900kcal)					(회 분량)
메뉴	분량	아침	점심	저녁	간식
		쌀밥 달걀국 땅콩멸치볶음 애호박나물 깍두기	보리밥 팽이버섯된장국 소불고기 콩나물무침 오이소박이	떡국 갈치카레구이 꽈리고추볶음 배추겉절이 양배추샐러드	우유 토마토 귤 포도
곡류	3회	쌀밥 210g ❶	보리밥 210g ❶	가래떡 150g ❶	
고기·생선 달걀·콩류	4회	달걀 30g ❲0.5❳ 건멸치(소) 15g ❶ 땅콩 6g ❲0.2❳	소고기 60g ❶	소고기 18g ❲0.3❳ 갈치 60g ❶	
채소류	8회	애호박 70g ❶ 깍두기 40g ❶	팽이버섯 15g ❲0.5❳ 양파 35g ❲0.5❳ 콩나물 70g ❶ 오이 70g ❶	꽈리고추 35g ❲0.5❳ 배추 35g ❲0.5❳ 양배추 70g ❶	토마토 70g ❶
과일류	2회				귤 100g ❶ 포도 100g ❶
우유·유제품류	1회				우유 200mL ❶

구분	식단	식단사진	
		식사	간식
아침	쌀밥 달걀국 땅콩멸치볶음 애호박나물 깍두기		우유, 토마토
점심	보리밥 팽이버섯된장국 소불고기 콩나물무침 오이소박이		귤
저녁	떡국 갈치카레구이 꽈리고추볶음 배추겉절이 양배추샐러드		포도

* 유지·당류 4회는 조리 시 소량씩 사용

19~64세 남성 권장 식단(B타입 2,400kcal)					(회 분량)
메뉴	분량	아침	점심	저녁	간식
		쌀밥 육개장 조기구이 콩자반 실파무침	잔치국수 동태전 느타리버섯볶음 시금치나물 가지나물	잡곡밥 미역국 수육 모듬쌈&쌈장 도토리묵무침 배추김치	시리얼 우유 배 단감 사과 군고구마 녹차
곡류	4회	쌀밥 210g ①	국수(생면) 210g ①	잡곡밥 210g ① 도토리묵 70g 0.1	시리얼 30g 0.3 고구마 140g 0.6
고기·생선 달걀·콩류	5회	소고기 30g 0.5 조기 60g ① 검정콩 20g ①	동태, 달걀 60g ①	돼지고기 90g 1.5	
채소류	8회	숙주, 고사리, 무 70g ① 실파 70g ①	애호박 17g 0.25 김 0.5g 0.25 느타리버섯 30g ① 시금치 70g ① 가지 70g ①	미역 15g 0.5 상추, 고추, 깻잎 70g ① 배추김치 40g ①	
과일류	3회				배 100g ① 단감 100g ① 사과 100g ①
우유· 유제품류	1회				우유 200mL ①

구분	식단	식단사진	
		식사	간식
아침	쌀밥 육개장 조기구이 콩자반 실파무침		시리얼, 우유, 배
점심	잔치국수 동태전 느타리버섯볶음 시금치나물 가지나물		단감, 사과
저녁	잡곡밥 미역국 수육 모듬쌈&쌈장 도토리묵무침 배추김치		군고구마, 녹차

* 유지·당류 6회는 조리 시 소량씩 사용   자료: 보건복지부, 한국영양학회. 2015 한국인 영양소 섭취기준(2015)

(3) 식품구성자전거

　일반인에게는 이 6가지 식품군에 속한 식품군들을 매일 골고루 먹도록 권장하고 있으며 식품군의 종류에 따라 여러 번 먹어야 할 식품군과 되도록 적게 먹어야 할 성격의 식품군이 있어 나라마다 이를 쉽게 이해시키기 위하여 다양한 그림이나 모형을 이용하고 있다. 우리나라에서는 식품구성자전거를 이용하고 있다. 식품구성자전거는 일반인들이 하루에 섭취하여야 할 식품의 종류와 중요성을 개략적으로 알 수 있도록 그림으로 제시한 것이다[그림 1-6]. 과거의 식품구성탑에서는 기초식품군의 종류와 양을 강조한 반면 새로이 개정된 식품구성자전거는 균형 잡힌 식품 섭취 외에 운동의 중요성과 수분 섭취를 강조하였다. 자전거 바퀴 모양의 면적을 6가지의 기초식품군의 권장식사패턴의 섭취 횟수와 분량에 비례하도록 분배하였고, 각 식품군의 상징색은 국제적인 영양교육의 통일성을 위하여 미국 식품피라미드의 식품군 색과 동일하게 사용하였다. 앞바퀴의 물 이미지를 통하여 수분 섭취의 중요성을 나타내었고 전체적인 자전거 모형으로 운동을 권장하였다. 식품구성자전거는 적절한 영양과 건강을 유지하기 위하여 권장식사패턴을 기준으로 한 균형 잡힌 식사와 수분 섭취의 중요성을 나타내고, 적절한 운동을 통해 비만을 예방하자는 의미를 나타낸다.

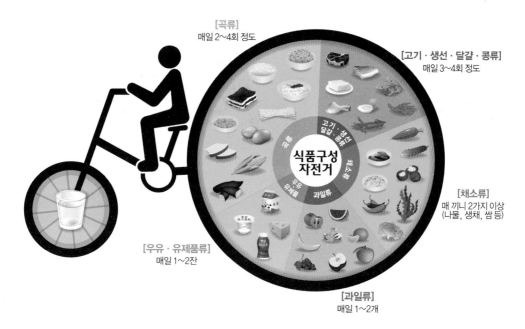

[그림 1-6] **식품구성자전거**

자료: 보건복지부, 한국영양학회. 2015 한국인 영양소 섭취기준(2015)

(4) 국민공통 식생활지침

2016년 보건복지부에서 농림축산식품부, 식품의약품안전처와 공동으로 국민의 바람직한 식생활을 위한 기본적인 9가지 수칙을 제시하였다. 균형 있는 영양소 섭취, 올바른 식습관 및 한국형 식생활, 식생활 안전들을 종합적으로 고려한 식생활 가이드라인이다.

❶ 쌀·잡곡, 채소, 과일, 우유·유제품, 육류, 생선, 달걀, 콩류 등 다양한 식품을 섭취하자

❷ 아침밥을 꼭 먹자

❸ 과식을 피하고 활동량을 늘리자

❹ 덜 짜게, 덜 달게, 덜 기름지게 먹자

❺ 단 음료 대신 물을 충분히 마시자

❻ 술자리를 피하자

⑦ 음식은 위생적으로, 필요한 만큼만 마련하자

⑧ 우리 식재료를 활용한 식생활을 즐기자

⑨ 가족과 함께 하는 식사 횟수를 늘리자

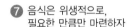

[그림 1-7] 국민공통 식생활지침

(5) 식품교환표

식사의 내용을 구체적으로 계산하고 점검하여 식사요법을 실천할 필요가 있는 경우에 식품의 영양가표를 이용하지 않고도 편리하게 영양소 섭취량을 추정할 수 있도록 도와주기 위하여 대한영양사협회와 대한당뇨병학회가 공동으로 개발한 식사계획 도구이다. 식품들을 영양소 조성이 비슷한 것끼리 묶어서 곡류군, 어육류군, 채소군, 지방군, 우유군, 과일군의 6가지 종류로 구분한다. 같은 군에 속한 식품들을 자유롭게 바꾸어 선택하여 먹음으로서 처방된 열량범위 안에서 벗어나지 않게 도와주므로 영양전문가가 아니더라도 간단한 교육을 통해 쉽게 운용할 수 있도록 고안되어 있다.

[표 1-8]과 같이 처방열량에 따른 식품군별 교환단위수가 함께 제시되므로 매 식사나 간식 때마다 자신이 어떤 식품군을 몇 단위 섭취하며 총 섭취량은 얼마나 되는지 일일이 점검해 나갈 수 있는 장점이 있다.

표 1-8 열량에 따른 식품군별 교환단위 수

처방열량 (kcal)	곡류군	어육류군	채소군	지방군	우유군	과일군
1,500	7	5	6	3	1	2
1,800	8	5	7	4	2	2
2,000	10	5	7	4	2	2
2,200	11	6	7	4	2	2
2,500	13	7	7	5	2	2

식품군		1교환 단위의 예						영양소(g)			열량 (kcal)
								당질	단백질	지방	
곡류군		쌀밥 70g (1/3공기)	삶은국수 90g (1/2공기)	식빵 35g (1쪽)	도토리묵 200g(1/2모)	감자 140g (중 1개)	크래커 20g (5개)	23	2	–	100
어육류군	저지방	소고기 40g(로스용 1장)		조기 50g(소 1토막)		멸치 15g(잔 것 1/4컵)		–	8	2	50
	중지방	달걀 55g(중 1개)		고등어 50g(소 1토막)		두부 80g(1/5모)		–	8	5	75
	고지방	닭고기 40g(닭다리 1개)		비엔나소시지 40g(5개)		치즈 30g(1.5장)		–	8	8	100
채소군		애호박 70g (중 1/3개)	오이 70g (중 1/3개)	당근 70g (대 1/3개)	시금치 70g (익혀서 1/3컵)	표고버섯 50g (대 3개)		3	2	–	20
지방군		호두 8g (중 1.5개)	땅콩 8g (8개)	잣 8g (1큰스푼)	옥수수기름 5g (1작은스푼)	마요네즈 5g (1작은스푼)		–	–	5	45
우유군	일반 우유	일반우유 200cc(1컵)			두유 200cc(1컵)			10	6	7	125
	저지방 우유	저지방우유 200cc(1컵)						10	6	2	80
과일군		수박 150g (중 1쪽)	귤 120g	사과 80g (중 1/3개)	바나나 50g (중 1/2개)	토마토 350g (소 2개)	키위 80g (중 1개)	12	–	–	50

[그림 1-8] 식품교환표

(6) 식품표시

1) 식품표시의 정의

식품표시는 식품에 관한 정보를 제품의 포장과 용기에 표시하는 것이다[그림 1-9]. 식품표시에 표시되는 항목은 제품명, 식품 유형, 업소명 및 소재지. 제조연월일, 유통기한, 내용량(중량·용량 또는 개수), 원재료명 및 함량, 성분명 및 함량, 영양정보, 기타사항 등이다. 식품표시를 통해 생산자는 소비자가 건전한 식생활을 할 수 있도록 정보를 제공하며, 소비자는 자신의 요구에 부합하는 식품을 선택하고 위생적으로 안전하게 취급·보관할 수 있다.

❶ 제품명(기구 또는 용기포장은 제외)	❷ 식품의 유형
❸ 업소명 및 소재지	❹ 제조연월일
❺ 유통기한 또는 품질유지기한	❻ 내용량(기구 또는 용기 포장은 제외)
❼ 원재료명(기본이 되는 원료와 재료, 기구 또는 용기 포장은 재질로 표시) 및 함량(원재료를 제품명 또는 제품명의 일부로 사용해야 하는 경우에 한함)	❽ 성분명 및 함량(성분표시를 하고자 하는 식품 및 성분명을 제품명 또는 제품명의 일부로 사용하는 경우에 한함)
❾ 영양정보(따로 정하는 식품)	❿ 기타 식품 등의 세부 표시기준에서 정하는 사항

[그림 1-9] 식품표시

2) 영양성분 표시(영양정보)

영양성분 표시는 가공식품에 들어 있는 영양성분 등에 관한 정보를 일정한 기준에 따라 표시하도록 관리하는 제도로, 제품의 영양정보를 제공하여 소비자가 건강한 식사에 필요한 식품을 확인하고 잘 선택할 수 있도록 도움으로써 국민 건강 증진에 기여하기 위한 것이다. 영양성분 표시에는 영양성분 표시와 영양성분 강조표시가 있다.

• **영양성분 표시**: 제품의 일정량에 함유된 영양성분의 함량을 표시하는 것이다. 의무표시 대상 영양소는 열량, 나트륨, 탄수화물, 당류, 지방, 트랜스지방, 포화지방, 콜레스테롤, 단백질의 9가지와 영양표시나 영양강조 표시를 하고자 하는 1일 영양성분 기준치에 명시된 영양성분을 포함한다. 총 내용량당, 단위 내용량당, 100g(mL)당, 1회 섭취참고량당으로 영양성분을 표시하며, 1일 영양성분 기준치는 식품 간의 영양성분을 쉽게 비교할 수 있도록 식품표시에서 사용하는 영양성분의 평균적인 1일 섭취기준량을 말한다[표 1-9, 그림 1-10].

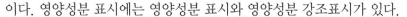

표 1-9 우리나라 영양성분 표시 대상 식품 및 영양소

표시 대상 식품	대상 영양성분
	의무 표시 영양성분
1. 레토르트식품(축산물 제외)	• 열량
2. 과자류 중 과자, 캔디류 및 빙과류 중 빙과 · 아이스크림류	• 탄수화물
3. 빵류 및 만두류	• 당류
4. 코코아 가공품류 및 초콜릿류	• 단백질
5. 잼류	• 지방
6. 식용 유지류(동물성유지류, 식용유지가공품 중 모지치즈, 식물성크림, 기타식용유지가공품은 제외)	• 포화지방 • 트랜스지방
7. 면류	• 콜레스테롤
8. 음료류(다류와 커피 중 볶은 커피 및 인스턴트 커피는 제외)	• 나트륨
9. 특수용도식품	• 그 밖에 강조표시를 하고자 하는 영양성분
10. 어육가공품류 중 어육소시지	
11. 즉석섭취 · 편의식품류 중 즉석섭취식품 및 즉석조리식품(순대)	**임의표시 영양성분**
12. 장류(한식메주, 한식된장, 청국장 및 한식메주를 이용한 한식간장은 제외)→사업장 규모에 따라 시행시기가 다름	• 식이섬유, 칼륨, 비타민 A, 비타민 C, 칼슘, 철분, 비타민 D, 비타민 E, 비타민 K, 비타민 B, 비타민 B_2,
13. 시리얼류	니아신, 비타민 B_6, 엽산, 비오틴,
14. 유가공품 중 우유류 · 가공유류 · 발효류류 · 분유류 · 치즈류	인, 판토텐산, 요오드, 마그네슘, 아연,
15. 식육가공품 중 햄류, 소시지류	셀레늄, 구리, 망간, 크롬, 몰리브덴
16. 건강기능식품	
17. 위에 해당하지 않는 식품 및 축산물로서 영업자가 스스로 영양표시를 하는 식품 및 축산물	

• **영양성분 강조표시**: 제품에 함유된 영양소의 함유사실 또는 함유 정도를 '무', '저', '고', '강화', '첨가', '감소' 등의 특정한 용어를 사용하여 표시하는 것으로, 일일이 영양표시된 수치를 읽지 않고도 제품의 영양적 특성을 금방 알 수 있다.

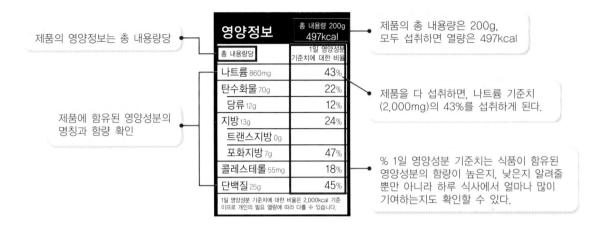

[그림 1-10] **영양성분 표시(영양정보) 활용법**

영양성분 표시에는 과잉 섭취 시 건강상 문제를 일으키는 나트륨, 당류, 지방, 포화지방, 트랜스지방, 콜레스테롤의 함량이 표시되어 있다. 당류는 충치와 비만의 위험 원인이 되고, 나트륨, 포화지방, 트랜스지방, 콜레스테롤은 심혈관계 질환, 암, 고혈압과 같은 만성질환의 위험 원인이 되므로 가능한 적게 먹어야 한다. 세계보건기구(WHO)에서는 당류를 섭취할 때 하루 동안 필요한 열량의 10%가 넘지 않도록 권고하고 있다. 예를 들어 하루 섭취 열량이 2,000kcal일 경우 당류(과일, 우유 제외)를 50g 미만으로 섭취해야 한다. 또한 나트륨 권고 섭취기준은 성인 기준으로 하루 2000mg 미만이다. 따라서 만성 질환 예방을 위해 나트륨, 당, 지방의 1일 섭취량의 1일 영양성분 기준치의 100%를 넘지 않도록 주의해야 한다.

(7) 식품의 영양성분자료

식품을 분류체계에 따라 분류하여 함유하고 있는 영양소의 양을 가식부분 100g 단위로, 또는 1회 분량 단위로 제공하고 있으며 식품의 일반성분과 주요 영양소, 비타민, 무기질 함량이 제시되었다.

다양한 가공식품은 물론이고 같은 식품이라도 조리방법에 따라, 또는 1회 분량에 따라 다양한 정보를 제시하여 식사계획에 많은 도움을 받도록 하고 있다. 또한 식품영양가표가 제공하는 정보도 포화지방산, 단일불포화지방산, 다불포화지방산 등이나 나트륨·콜레스테롤 함유량을 포함하는 등 다양하고 세분화되어 있다. 우리나라에서 이용되고 있는 식품영양가표는 해양수산부 국립수산과학원에서 발행한 표준수산물성분표 2018 제8개정판(2019), 농촌진흥청 국립농업과학원에서 발행된 국가표준식품성분표 제9.2개정판(2020), 그리고 식품의약품안전처에서 농축수산물, 가공식품 및 음식 데이터베이스를 모아서 발행한 식품영양자료집(2020)이 있다.

4. 영양밀도

영양밀도는 식품에 함유한 에너지에 대한 다른 영양소의 함량을 의미하며, 식품의 가치를 비교·평가할 때 유용하다. 동량의 식품이라면 영양소가 많을수록, 에너지가 적을수록 영양소 밀도가 더 높아진다.

영양밀도가 높은 식품이란 같은 양의 에너지를 공급하는 식품이라도 비타민, 무기질 등의 미량영양소를 충분히 함유한 식품을 말한다.

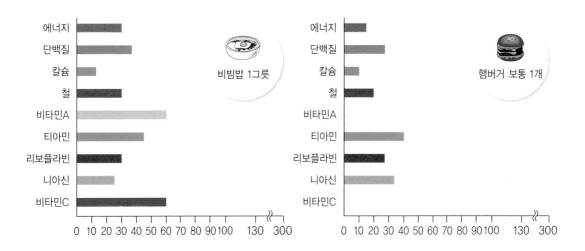

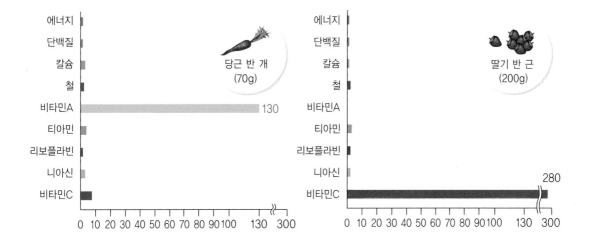

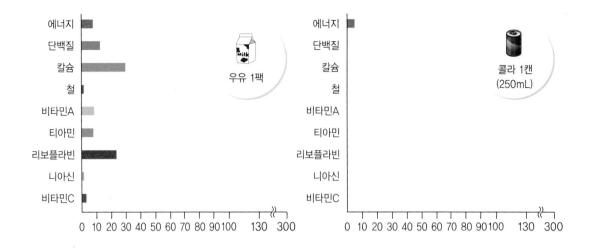

[그림 1-11] **영양소 밀도**

5. 영양과 정보

경제적 여건이 향상되면서 현대인들의 건강에 대한 관심과 장수에 대한 욕구는 지속적으로 증대되고 있다. 식생활에 보다 많은 시간과 비용을 투자하게 되었고 특별한 효능이 있다고 믿어지는 소위 건강기능식품을 선호하는 현상을 보인다. 유행식품과 식품의 효능에 관한 과대선전도 급속히 퍼져나가고 있고 일부 소비자들은 자연식품 또는 유기농식품만을 고집하기도 한다. 이런 때일수록 영양전문가의 역할이 중요하며 바른 영양정보의 확산이 절실히 요구된다고 하겠다.

올바른 식생활에 관심이 증대되는 만큼 많은 식생활 관련 정보가 범람하고 있고 그 속에서 올바른 정보를 구분해 내기가 점차 어려워지는 실정이다. 올바른 영양정보의 급원으로는 우선 각 대학의 식품영양학과나 각종 식품·영양 관련 학회를 들 수 있다. 이들 기관은 우선적으로 영양과 관련된 전문가를 양성하고 연구에 관한 정보를 교환하는 것이 목적이지만 대국민 영양서비스에도 관심을 기울이고 있다. 또한 식품의약품안전처, 보건복지부, 보건소 등의 정부기관이나 대한영양사협회도 신뢰할 수 있는 정보를 제공하고 있다.

식품영양학 관련분야의 웹사이트를 [표 1-10]에 소개한다.

표 1-10　식품영양학 관련분야의 웹사이트

	웹사이트명	IP	제공정보
국내	보건복지부	http://www.mohw.go.kr	건강, 질환, 영양, 식생활에 대한 정보 제공
	질병관리청 국민건강정보포털	http://health.mw.go.kr	건강과 질병에 관한 정보 제공
	식품의약품안전처	http://www.mfds.go.kr	식품, 의약품, 의료기기 등의 정보 제공
	식품안전정보포털 식품안전나라	http://www.foodsafetykorea.go.kr	식품·안전, 위해·예방, 건강·영양 등의 정보 제공
	한국보건산업진흥원	http://www.khidi.or.kr	보건 정책의 방향을 제시하고, 보건 서비스 향상 및 국민 건강 증진을 위한 산업 전략 및 사업화 지원에 관한 정보 제공
	농업진흥청 국립농업과학원 농식품올바로	http://koreanfood.rda.go.kr	전통음식, 식품영양·기능성식품 정보, 건강식단 관리 등의 정보 제공
	(사)대한영양사협회	http://www.dietitian.or.kr	영양사 실무에 관련된 급식, 위생, 식단, 영양, 질환 등에 관한 다양한 정보 제공
	(사)한국영양학회	http://www.kns.or.kr	식품영양학 관련 자료에 대한 다양한 정보를 체계적으로 분류, 제공
	(사)대한지역사회영양학회 식생활정보센터	http://www.dietnet.or.kr	학회 부설 정보센터로서 식품영양 관련 정보 및 상담 제공
	어린이급식관리지원센터	http://ccfsm.foodnara.go.kr	어린이와 어린이집 교사, 원장들을 위한 급식 및 식품영양정보 제공
	서울특별시 식생활종합지원센터	http://www.seoulnutri.co.kr	식생활 전반의 정보를 제공하고 식생활 교육 사업 지원 및 운영 등의 정보 제공
국외	세계보건기구(WHO)	http://www.who.int	전세계인의 건강관련 정보와 기준치, 연구자료, 건강 관련 교육자료, 연구지원 등에 대한 탁월하고 신빙성 있는 자료 제공
	미국 식품의약안전본부 (FDA)	http://www.fda.gov	식중독, 가공식품의 영양성분 표시제, 식품위생 관련 영양 정보 제공
	미국 농무성의 식품영양 정보센터	http://www.nal.usda.gov	농산물에 관련된 다양한 정보와 영양 및 건강에 관한 정보 제공
	미국 영양사협회	http://www.eatright.org	일반인과 전문가를 대상으로 식품 및 영양과 관련된 건강 정보를 제공
	미국 터프스 대학교 (Tufts University)	http://www.nutritionletter.tufts.edu	건강 및 식품영양 관련 정보 제공
	미국 암연구소	http://www.aicr.org	일반인을 위한 암과 관련된 식품 등의 정보 제공, 암연구비 지원 안내, 암연구 보고서 등 정보 제공

탄수화물

1. 탄수화물의 분류

탄수화물(carbohydrate)은 우리가 주식으로 섭취하는 밥, 빵, 면류, 옥수수, 고구마, 감자 등과 같은 곡류나 서류의 주성분이다. 탄소(Carbon)와 물(Hydro)의 결합체로 탄소(C), 수소(H), 산소(O)가 1:2:1의 비율로 구성되어 있으며 $(CH_2O)n$의 구조식을 이루고 있다. 탄수화물은 광합성작용에 의해 만들어져 체내에 에너지를 제공하는 당질과 생리적 기능에 관여하는 식이섬유소를 총칭한다. 탄수화물의 구성단위는 단당류이며 이러한 단당류가 연결된 개수 및 방식에 따라 이당류, 올리고당류, 다당류를 형성한다. 또한 1~2개의 단당류로 구성되어 조성이 단순하고 크기가 작은 탄수화물을 단순당질, 단당류가 여러 개 결합하여 만들어진 것을 복합당질이라고 부른다. 복합당질은 단순당질에 비해 소화흡수가 느리고 혈당을 서서히 상승시킨다.

표 2-1 탄수화물의 분류

탄수화물			
단순당질		복합당질	
단당류	이당류	다당류	
리보오스 포도당 과당 갈락토오스	맥아당 서당 유당	전분 글리코겐	식이섬유소
탄수화물, 비섬유(non-fibrous)		탄수화물, 섬유소(fiber)	

(1) 단당류

단당류(monosaccharide)는 탄수화물의 기본 단위이다. 식품에 함유된 가장 흔한 단당류는 탄소 수에 따라 육탄당과 오탄당으로 분류된다. 육탄당은 탄소 수 6개로 이루어진 당류로 식품 중에 가장 흔하게 존재하며 포도당, 과당, 갈락토오스, 만노오스 등이 있다. 오탄당은 탄소 수 5개로 이루어진 당류로 핵산의 구성성분인 리보오스(ribose)와 디옥시리보오스(deoxyribose)가 대표적이고, 리보오스는 RNA, 디옥시리보오스는 DNA를 구성한다. 단당류는 더 이상 가수분해 되지 않으므로 소화과정 없이 체내로 바로 흡수된다.

1) 포도당

포도당(glucose)은 포도에 많이 들어있어 붙여진 이름으로 과일, 꿀, 엿, 시럽 등에 다량 함유되어 있고 체내 혈액 중에 0.1% 가량 존재하며 혈당의 급원이 된다. 대부분의 당류는 체내에서 포도당으로 전환되므로 생체의 가장 기본적인 에너지원으로 사용된다.

2) 과당

과당(fructose)은 단당류 중에 단맛이 가장 강하며 잘 익은 과일, 꿀 등에 주로 함유되어 있다. 과당은 체내에서 포도당과 같이 흡수되어 간에서 포도당으로 전환된다.

3) 갈락토오스

갈락토오스(galactose)는 영유아의 뇌 발달에 중요한 영양소로 갈락토오스 자체로는 존재하지 않으나 우유에 함유된 유당의 구성성분으로 존재하며 단당류 중에 단맛이 가장 약하다. 당지질인 세레브로사이드(cerebroside), 강글리오사이드(ganglioside) 등의 성분으로 뇌, 신경조직 중에 많이 함유되어 있고, 식물에서는 해조류에 다량 함유되어 있다.

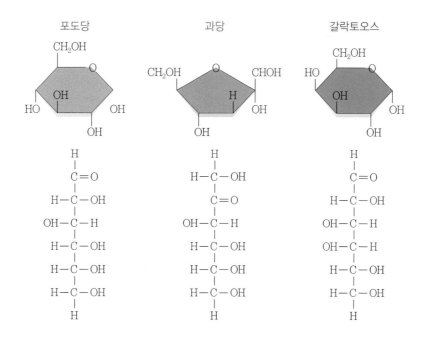

[그림 2-1] 단당류의 구조

오탄당이란?

탄소 수 5개로 이루어진 당류로 리보오스(ribose)와 디옥시리보오스(deoxyribose)가 대표적이다. 이들은 모두 핵산의 구성성분으로 리보오스는 RNA, 디옥시리보오스는 DNA를 구성한다.

4) 만노오스

만노오스(mannose)는 식품 내에 유리된 상태로 존재하지 않으며 포도당과 결합하여 만난(mannan)이라는 다당류 형태로 곤약 등에 다량 함유되어 있다.

(2) 이당류

이당류(disaccharide)는 단당류 두 개가 글리코사이드 결합에 의해 연결된 것으로 식품 내에 주로 함유된 이당류는 포도당을 한 개 이상 포함하며 맥아당, 서당, 유당 등이 있다.

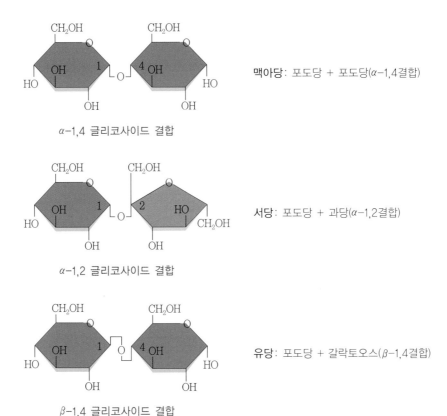

α-1,4 글리코사이드 결합

맥아당: 포도당 + 포도당(α-1,4결합)

α-1,2 글리코사이드 결합

서당: 포도당 + 과당(α-1,2결합)

β-1,4 글리코사이드 결합

유당: 포도당 + 갈락토오스(β-1,4결합)

[그림 2-2] **이당류의 구조**

1) 맥아당

맥아당(maltose)은 2분자의 포도당이 α-1,4결합에 의해 연결된 것으로 맥아에 다량 함유되어 있고 전분이 가수분해 되어 생성되기도 한다. 소화과정 중 말타아제(maltase)에 의해 쉽게 포도당으로 분해되므로 체내에서 소화흡수가 용이하다.

2) 서당

서당(sucrose)은 포도당과 과당이 $\alpha-1,2$결합에 의해 연결된 것으로 사탕수수나 사탕무, 과즙에 다량 함유되어 있다. 우리 식생활에선 주로 설탕의 형태로 이용되며 자당 또는 설탕이라고 부르기도 한다.

3) 유당

유당(lactose)은 포도당과 갈락토오스가 $\beta-1,4$결합에 의해 연결된 것으로 포유동물의 유즙에 다량 함유되어 있어 젖당이라고 부르기도 한다. 유당은 두뇌발달에 필수적인 갈락토오스를 제공하고 칼슘의 장내 흡수를 도와줄 뿐 아니라 장내 유익균의 성장을 도와주는 역할을 한다. 그러나 유당분해효소인 락타아제(lactase)가 부족하거나 결핍된 경우 유당의 소화흡수가 방해되어 유당불내증(lactose intolerance)을 유발한다.

전화당(invert sugar)

전화당이란 서당이 산이나 효소에 의해 포도당과 과당으로 가수분해되는 과정에서 생기는 포도당과 과당의 혼합물

---

(3) 올리고당류

올리고당(oligosaccharide)은 3~10개의 단당류로 구성된 것으로 플락토올리고당(fructo-oligosaccharide), 이소말토 올리고당(isomalto-oligosaccharide), 자일로 올리고당(xylo-oligosaccharide), 라피노오스(raffinose), 스타키오스(stachyose) 등이 있다. 난소화성으로 소화효소에 의해 단당류로 가수분해 되지 않으나 대장 내 박테리아에 의해 분해되어 약간의 에너지(1.6kcal/g)와 가스를 생성한다. 장내 유익균인 비피더스균의 증식효과, 비만 방지, 충치 예방, 혈당 개선, 혈중 콜레스테롤 저하, 변비 방지 등 다양한 생리기능에 관여하므로 '기능성 올리고당' 이라고 부르며, 다이어트식품 및 요구르트 등의 제조·가공 시 첨가된다.

(4) 다당류

다당류(polysaccharide)는 포도당이 10개 이상부터 수천 개까지 연결된 포도당 중합체로 전분(starch), 글리코겐(glycogen), 식이섬유소(dietary fiber)가 있다. 전분은 장내 소화효소에 의해 분해되어 에너지원으로 사용되나 식이섬유소는 사람의 소화효소에 의해 분해되지 않는다.

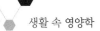
1) 전분

전분(starch)은 식물성 식품에 들어있는 저장 탄수화물 형태로 곡류, 서류, 콩류, 뿌리채소류 등에 다량 함유되어 있으며 포도당의 연결방식에 따라 아밀로오스(amylose)와 아밀로펙틴(amylopectin)으로 분류된다. 아밀로오스는 포도당이 α-1,4결합으로만 연결되어 직선상의 구조를 나타내고 아밀로펙틴은 α-1,4결합의 긴 사슬에 α-1,6결합이 더해져 곁가지 구조를 지닌다. 일반적으로 전분의 아밀로오스와 아밀로펙틴의 함유비율은 1:4정도이나 찹쌀의 경우 아밀로펙틴만으로 이루어져 있다.

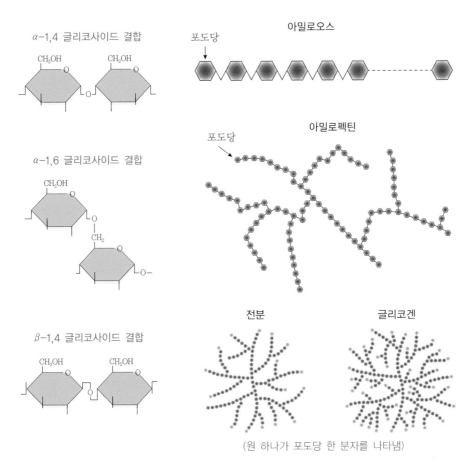

[그림 2-3] 다당류의 구조(전분: 아밀로오스 vs. 아밀로펙틴, 글리코겐)

2) 글리코겐

글리코겐(glycogen)은 당질의 과잉섭취 시 동물의 간이나 근육에 저장되며 일명 동물성 전분이라고 부르기도 한다. 전분의 아밀로펙틴과 유사한 구조를 가지나 아밀로펙틴보다 가지구조를 더 많이 갖고 있고 사슬의 길이가 짧은 것이 특징이다. 사람의 경우 350g 정도의 글리코겐을 체내에 저장할 수 있고 이 중 100g은 간에, 나머지 250g은 근육에 저장된다. 간에 저장된 글리코겐은 혈당 조절에 사용되고 근육에 저장된 글리코겐은 혈액으로 방출되지 못하고 에너지원으로 사용된다.

3) 식이섬유소

식이섬유소(dietary fiber)는 포도당이 β-1,4결합으로 연결되어 있어 사람의 소화효소에 의해 소화되지 않는 난소화성 물질로 주로 식물의 세포벽에 존재하며 식물의 형태를 유지하는 역할을 한다. 식이섬유소는 용해도에 따라 펙틴, 검, 점액질, β-글루칸 등과 같이 물에 잘 녹는 수용성 식이섬유소와 셀룰로오스, 헤미셀룰로오스, 리그닌 등의 불용성 식이섬유소로 분류되며 체내에서의 생리기능도 각각 다르다. 식이섬유소를 과잉섭취할 경우 무기질의 흡수를 감소시킬 수 있으므로 주의해야 한다.

표 2-2 식이섬유소의 종류 및 기능

성질	종류	특징	생리기능	급원식품
불용성	• 셀룰로오스 • 헤미셀룰로오스 • 리그닌	겔(gel)을 형성하지 않음	• 배변량 증가로 변비 예방 • 장내 분변 통과 시간 단축 • 대장암 예방	통밀, 쌀겨, 채소뿌리, 식물의 줄기, 호밀, 밀 껍질
수용성	• 펙틴, 검 • 점액질 • β-글루칸 • 헤미셀룰로오스 일부	겔(gel) 형성 짧은사슬지방산 생성	• 음식물의 위장관 통과시간 지연 • 포만감 제공 • 포도당 흡수 지연 • 콜레스테롤 흡수 억제 • 대장암 예방 • 장내 유익균 증식 촉진 • 배변촉진	사과, 감귤류, 딸기, 해조류, 버섯, 보리, 귀리, 쌀겨, 밀겨

전분과 식이섬유소의 소화

인체 내 소화효소인 α-아밀라아제(amylase)는 α-1,4결합과 α-1,6결합으로 구성된 포도당 중합체는 분해할 수 있으나 식이섬유소와 같은 β-결합으로 이루어진 포도당 중합체는 분해할 수 없다. 그러나 반추 동물의 경우 포도당의 β-결합을 끊을 수 있는 효소를 가지고 있다. 따라서 사람은 식이섬유소로부터 에너지원인 포도당을 얻을 수 없으나 반추동물은 식이섬유소를 섭취함으로써 에너지원인 포도당을 얻을 수 있다.

2. 탄수화물의 소화와 흡수

우리가 식사로부터 섭취하는 탄수화물의 종류는 주식인 밥류로부터 전분, 과일과 채소를 통한 식이섬유소, 설탕을 통한 서당, 우유 및 유제품을 통한 유당 등이 있다. 식이섬유소를 제외한 나머지는 구강에서 저작작용과 소화관의 연동 및 분절 운동과 같은 기계적 소화작용과 각 소화관으로부터 분비되는 소화액 및 소화효소에 의한 화학적 소화작용에 의해 소화된 후 흡수되기 쉬운 단당류로 분해되고 식이섬유소는 소화되지 않은 채 대장으로 이동하여 주요한 생리기능에 관여하게 된다.

(1) 구강에서의 소화

치아의 저작작용은 음식물을 잘게 부수고 타액과 잘 혼합시켜 삼키기 쉬운 부드러운 형태로 만든다. 타액에 함유된 전분 분해 효소인 타액 아밀라아제는 전분을 덱스트린으로 분해한다. 그러나 음식물의 구강 내 저작 시간이 짧으므로 전분의 소량만이 구강 내 소화가 이루어지고 대부분은 연하과정을 통해 식도를 지나 위로 넘어간다.

(2) 위에서의 소화

위는 크게 세 부분으로 나누어지는데, 식도하부 괄약근 아래의 분문부와 위저부, 십이지장과 근접한 유문부이며 두 개의 괄약근을 포함하고 있다. 식도와 위의 연결부위엔 식도하부 괄약근이 있어 위 내용물의 식도 역류를 막아주고 십이지장과의 연결부위엔 유문 괄약근이 있어 소화 내용물이 십이지장으로부터 위로 역류하는 것을 막아줌과 동시에 위 내용물이 십이지장으로 소량씩 이동할 수 있도록 한다. 음식물은 식도를 지나 위로 들어오게 된다. 위 근육의 수축작용과 위산은 음식물을 반액체 상태인 유미즙으로 만드나 위에는 당질 분해효소가 없고 위산이 소화물과 함께 위로 넘어온 타액 아밀라아제의 활성을 저하시켜 당질의 소화는 거의 일어나지 않는다.

(3) 소장에서의 소화

소장은 십이지장, 공장, 회장 세 부분으로 구성되며 십이지장과 공장에서 소화효소에 의한 대부분의 소화와 흡수가 일어나고 회장에서는 소화과정은 거의 이루어지지 않고 흡수가 일어난다. 유미즙이 유문괄약근을 통과해 서서히 십이지장으로 내려오면 세크레틴과 콜레시스토키닌이 분비되어 췌액과 담즙 분비를 촉진시켜 유미즙에 포함된 위산으로부터 십이지장 점막을 보호한다. 췌장 아밀라아제에 의해 전분이 맥아당과 이소맥아당인 이당류까지 분해가 되고 분해된 이당류들은 장점막 미세융모에 존재하는 이당류 분해효소인 말타아제, 수크라아제, 락타아제에 의해 포도당, 과당, 갈락토오스와 같은 단당류로 분해가 되어 탄수화물의 소화가 완료된다.

(4) 대장에서의 소화

소화관을 지나며 소화되지 못한 식이섬유소는 대장 내에 서식하는 박테리아에 의해 분해되어 젖산, 유기산, 가스를 생성하고, 불용성 식이섬유소를 비롯하여 소화되지 못한 다른 물질들은 대변으로 배설된다.

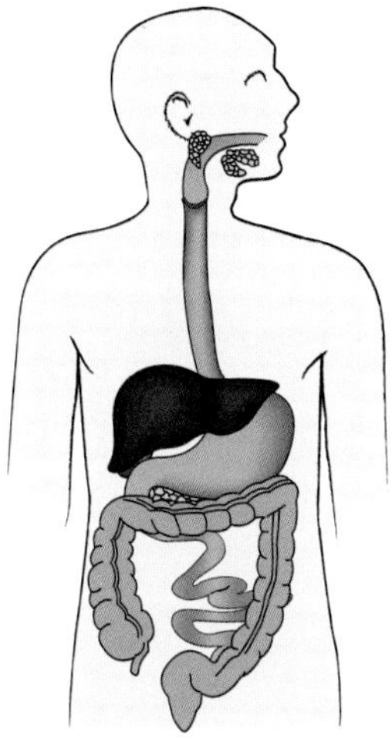

	소화 장소	소화효소 분비기관	소화효소	소화산물
	구강	침샘	타액 아밀라아제	전분(일부) → 덱스트린 맥아당(소량)
	위		위산	위산이 타액 아밀라아제 불활성화
	소장	췌장	췌장 아밀라아제	덱스트린 → 맥아당, 이소맥아당
		소장	말타아제 수크라아제 락타아제	맥아당 → 포도당 + 포도당 서당 → 포도당 + 과당 유당 → 포도당 + 갈락토오스
	대장	장내세균		식이섬유소 → 유기산, 가스생성 및 배설

[그림 2-4] 탄수화물의 소화과정

(5) 흡수

탄수화물의 최종 소화 산물인 포도당, 과당, 갈락토오스가 장점막을 통과하여 세포 내로 이동하는 것을 흡수라고 한다. 탄수화물은 최종적으로 단당류로 분해되어 소장 점막에서 흡수되고, 흡수된 단당류는 정맥과 문맥을 통해 간으로 이동하며 간에서 갈락토오스와 과당은 포도당으로 전환된다.

영양소의 흡수 방법은 농도차, 운반체 및 에너지 필요 여부에 따라 단순확산, 촉진확산, 능동수송으로 나눌 수 있다. 단당류 중 포도당과 갈락토오스는 농도차를 역행하며 운반체와 에너지가 필요한 능동수송에 의해 흡수되는데 이때 능동수송은 나트륨-칼륨 펌프(sodium-potassium pump)에 의해 이루어진다. 과당의 경우 운반체를 필요로 하나 농도차

를 순행하는 촉진확산에 의해 흡수가 이루어진다. 단당류의 흡수 속도는 갈락토오스(110) >
포도당(100) > 과당(43) > 만노오스(19) > 자일로오스(15) 순이다.

표 2-3 영양소 흡수 방법

	농도차	운반체	에너지 필요여부
단순확산	고농도→저농도	×	×
촉진확산	고농도→저농도	○	×
능동수송	저농도→고농도	○	○

나트륨-칼륨 펌프(sodium-potassium pump)

나트륨은 세포외액의 주요 양이온이고 칼륨은 세포내액의 주요 양이온이므로 나트륨은 세포외액에,
칼륨은 세포내액에 고농도로 존재한다. 이들은 확산에 의해 세포막 내외의 농도가 같아질 때까지 이
동하려는 성질이 있다. 그러나 세포내액과 세포외액의 나트륨과 칼륨 농도는 항상 일정하게 유지되
어야 하므로 확산에 의해 이동한 나트륨과 칼륨을 본래의 자리로 다시 이동시키기 위한 기전이 작
용하는데 이는 농도차를 역행하므로(예. 나트륨: 세포 내→세포 외, 칼륨: 세포 외→세포 내) 에너지,
운반체, 효소 등을 필요로 한다. 이를 나트륨-칼륨 펌프(sodium-potassium pump)라고 한다.

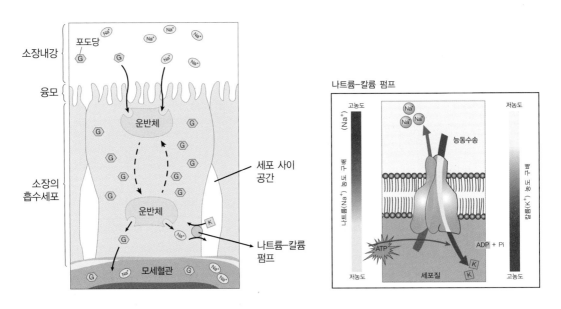

[그림 2-5] 포도당 흡수 기전과 나트륨-칼륨 펌프

3. 탄수화물 대사

소화흡수된 단당류가 문맥을 통해 간으로 운반되면 과당과 갈락토오스는 간에서 포도당으로 전환된다. 혈당은 혈중 포도당을 의미하며, 우리 몸을 구성하는 세포는 혈액으로부터 포도당을 받아 에너지원으로 이용한다. 탄수화물의 대사는 크게 이화적 대사와 동화적 대사로 분류할 수 있다. 이화적 대사[그림 2-6]는 탄수화물을 분해하여 에너지를 내는 과정으로 해당과정과 TCA회로가 포함되며, 동화적 대사는 글리코겐 합성 및 당신생과정을 들 수 있다.

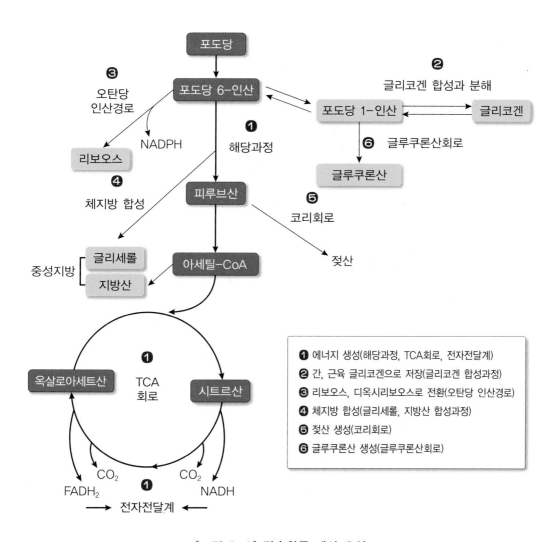

[그림 2-6] 탄수화물 대사 요약

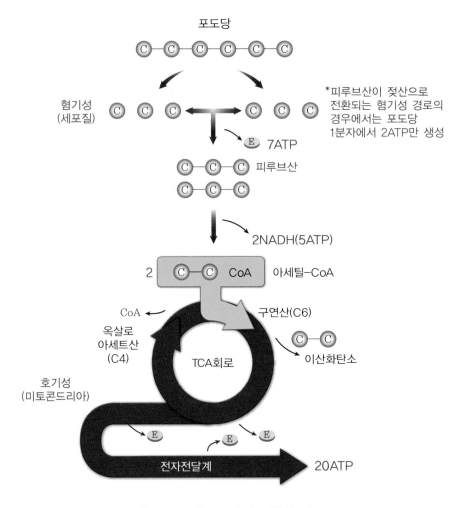

포도당

혐기성
(세포질)

*피루브산이 젖산으로
전환되는 혐기성 경로의
경우에서는 포도당
1분자에서 2ATP만 생성

E 7ATP

피루브산

2NADH(5ATP)

2 C─C CoA 아세틸-CoA

구연산(C6)

CoA

옥살로
아세트산
(C4)

TCA회로

이산화탄소

호기성
(미토콘드리아)

전자전달계 20ATP

[그림 2-7] 포도당의 이화적 대사

(1) 해당과정

체내에서 포도당의 가장 중요한 역할은 세포에 필요한 에너지를 공급하는 것이다. 혈액 중의 포도당이 인슐린의 도움을 받아 세포 내로 이동하면 세포는 포도당을 이용하여 에너지를 얻게 된다. 세포질에서 포도당은 해당과정(glycolysis)을 통해 2분자의 피루브산으로 분해된다. 피루브산은 호기적 상태에서는 미토콘드리아로 들어간 후 아세틸-CoA로 산화되고 옥살로아세트산과 결합하여 TCA회로로 들어가 반응을 진행하게 된다. 이 과정에서 생긴 수소는 전자전달계와 산화적 인산화과정을 통해 물, 이산화탄소, ATP를 생성하며, 여기서 생성된 ATP는 미토콘드리아 외부로 빠져나와 세포에 필요한 에너지로 사용된다.

(2) 글리코겐 합성과 분해과정

에너지를 생성하고 남은 여분의 포도당은 글리코겐으로 전환되어 간과 근육에 저장되는데, 이를 글리코겐 합성(glycogenesis)이라고 한다. 간의 글리코겐 저장량은 간 무게의 4~6% 정도로 체중 70kg인 건강한 성인 남성의 경우 약 100g의 글리코겐이 간에 저장된다. 근육 무게의 1% 이하의 글리코겐이 근육에 저장되나 근육량이 많으므로 총 저장량은 간보다 많아 대략 250g 정도의 글리코겐이 저장된다.

공복 시 포도당이 부족하여 혈당이 저하되면 간 글리코겐은 포도당으로 분해되어 혈액으로 방출됨으로써 혈당 유지에 사용이 되는데, 이를 글리코겐 분해과정(glycogenolysis)이라고 한다. 그러나 근육에 저장된 글리코겐은 근육 내에 가수분해 효소가 없어서 포도당으로 전환되지 못하므로 혈당 유지에 사용되지 못하고 근육활동에 필요한 에너지원으로 사용된다.

(3) 당신생과정

당신생과정(gluconeogenesis)은 당 이외의 물질인 글리세롤, 아미노산, 피루브산, 젖산 등으로부터 포도당을 합성하는 과정을 말한다. 혈당 저하 시, 간 글리코겐이 포도당으로 분해되거나 간에서 당신생과정이 일어나 혈당을 일정한 수준으로 유지하게 된다. 우리 몸의 뇌세포, 적혈구, 신경세포는 포도당을 주된 에너지원으로 사용하므로 충분한 양의 탄수화물 섭취가 어려울 경우 이들 세포로 필요한 포도당을 공급해 줄 수 있는 중요한 대사과정이다.

(4) 체지방 합성

간과 근육에 글리코겐으로 저장되고 남은 여분의 포도당은 피루브산을 거쳐 아세틸-CoA가 된 후 지방산을 합성(lipogenesis)한다. 이렇게 합성된 지방산 3분자와 해당과정의 중간 경로를 통해 만들어진 글리세롤 1분자가 결합하여 중성지방이 합성된 후 피하나 복강내 지방조직에 저장된다.

(5) 오탄당 인산경로

포도당으로부터 핵산 합성에 필요한 오탄당인 리보오스와 지방산과 스테로이드호르몬 합성에 필요한 NADPH가 생성된다. 이 반응을 오탄당 인산경로(pentose phosphate pathway)라고 하는데, 주로 피하조직이나 적혈구, 간, 부신피질, 고환, 유선조직 등에서 활발히 이루어진다.

(6) 코리회로

운동 중인 근육에서와 같이 산소가 부족한 혐기적 상태에서는 TCA회로가 원활히 진행되지 않으므로 피루브산이 혐기적 반응을 거쳐 젖산을 생성하게 된다. 이렇게 생성된 젖산이 근육내에 과량 축적되면 피로와 통증을 느끼게 되는데, 젖산은 혈액을 통해 간으로 운반되어 다시 포도당으로 전환된 후 필요한 조직으로 보내지게 된다. 이를 코리회로(cori cycle)라고 한다.

4. 탄수화물의 기능

(1) 에너지 급원

탄수화물의 주된 기능은 에너지원으로 1g당 4kcal의 에너지를 제공한다. 일반적으로 우리가 섭취하는 1일 에너지 섭취량 중 55~65% 정도를 탄수화물로부터 얻으며 우리 두뇌와 적혈구는 포도당만을 에너지원으로 사용하고 있다. 에너지원으로 사용되고 남은 여분의 포도당은 간과 근육에 글리코겐 형태로 저장되며, 나머지는 지방으로 전환되어 지방조직에 저장된다. 체내에 저장할 수 있는 글리코겐 양은 성인(체중 70kg 기준)의 경우 대략 간에 100g, 근육에 250g 정도로 간에 저장된 글리코겐은 포도당으로 전환되어 혈액으로 방출됨으로써 혈당 유지에 사용되나, 근육에 저장된 글리코겐은 운동 시 에너지원으로 이용된다.

(2) 단백질 절약작용

인체에 에너지를 공급하는 주된 영양소는 탄수화물, 단백질, 지질이다. 탄수화물과 지질은 우선적인 기능이 체내 에너지 공급이지만 단백질의 경우 체조직 형성 및 보수를 위해 우선적으로 사용된다. 따라서 탄수화물 섭취가 부족하거나, 당뇨환자처럼 당질 대사에 문제가 있어 세포 내로 포도당이 충분히 공급되지 못할 경우 신체는 아미노산으로부터 포도당을 합성하여 사용할 수는 있으나, 지질로부터 포도당을 합성하지는 못한다. 따라서 탄수화물을 충분히 섭취하면 체단백질이 에너지원으로 사용되는 것을 방지할 수 있다.

(3) 케톤증 예방

탄수화물 섭취가 부족하거나 당뇨병 등으로 인해 탄수화물의 체내 이용이 어려운 경우 지질이 주된 에너지원으로 사용된다. 체지방 분해로 다량의 아세틸-CoA가 생성되나 탄수화물이 부족하여 해당과정의 중간산물인 옥살로아세트산의 부족으로 아세틸-CoA는 TCA회로로 들어가지 못하고 아세토아세트산, β-하이드록시뷰티르산, 아세톤과 같은 케톤체(ketone body)를 형성한다. 케톤체는 뇌와 심장 등 대부분 세포에서 에너지원으로 사용되는데 혈액 내 케톤체가 과잉으로 축적되면 케톤증(ketosis)을 유발한다. 케톤증의 주된 증상은 호흡기를 통한 아세톤 냄새, 다뇨, 다갈, 식욕저하 등을 나타내며 심한 경우 뇌손상을 일으킬 수도 있다. 이러한 케톤증은 하루에 100g 이상의 탄수화물 섭취를 통해 예방이 가능하다.

[그림 2-8] **케톤체 합성**

(4) 혈당 조절

혈액에는 포도당이 100mg/dL(0.1%)의 농도로 함유되어 있어 혈당 유지에 사용되며 정상인의 경우 공복 시 혈당이 70~110mg/dL로 유지된다. 음식을 섭취하면 식후 30분~60분 후에 최고치에 달했다가 서서히 감소하여 2시간 이후에는 다시 공복 시 혈당과 유사한 수준으로 떨어진다. 식후 혈당치가 상승하면 세포에서 포도당 이용이 촉진되고 간과 근육에서 글리코겐 합성이 증가하여 혈당이 낮아지고 반대로 혈당이 떨어지면 간에서 글리코겐이 분해되고 당신생과정이 촉진되어 혈당이 상승한다.

혈당조절에 관여하는 대표적인 호르몬은 췌장에서 분비되는 인슐린과 글루카곤이 있고 이외에도 부신수질에서 분비되는 에피네프린, 부신피질에서 분비되는 당질코르티코이드 및 갑상선호르몬과 성장호르몬 등이 있다[표 2-4]. 인슐린은 식후 혈당이 상승하면 췌장에서 분비되어 혈당을 간과 근육세포, 지방세포 내로 이동시켜 글리코겐 합성을 촉진하고 잉여 포도당을 지방으로 전환시킴으로써 혈당을 낮춘다. 반면, 공복 시와 같이 혈당이 떨어지면 췌장에서 글루카곤이 분비되어 간에 저장된 글리코겐 분해와 당신생과정을 촉진하여 혈중으로 포도당을 방출시킴으로써 혈당을 상승시킨다[그림 2-9]. 이러한 조절 기전의 문제로 혈당이 170~180mg/dL 이상(고혈당증) 되면 소변으로 포도당이 배설되기 시작하고 다음, 다뇨, 다식 등의 증상을 보이게 된다. 또한 뇌와 적혈구는 포도당만을 에너지원으로 사용하므로 혈당이 40~50mg/dL 이하(저혈당증)로 떨어지면 두뇌활동이 저하되고 신경이 예민해지며 심할 경우 혼수상태에 이르게 된다.

표 2-4 혈당 조절에 관여하는 호르몬의 종류와 기능

호르몬	혈당	분비기관	기능
인슐린	감소	췌장	세포 내로의 혈당유입 증가 글리코겐, 지방합성 증가
글루카곤	상승	췌장	간 글리코겐 분해 포도당 신생작용 증가
에피네프린 노르에피네프린	상승	부신수질	근육 글리코겐 분해 포도당 신생작용 증가 체지방 사용 촉진, 글루카곤 분비 촉진
글루코코르티코이드	상승	부신피질	간의 포도당신생작용 증가
성장호르몬	상승	뇌하수체전엽	간에서의 당 배출 증가 지방 이용 증가
갑상선호르몬	상승	갑상선	간 글리코겐 분해, 포도당 신생 증가

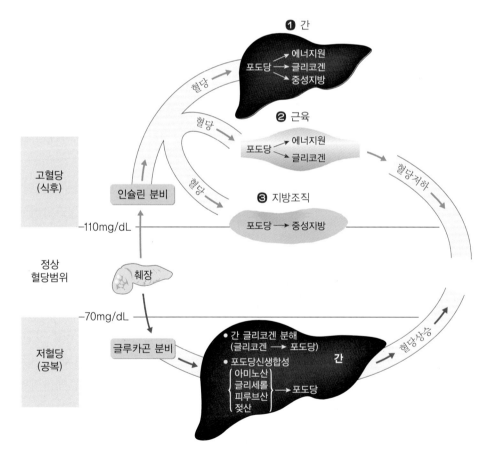

[그림 2-9] 혈당의 조절 기전

(5) 단맛 제공

포도당, 과당, 맥아당, 서당, 전화당 등은 단맛을 내므로 감미료로 사용되는 천연당류이다. 천연당류와 인공감미료의 감미도는 다음과 같다.

표 2-5 **천연당류와 인공감미료의 감미도 비교**

천연당류		당알코올류		대체감미료류	
종류	상대적 감미도	종류	상대적 감미도	종류	상대적 감미도
설탕	1.0	소르비톨	0.6	사이클라메이트	30
과당	1.2~1.8				
전화당	1.3	만니톨	0.7	아스파탐	200
포도당	0.7				
맥아당	0.4	자일리톨	0.9	사카린	200~700
유당	0.2				

인공감미료란?

인공감미료는 당알코올류와 대체감미료로 나눌 수 있다. 당알코올류는 단당류에 인위적으로 수소를 첨가시켜 만든 것이고, 대체감미료는 탄수화물이 아닌 다른 원료로부터 인공적으로 합성한 것이다. 당알코올류에 속하는 소르비톨, 만니톨, 자일리톨은 설탕에 비해 약 절반 정도의 에너지를 내고 충치 예방 효과가 있어 무가당껌이나 캔디 제조에 이용되나 과량 섭취 시 설사를 유발할 수 있다. 대체감미료는 당도가 설탕보다 훨씬 높아 극소량만 사용해도 설탕과 같은 단맛을 내지만 사용량이 적어 공급되는 에너지는 매우 적거나 거의 없다. 예를 들어, 아스파탐의 경우 1g당 4kcal의 에너지를 내나 단맛은 설탕의 200배이므로 극소량만 사용해도 설탕과 같은 단맛을 낼 수 있고 공급되는 에너지는 매우 적어 비만환자와 당뇨환자의 식사에 널리 이용되고 있다.

5. 탄수화물 섭취와 건강

(1) 탄수화물 섭취현황과 섭취기준 및 급원식품

1) 탄수화물 섭취현황

2013~2017년 국민건강영양조사 자료에 의하면 우리나라 국민(1세 이상)의 탄수화물 1일 섭취량은 평균 307.8g으로, 2008~2012년 결과인 314.5g보다 약간 감소하였다. 2019년 국민건강영양조사 결과에 의하면 탄수화물의 에너지 적정 섭취비율은 우리나라 19세 이상 성인 남자는 전체 에너지 섭취량의 60%, 성인 여자는 62%를 탄수화물로부터 섭취하고 있었다. 탄수화물의 에너지 적정 섭취비율이 하향조정된 2015년 이후 성인 남녀의 탄수화물로부터 에너지 섭취 비율은 소폭 감소하였고 에너지 적정 섭취비율인 55~65% 범위에 포함되어 있었다.

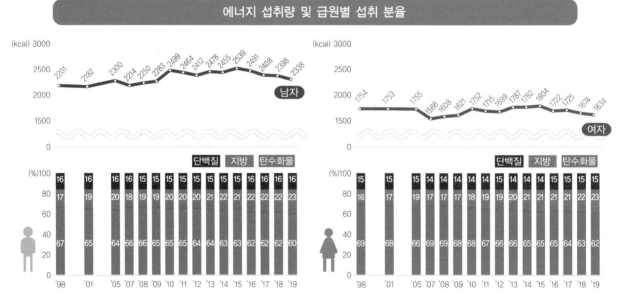

※ 단백질 에너지 섭취 분율: {(단백질 섭취량)×4}의 {(단백질 섭취량)×4+(지방 섭취량)×9+(탄수화물 섭취량)×4}에 대한 분율, 만19세 이상
※ 지방 및 탄수화물 에너지 섭취 분율: 단백질 에너지 섭취 분율과 같은 정의에 의해 산출
※ 2005년 추계인구로 연령 보정한 표준화값

[그림 2-10] 에너지 섭취량 및 급원별 섭취 분율

당류의 경우 2018 국민건강통계 자료에 따르면 우리나라 국민 1세 이상 당류의 1일 섭취량은 60.2g이고, 19세 이상 성인의 섭취량은 59.2g으로 나타났다. 남자의 경우 64.5g, 여

자의 경우 55.6g으로 여자의 당류 섭취량이 남자보다 다소 낮게 나타났고 최근 3년 동안 당류의 1일 섭취량은 2016년 67.9g, 2017년 64.8g, 2018년 60.2g으로 감소하는 추이를 보였다.

2020년 개정된 연령별 충분섭취량 기준을 근거로 하여, 국민건강영양조사 2013~2017 년 자료를 활용하여 한국인의 식이섬유 섭취실태를 분석한 결과, 전체 대상자의 67.0%가 충분섭취량 미만을 섭취하는 것으로 나타나, 3명 중 1명은 부족하게 섭취하는 것으로 볼 수 있다. 특히 어린이와 청소년, 청년층에서는 충분섭취량 미만 섭취자 비율이 80% 이상 으로 매우 높게 나타났다.

2) 탄수화물의 섭취기준 및 급원식품

2020년 한국인 영양소 섭취기준 개정에서는 탄수화물에 대한 평균필요량과 권장섭취량 이 새롭게 제정되었다. 탄수화물의 섭취기준은 영아 전기인 0~5개월은 60g/일, 영아 후기 인 6~11개월은 90g/일으로 충분섭취량을 설정하였고 1세 이후 평균필요량은 100g, 권장 섭취량은 130g으로 설정하였다. 임신기의 탄수화물 평균필요량은 태아의 두뇌에서 사용되 는 포도당 양을 고려하여 35g/일을 추가 섭취하도록 하였고 권장섭취량은 45g/일을 추가 로 섭취하도록 하였다. 수유기의 탄수화물 평균필요량은 모유로 분비되는 포도당 양을 고 려하여 60g/일, 권장섭취량은 80g/일을 추가로 섭취하도록 책정하였다[표 2-6].

또한 만성질환 위험감소를 위한 섭취기준으로 1일 총에너지 섭취량 중 탄수화물로부터의 에너지 섭취비율은 1세 이후 모든 연령에서 55~65%로 정하였다. 2010년에 개정된 한국인 영양소 섭취기준에서 탄수화물의 에너지 적정 섭취비율을 55~70%로 권장하였으나 1일 총에너지 섭취량의 70% 이상을 탄수화물로부터 섭취할 경우 질병의 위험이 증가하는 것 으로 보고되어 2015년부터 탄수화물의 에너지 적정비율을 55~65%로 하향 조정하였고 이 번 2020 개정에서도 이를 그대로 유지하였다.

당류의 경우 총당류 섭취량은 총에너지 섭취량의 10~20%, 식품의 조리 및 가공 시 첨가 되는 첨가당은 총에너지 섭취량의 10% 이내로 섭취하도록 하였다.

식이섬유소의 충분섭취량은 12g/1000kcal로 1~2세 15g/일, 3~5세 20g/일, 성인 남자 는 30g/일, 성인 여자는 20g/일로 정하였고 임신부 및 수유부는 필요에 따라 5g씩 추가하 도록 하였다[표 2-7].

탄수화물의 주된 급원식품은 주로 식물성 식품으로 곡류, 서류, 콩류, 채소류, 과일류, 우 유 및 유제품 등이 있고 첨가당의 주요 급원으로는 설탕, 액상과당, 물엿, 꿀, 시럽, 농축 과일주스 등이 있다.

표 2-6 한국인의 1일 탄수화물 섭취기준

성별	연령	탄수화물(g/일)			
		평균필요량	권장섭취량	충분섭취량	상한섭취량
영아	0~5(개월)			60	
	6~11			90	
유아	1~2(세)	100	130		
	3~5	100	130		
남자	6~8(세)	100	130		
	9~11	100	130		
	12~14	100	130		
	15~18	100	130		
	19~29	100	130		
	30~49	100	130		
	50~64	100	130		
	65~74	100	130		
	75 이상	100	130		
여자	6~8(세)	100	130		
	9~11	100	130		
	12~14	100	130		
	15~18	100	130		
	19~29	100	130		
	30~49	100	130		
	50~64	100	130		
	65~74	100	130		
	75 이상	100	130		
임신부		+35	+45		
수유부		+60	+80		

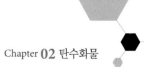

표 2-7 한국인의 1일 식이섬유 섭취기준

성별	연령	식이섬유(g/일)			
		평균필요량	권장섭취량	충분섭취량	상한섭취량
영아	0~5(개월)				
	6~11				
유아	1~2(세)			15	
	3~5			20	
남자	6~8(세)			25	
	9~11			25	
	12~14			30	
	15~18			30	
	19~29			30	
	30~49			30	
	50~64			30	
	65~74			25	
	75 이상			25	
여자	6~8(세)			20	
	9~11			25	
	12~14			25	
	15~18			25	
	19~29			20	
	30~49			20	
	50~64			20	
	65~74			20	
	75 이상			20	
임신부				+5	
수유부				+5	

순위	전체	남자	여자
1	백미	백미	백미
2	빵	라면	떡
3	라면	빵	빵
4	떡	국수	사과
5	국수	떡	국수

표 2-8 한국인 탄수화물 섭취량의 주요 급원식품

빈 열량식품(empty calorie food)이란?

에너지 외에 다른 영양소는 거의 함유되어 있지 않은 식품으로 청량음료, 캔디류, 알코올 등이 포함된다. 빈 열량식품의 과잉섭취는 비만, 당뇨, 이상지질혈증 등과 같은 성인병을 초래할 수 있다.

(2) 탄수화물 섭취와 관련된 질환

1) 충치

충치는 치아 표면의 에나멜층이 산에 의해 부식되는 것으로 치아 표면의 pH가 5.5 이하일 때 시작된다. 입안에 서식하는 충치 유발균(스트렙토코쿠스 뮤탄스)은 설탕을 덱스트란으로 만들어 플라그를 형성하고 산을 생성하여 치아표면의 pH를 4까지 떨어뜨린다. 따라서 설탕, 캔디, 젤리, 시럽, 설탕이 첨가된 액상 요구르트 등을 많이 섭취할수록 충치 유발 위험성은 높아지게 된다. 이들 식품 가운데 캐러멜, 엿과 같이 당 함량이 많고 끈적거려 치아 표면에 잘 달라붙는 식품은 구강 내 잔류시간이 길어 오랫동안 박테리아에 의해 이용되므로 충치 유발 위험성이 더욱 높아지게 된다.

2) 고지혈증

고당질식 섭취 시 에너지 생성에 사용되고 남은 포도당은 중성지방 합성에 사용된다. 또한 설탕, 잘 익은 과일에 많이 함유되어 있는 과당은 포도당에 비해 지방산을 쉽게 합성하여 혈중 중성지방 농도를 상승시킨다. 따라서 탄수화물을 과잉섭취할 경우 혈중 중성지방 수치가 증가하는 고중성지방혈증을 유발하게 된다.

3) 당뇨병

당뇨병은 인슐린 분비량이 절대적으로 부족하거나 또는 비만, 과식, 스트레스 등으로 인슐린 저항성이 증가하여 인슐린이 제대로 작용하지 못하여 생기는 당질대사 장애이다. 인슐린은 혈액 내 포도당을 세포 내로 이동시켜 에너지원으로 사용될 수 있도록 도와주는 역할을 한다. 따라서 인슐린 분비량이 부족하거나 인슐린 민감성이 감소한 경우 혈액 내 포도당은 세포 내로 이동되지 못하고 혈액에 축적되므로 고혈당이 되고 세포는 포도당 대신 단백질과 지질을 분해하여 에너지원으로 사용하게 된다. 혈당이 170mg/dL 이상이 되면 혈당은 소변을 통해 배설되고, 세포는 기아상태로 다뇨, 다음, 다식, 체중 감소의 증상을 보인다. 또한 혈당 대신 지질이 에너지원으로 이용됨에 따라 케톤체가 생성되어 혈액 중에 축적되고 이는 케톤증을 유발하여 혼수상태에 이르게 된다. 당뇨환자들은 표준체중 유지를 위한 적절한 열량 섭취와 과도한 혈당 상승을 억제하기 위하여 과식을 피하고 단순당질보다는 복합당질이나 식이섬유소 섭취를 권장한다.

당지수(Glycemic Index)

당지수(Glycemic Index)는 식품 섭취 후 식품 내 당질의 혈당 상승효과를 나타내는 상대적 척도로 포도당 섭취 시 혈당 증가율을 100으로 하여 각 식품의 혈당 반응 정도를 표시한 것이다. 일반적으로 당지수 55 이하인 경우 당지수가 낮은 식품, 당지수 70 이상인 경우를 당지수가 높은 식품으로 분류한다. 따라서 당지수가 높은 식품은 섭취 후 혈당의 급격한 상승을 가져오므로 당뇨 환자의 경우 당지수가 낮은 식품을 섭취하도록 권장한다.

표 2-9　식품의 당지수

높은 당지수의 식품(70 이상)		중간 당지수의 식품(56~69)		낮은 당지수 식품(55 이하)	
떡	91	환타	68	현미밥	55
흰밥	86	아이스크림	61	호밀빵	50
구운 감자	85	고구마	61	사과	38
시리얼(콘플레이크)	81	파인애플	59	우유	27
수박	72	페이스트리	59	대두콩	18

4) 유당불내증

모유 및 유즙의 구성성분인 유당은 소장점막에 존재하는 이당류 분해효소인 락타아제에 의해 포도당과 갈락토오스로 분해된 후 흡수된다. 그러나 락타아제가 선천적으로 부족하거나 활성이 저하된 경우 유당은 가수분해 되지 않은 채 대장으로 이동하고 대장 내 서식하는 박테리아에 의해 발효되어 유기산과 가스를 생성하게 된다. 또한 소화되지 않은 유당으로 대장 내 삼투압이 높아져 주위의 수분을 장내로 끌어들임으로써 복부팽만감, 복통 및 설사를 유발하는 유당불내증이 나타난다. 유당불내증이 있는 경우, 우유를 따뜻하게 데워 마시거나 천천히 소량씩 섭취하며 적응정도에 따라 섭취량을 서서히 늘려갈 것을 권장한다. 또한 우유만 섭취하는 것보다 빵, 과자와 같은 다른 식품과 함께 섭취하면 유당불내증을 완화시킬 수 있으며 유당을 유산으로 발효시킨 요구르트, 치즈와 같은 유제품을 이용하는 것도 효율적이다. 이러한 유제품 역시 전혀 소화시키지 못하는 경우 우유 및 유제품의 대체식품으로 두유 섭취와 함께 칼슘 보충이 요구된다.

5) 갈락토오스혈증

갈락토오스는 체내에서 갈락토오스를 포도당으로 전환시켜 주는 효소에 의해 포도당으로 전환되어 혈액으로 방출되지만, 선천적으로 이 효소가 결핍되거나 활성이 저하된 경우 갈락토오스가 포도당으로 전환되지 못하여 혈액 내 갈락토오스 농도가 비정상적으로 높아지게 된다. 출생 후 수유 시 구토, 설사, 포유곤란, 불안, 황달 및 영양불량 등의 증세를 보이고 심하면 사망할 수 있는데 이는 유즙 내에 포함된 유당이 가수분해 되어 갈락토오스를 생성하고 이것이 체내로 흡수되기 때문이다. 따라서 갈락토오스혈증이 있는 경우 유당과 갈락토오스를 엄격히 제한해야 하므로 영아의 경우 유당을 함유하지 않은 특수 조제분유를 사용하고 성장 이후에도 유당 함유식품에 주의해야 한다. 또한 당의정 형태의 알약의 경우 표면의 코팅제에 갈락토오스가 함유될 수 있으므로 성분표를 주의 깊게 확인할 필요가 있다.

6) 게실증

식이섬유소의 섭취가 부족하면 대변량이 적어지고, 대변량이 적어지면 대장의 지름이 감소하게 된다. 대장의 지름이 줄어든 상태에서 배변 시 대장의 연동운동으로 대장 내에 압력이 가해질 경우 대장 내벽의 약해진 부위가 부풀어 오르게 된다. 이를 게실이라고 하고 게실이 많아져 집합체를 형성한 것을 게실증이라고 하며 게실 내에 변이 들어가 염증을 일으키면 게실염이 된다. 게실증 예방을 위해 고섬유소식을 권장하지만 일단 게실염이 발병했고 급성일 경우 식이섬유소 섭취가 오히려 장을 자극하여 염증을 악화 시킬 수 있으므로 식이섬유소 섭취를 제한하고 호전되어가는 정도에 따라 섭취량을 늘려가야 한다.

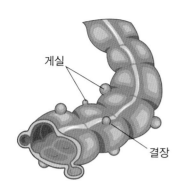

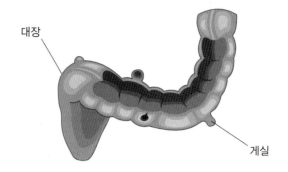

[그림 2-11] **게실증**

03
지질

지방질은 총 체중의 약 20%를 차지하며 단백질, 당질과 같이 생체의 주요 성분으로서 생화학적으로 영양상 중요한 물질이다. 지방질은 탄소, 수소, 산소로 이루어지나 인, 황, 질소 등을 함유하는 것도 있다. 그 특성은 물보다 가벼워 물에 뜨게 되며 물에 녹지 않고 유기용매(ether, acetone, alcohol, benzene, chloroform)에 녹는다. 글리세롤의 수산기(-OH)와 카르복실기(-COOH) 사이의 물 한 분자가 빠지는 에스터결합을 이루고 있는 물질이다.

1. 지질의 분류

(1) 지방산

1) 탄소 수에 따른 지방산 분류

지방산은 탄소 수에 따라 짧은사슬지방산, 중간사슬지방산, 긴사슬지방산으로 나뉘며, 탄소 수가 많을수록 탄화수소와 메틸기 부분은 소수성으로 물에 쉽게 용해되지 않으며 융점이 높다. 지방산을 구성하는 탄소 수는 4~26개로 다양하고 식품에 함유된 지질에는 짝수 개의 탄소로 이루어진 지방산이 있다. 탄소 사슬의 길이에 따라 짧은사슬지방산(short chain fatty acid: 2~4개), 중간사슬지방산(medium chain fatty acid: 6~12개), 긴사슬지방산(long chain fatty acid: 12개 이상)으로 구분하며, 탄소 사슬의 길이가 짧을수록 부분적으로 물에 녹을 수 있다.

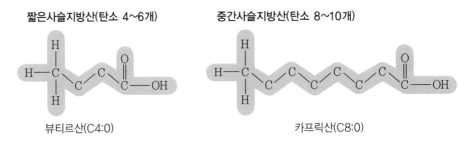

[그림 3-1] 탄소 길이에 따른 지방산의 분류

2) 이중결합의 수와 위치에 따른 분류

① 포화지방산

지방산은 탄소 사슬의 길이, 사슬 안에 있는 탄소원자의 불포화도, 이중결합의 구조 및 위치 등에 따라 분류할 수 있다. 지방산의 한쪽 끝은 카르복실기(carboxylic acid group, $-COOH$)가 있고 다른 쪽 끝은 메틸기(methyl group, $-CH_3$)가 있으며 가운데 부분은 탄소원자 사슬(탄소골격)에 수소들이 결합되어 있는 탄화수소로 되어 있다. 탄소 번호는 카르복실기의 탄소에서 1번으로 시작하여 메틸기의 탄소가 마지막 번호가 된다. 또한 카르복실기 옆의 탄소는 알파 탄소(α탄소, 2번 탄소), 베타탄소(β탄소, 3번 탄소), 마지막 탄소는 오메가(omega, ω) 또는 'n-계'로 표기하고 있다. 포화지방산(Saturated fatty acid)은 [그림 3-2]처럼 지방산은 모든 탄소와 탄소의 결합이 단일결합($-C-C-$)으로 연결되어 곧은 모양을 가지고 있으며 주로 동물성 기름과 코코넛유, 마가린 등에 함유되어 있다. 일반적으로 천연유지의 지질을 구성하는 주된 포화지방산에는 팔미트산(16:0), 스테아르산(18:0) 등이 있으며, 소고기나 돼지고기의 흰 지방 부분 등 동물성 식품에 많이 함유되어 있다. 포화지방산이 많은 지질은 융점이 높아 실온에서 고체이다.

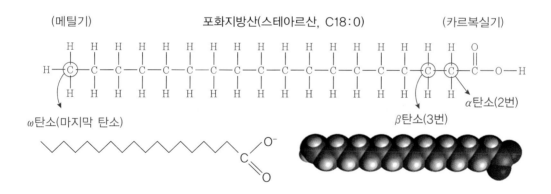

[그림 3-2] **포화지방산의 구조**

② 불포화지방산

탄소 사슬로부터 수소가 떨어져서 수소이온이 적기 때문에 구부러지고 탄소와 탄소 사이에 단일결합 대신 이중결합($-C=C-$)을 가진 지방산을 불포화지방산(Unsaturated fatty acid)이라고 한다. 이중결합이 1개인 지방산을 단일불포화지방산(monounsaturated fatty acid ;MUFA), 이중결합이 2개 이상인 지방산을 다중불포화지방산(polyunsateurated fatty acid; PUFA)이라고 한다. 불포화지방산은 주로 상온에서 액체의 형태로 존재하며 단일불포화지방산인 올레산(C18:1)은 올리브유에 많이 함유되어 있고, 다중불포화 지방산인 리놀레산(C18:2)은 콩기름, 참기름 등 대부분의 식물성 기름에 존재한다.

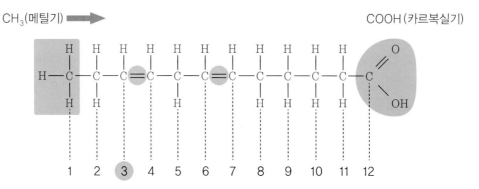

위의 경우에는 3번째, 6번째 탄소에 이중결합이 있고,
첫번째 이중결합이 3번째 탄소에 있으므로 오메가-3 지방산에 속한다.

[그림 3-3] **불포화지방산**

불포화지방산의 메틸기 말단에서부터 첫 번째 이중결합 탄소의 위치에 따라 3번째에 위치하면 오메가-3(ω-3, n-3), 6번째에 위치하면 오메가-6(ω-6, n-6), 9번째에 위치하면 오메가-9(ω-9, n-9) 지방산으로 분류한다[그림 3-3].

리놀렌산(linoleic acid), DHA(docosahexaenoic acid), EPA(eicosapentaenoic acid)는 ω-3 지방산이고, 리놀레산(linoleic acid)과 아라키돈산(arachidonic acid)은 ω-6 지방산이다. 올레산(oleic acid)은 ω-9 지방산이다.

- 오메가 3(n-3) 지방산

– α-리놀렌산(18:3, Δ9,12,15): 이중결합이 3개인 다중불포화지방산으로 그중 메틸기 18번 오메가 탄소로부터 3~4번째 탄소사이에 이중결합이 위치하므로 오메가 3계열 지방산이다. 들기름에 다량 함유되어 있다[그림 3-4, ⓐ].

– 아이코사펜타에노산(EPA, 20:5, Δ5,8,11,14,17): 이중결합이 5개인 다중불포화지방산으로 메틸기 20번 오메가 탄소로부터 3~4번째 탄소 사이에 이중결합이 위치하므로 오메가 3계열 지방산이다. 연어, 고등어 등 등 푸른 생선에 다량 함유되어 있고 리놀렌산(C18:3)으로부터 합성될 수 있다.

– 도코사헥사에노산(DHA, 22:6, Δ4,7,10,13,16,19): 이중결합이 6개인 다중불포화지방산으로 메틸기 22번 오메가 탄소로부터 3~4번째 탄소 사이에 이중결합이 위치하므로 오메

가 3계열 지방산이다. 등푸른 생선에 다량 함유되어 있으며 EPA와의 전환이 가능하다.

- 오메가 6(n-6) 지방산

– 리놀레산(18:2, Δ9,12): 이중결합이 2개인 다중불포화지방산으로 메틸기 18번 오메가 탄소로부터 6~7번 탄소 사이에 위치하므로 오메가 6계열이며 옥수수기름, 참기름에 함유되어 있다[그림 3-4, ⓑ].

– 아라키돈산(20:4, Δ5,8,11,14) : 이중결합이 4개인 다중불포화지방산으로 메틸기 20번 오메가 탄소로부터 6~7번 탄소 사이에 위치하므로 오메가 6계열이며 육류에 함유되어 있고 리놀레산(C18:2)으로부터 합성될 수 있다.

- 오메가 9(n-9) 지방산

– 올레산(18:1, Δ9) : 이중결합이 1개인 단일불포화지방산으로 메틸기 18번 오메가 탄소로부터 9~10번 탄소 사이에 위치하므로 오메가 9계열이며 올리브유, 카놀라유에 함유되어 있다[그림 3-4, ⓒ].

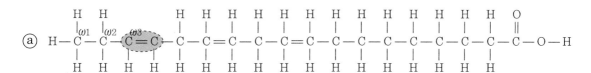

다가 불포화지방산(α-리놀렌산, C18 : 3ω3)

다가 불포화지방산(리놀레산, C18 : 2ω6)

단일 불포화지방산(올레산 C18 : 1ω9)

[그림 3-4] **불포화지방산의 이중결합 위치**

③ 시스형 지방산과 트랜스형 지방산

불포화지방산의 이중결합 탄소 사슬의 모양에 따라 시스형과 트랜스형으로 나뉜다. 탄소 2개에 결합된 수소원자 2개가 같은 방향으로 있어 지방산의 탄소 사슬의 이중결합을 중심으로 굽어져 있는 모양을 이루는 것을 시스(cis)형 지방산이라고 하며 실온에서 액체 상태로 존재한다. 이중결합을 결합을 이루는 탄소 2개에 결합된 수소 원자가 서로 다른 반대 방향으로 있어서 탄소 사슬이 굽지 않고 곧은 모양의 지방산을 트랜스(trans)형 지방산이라고 한다. 트랜스(trans)형 지방산은 다가불포화지방산을 함유한 식물성 기름에 부분적으로 수소첨가(hydrogenation) 과정을 거쳐 고체형태인 쇼트닝과 마가린과 같은 경화유를 만드는 과정에서 생기는 인공지방산이다. 이것은 포화지방산과 비슷한 형태와 물리적인 성질을 가지고 있어 트랜스지방의 과다섭취는 심혈관계 질환에 좋지 않은 영향을 미친다.

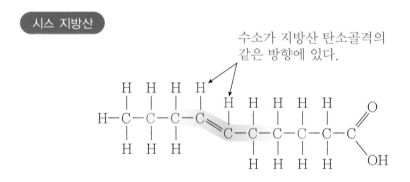

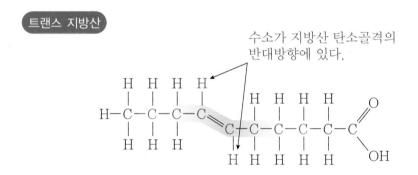

[그림 3-5] 시스와 트랜스지방산

전자렌지용 팝콘 1봉지
(평균 100g) 24.9g

감자튀김 1봉지
(평균 100g) 4.6g

크루아상 1개
4.6g

페이스트리 1개
4.6g

초콜릿 입힌 과자 1봉지
(평균 100g) 3.2g

케이크 1조각
3.1g

마가린 발라 구운
토스트 1장 2.8g

비스킷 1봉지
2.2g

영 양 성 분		
1회 제공량 1개(80g) 총 2회 제공량 1개(160g)		
1회 제공량 당 함량		%영양성분 기준치
열량		
탄수화물	46g	14%
당류	23g	–
단백질	5g	8%
지방	9g	18%
포화지방	2.5g	17%
트랜스지방	2g	–
콜레스테롤	80mg	27%
나트륨	150mg	8%
칼슘	140mg	20%
철	2mg	13%
비타민C	2mg	2%
*%영양성분기준치 : 1일 영양성분기준치에 대한 비율		

[그림 3-6] 트랜스지방에 대한 자료

3) 필수지방산과 불필수지방산

불포화지방산 중 동물체 내에서 합성되지 않아 성장, 생식 기능, 피부를 위해 반드시 식품으로 섭취해야 하는 지방산을 필수지방산이라 한다. 필수지방산으로는 오메가-3 지방산인 α-리놀렌산(linolenic acid, C18:3 ω-3), 식물성 종실유에 풍부한 오메가-6 지방산인 리놀레산(linoleic acid, C18:2 ω-6) 이 있다[표 3-1]. 또한 신체 내에서 일부 합성되는 아라키돈산(arachidonic acid)은 n-6계 지방산으로 리놀렌산으로부터 합성된다. 최근에는 아라키돈산이 리놀레산을 충분히 섭취하면 체내에서 합성하여 이용하므로 필수지방산에서 제외한다[그림 3-7].

표 3-1 필수지방산의 구조 및 대표식품

n-계통	지방산	구조	대표식품
ω-6	리놀레산	C18:2	옥수수유, 대두유, 면실유, 참깨, 해바라기씨
	아라키돈산	C18:4	육류(리놀레산으로부터 합성 가능)
ω-3	리놀렌산	C18:3	들깨유, 대두유, 카놀라유, 호두, 잣

조직과 망막에 다량 함유된 DHA는 식품에서 직접 섭취되거나, α-리놀렌산 또는 EPA로부터 합성되며, 뇌의 회백질이나 망막의 구성 지방산 중 50% 이상이 DHA이므로 인지기능, 학습능력 및 시각기능과 관련된다. 필수지방산은 주로 식물성 종실류에 많이 포함되어 있으며 결핍 시 성장장애와 습진성 피부염, 생식기능 장애, 탈색소 및 지방간을 초래한다.

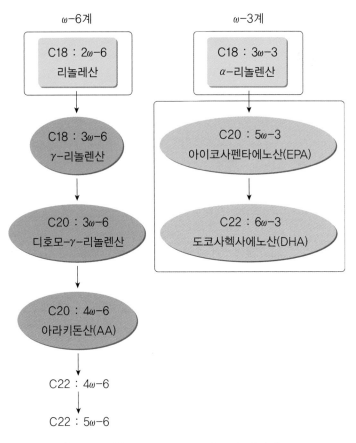

[그림 3-7] ω-6, ω-3 지방산의 대사경로

4) 에이코사노이드

탄소 수가 20개인 불포화지방산인 아라키돈산(20:4)과 디호모-γ-리놀렌산의 효소적인 과산화 반응으로 세포막의 인지질에 있는 필수지방산으로 합성된다. 프로스타글란딘(prostaglandin, PG), 트롬복산(thromboxane, TXA), 프로스타사이클린(prostacyclin), 루코트리엔(leukotriene, LT) 등이 있으며 오메가-6 지방산으로부터 생성된 에이코사노이드는 염증 유발 및 혈소판 응집작용을 하는 반면 오메가-3 지방산으로부터 생성된 에이코사노이드는 혈액응고와 염증을 감소시키는 등 호르몬처럼 작용하는 생리활성 기능을 가지고 있다. 조직에 포함된 오메가-3 지방산에 비하여 오메가-6 지방산의 함량이 지나치게 높으면 혈전증, 관절염, 천식 등의 다양한 질병의 원인이 될 수 있어 최근에는 오메가-6/오메가-3 지방산의 균형섭취를 중요하게 강조하고 있다.

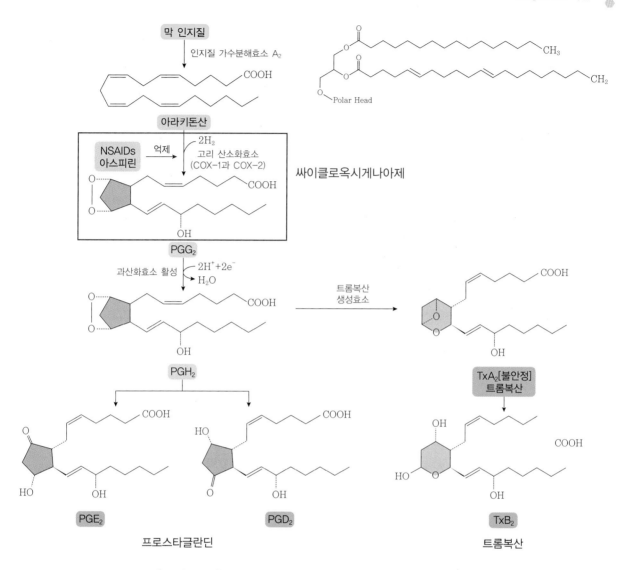

[그림 3-8] 아라키돈산으로부터 합성되는 에이코사노이드

(2) 중성지방

중성지방(triglyceride)은 가장 일반적인 지방으로 말하며 유지(oil and fat)의 주성분으로 식품이나 체지방의 98%를 차지한다. 3가 알코올인 글리세롤에 3개의 지방산이 에스터결합 (ester bond)에 의해 결합되어 있다.

글리세롤 1분자에 1개의 지방산이 결합한 것을 모노글리세라이드(monoglyceride:MG), 2개의 지방산이 결합한 것을 디글리세라이드(diglyceride:DG), 3개의 지방산이 결합한 것을 트리글리세라이드(triglyceride: TG)라고 하며 이 형태가 자연계에 존재하는 대부분의 지질

의 형태이다[그림 3-9]. 일반적으로 글리세롤의 3개의 수산기 중 1번과 3번 위치는 포화지
방산이, 2번 위치는 불포화지방산이 결합한다.

중성지방의 체내 기능은 신체의 정상기능을 위해 필수지방산 공급, 체내에서 1g당 9kcal
를 내는 농축된 에너지 급원이 되며, 식품의 맛과 향미 제공 및 지용성 비타민의 용해를 도
와 흡수에 도움을 준다.

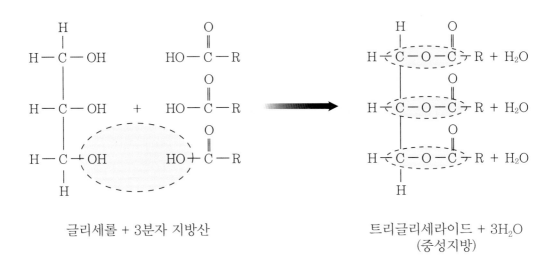

글리세롤 + 3분자 지방산

트리글리세라이드 + 3H$_2$O
(중성지방)

[그림 3-9] 글리세롤과 지방산의 결합

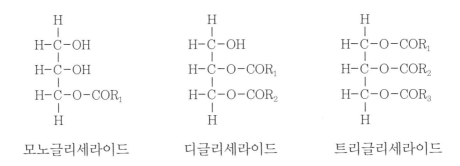

모노글리세라이드   디글리세라이드   트리글리세라이드

[그림 3-10] 중성지방의 구조

(3) 인지질

인지질은 두 개의 지방산과 인(phosphorus)을 포함한 인산기와 염기가 결합되어 있는 형
태로 인산기가 결합된 머리 부분(친수성: hydrophilic head)은 물에 대한 용해성이 커서 물분
자와 지방 분자를 서로 혼합시켜 유화상태로 만든다[그림 3-11].

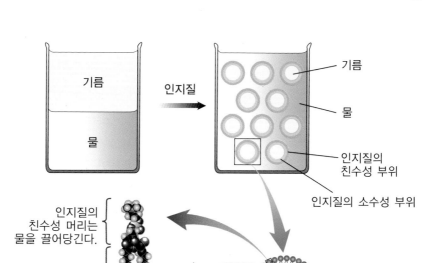

[그림 3-11] 마이셀의 구조와 유화작용

인지질은 양성물질로 물과 기름에 잘 섞이므로 유화제로 작용하고 마이셀(micelle)을 형성하여 지질의 소화, 흡수, 운반 시 중요한 역할을 한다. 특히 세포막의 주요 구성성분으로 친수성 머리 부분은 세포외강과 세포내강을 향하고 있고 소수성 꼬리 부분은 세포막의 내부로 향하고 있어 세포막이 그 기능을 원활히 수행할 수 있다[그림 3-12].

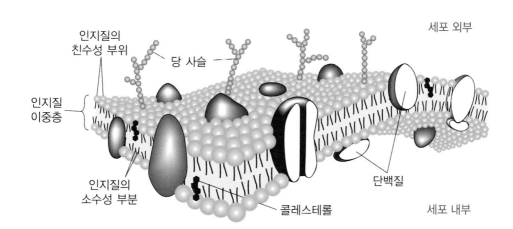

[그림 3-12] 인지질의 이중막으로 구성된 세포막의 구조

인지질은 글리세롤 골격을 가진 글리세로인지질(glycerophospholipid)과 스핑고신 골격을 가지는 스핑고인지질(sphingolipid)로 구분된다. 인지질은 스핑고지질과 함께 신경계의 신경조직의 수초(myelin sheath)에 다량 함유되어 있으며, 생체막에서 두 인지질이 다양한 비율로 존재한다. 가장 대표적인 생체 인지질에는 글리세로인지질로 달걀 노른자에 많이 존재하는 레시틴(lecithin)과 세포막 주성분인 포스파티딜콜린(phosphatidylcholine) 등이 있다. 인지질의 종류는 결합하는 염기의 종류에 따라 콜린, 에탄올아민, 세린, 이노시톨 등이 있으며 염기의 종류에 따라 명명한다[그림 3-13].

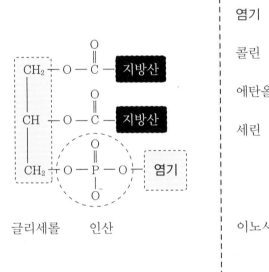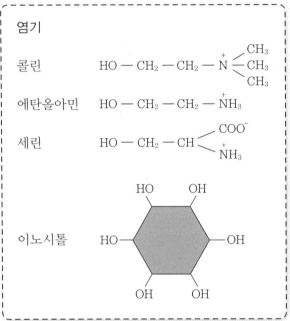

[그림 3-13] **주요 글리세로인지질**

(4) 콜레스테롤

콜레스테롤은 탄화수소의 고리구조로 소수성을 가진 대표적인 스테롤로 동물조직 중에 함유되어 있다. 간과 소장벽에서 필요한 콜레스테롤을 합성하며, 음식물의 소화·흡수에 의해 15%의 혈중콜레스테롤로 그 나머지 85%는 체내에서 합성된다. 합성 속도는 개인, 연령, 조직의 종류 등에 따라 다르다. 일반적으로 간과 소화기장의 조직에서는 콜레스테롤 합성 속도가 빠르고 성인의 뇌조직에서는 느리다. 콜레스테롤의 중요 기능은 인지질과 함께 세포막의 구성성분으로 세포막의 유동성 조절, 담즙산 합성, 프로게스테론(progesterone), 에스트로겐(estrogen), 테스토스테론(testosterone) 등 성호르몬 합성, 뇌와 신경세포의 주요 구성성분, 비타민 D_3를 합성한다[그림 3-14].

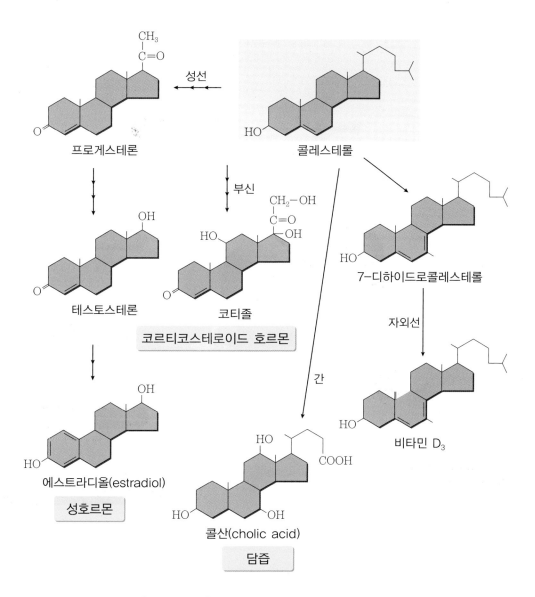

[그림 3-14] 콜레스테롤로부터 합성되는 물질

2. 지질의 소화와 흡수

(1) 지질의 소화

식품으로 섭취하는 일반적인 식사 내에 함유된 지방은 95% 이상이 중성지방이며 인지질, 콜레스테롤 및 기타 지방은 비교적 소량이다. 지방의 소화는 구강의 설선에서 분비되는 리파아제로부터 중간사슬 및 짧은사슬지방산에 특이적으로 작용하고 위장으로 이동하게 된다.

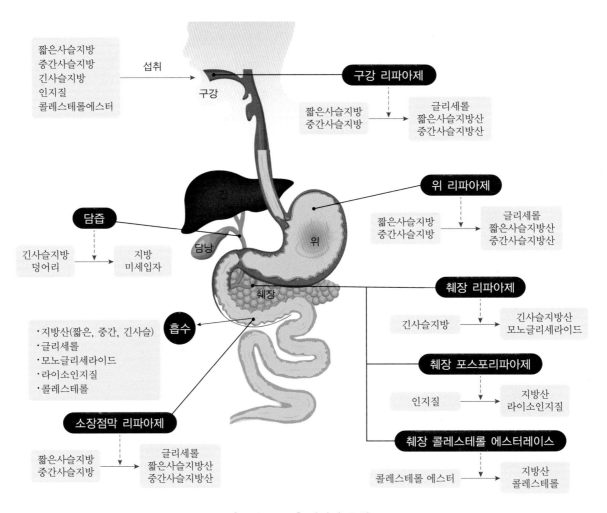

[그림 3-15] **지질의 소화**

침 속 리파아제는 pH 2~6에서 활동적이므로 성인의 경우 위장 내에서 식이지방의 소화가 일부 침 리파아제에 의해서 이루어진다. 위의 리파아제에 의해 소량의 중성지방이 디글리세라이드와 유리지방산으로 분해된다. 식사에서 섭취하는 지질은 대부분 소수성의 긴사슬지방으로 위에서 형성된 유미즙에도 섞이지 않은 상태로 십이지장으로 들어가게 된다.

십이지장에 지방을 함유한 유미즙이 도달하면 세크레틴(secretion)과 콜레시스토키닌(cholecystokinin, CCK)이 분비된다. 세크레틴은 췌장을 자극하여 알칼리성 탄산수소나트륨의 분비를 촉진하여 유미즙을 중화시키고 장벽을 산으로부터 보호한다. 콜레시스토키닌은 담즙과 췌장의 리파아제의 분비를 자극한다. 담즙은 극성(친수성)은 바깥쪽으로 비극성(소수성) 부분은 안으로 하여 지방의 외곽을 둘러 표면적을 1,000배 이상 증가시킨 유화작용(마이셀 구조)으로 소장관 내에서 췌장과 리파아제의 작용을 받기 쉽게 한다. 인지질의 경우 췌액의 인지질 가수분해효소에 의해 유리지방산과 라이소인지질로 분해되며, 섭취된 콜레스테롤은 지방산과 에스터형으로 결합한 형태로 췌액 중의 콜레스테롤에스터 가수분해효소에 의해 유리콜레스테롤과 유리지방산으로 분해된다[그림 3-15].

(2) 지질의 흡수

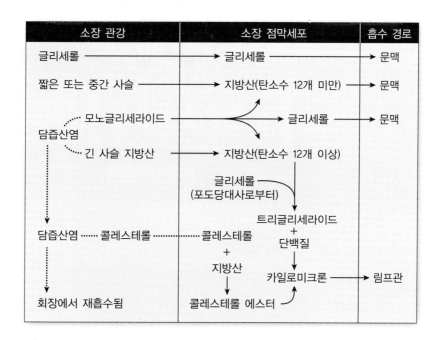

[그림 3-16] **짧은사슬 및 중간사슬지방산 흡수**

가수분해되어 생성된 글리세롤, 지방산, 모노글리세라이드, 콜레스테롤 등은 담즙과 함께 소장 융모로 이동 후, 세포 안팎의 농도 차에 의해 단순확산으로 세포 내로 흡수된다. 소장 점막세포 내에서 모노글리세라이드는 리파아제에 의해 지방산과 글리세롤로 분해된 후 글리세롤은 간 문맥을 경유하여 간으로 운반된다. 흡수되는 경로는 지방산 사슬 길이에 따라 다르다. 탄소 수 12개 이하의 짧은사슬 및 중간사슬지방산은 유리지방산 형태로 알부민과 결합하여 문맥을 거쳐 간으로 이동된다[그림 3-16].

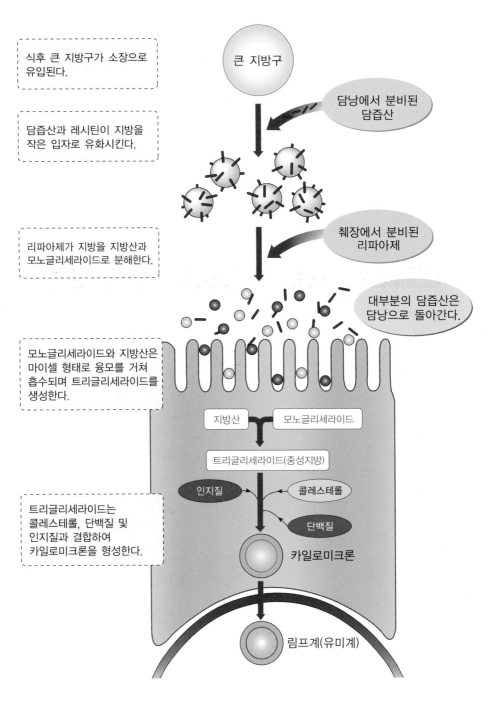

식후 큰 지방구가 소장으로 유입된다.

큰 지방구

담낭에서 분비된 담즙산

담즙산과 레시틴이 지방을 작은 입자로 유화시킨다.

리파아제가 지방을 지방산과 모노글리세라이드로 분해한다.

췌장에서 분비된 리파아제

대부분의 담즙산은 담낭으로 돌아간다.

모노글리세라이드와 지방산은 마이셀 형태로 융모를 거쳐 흡수되며 트리글리세라이드를 생성한다.

지방산 · 모노글리세라이드

트리글리세라이드(중성지방)

인지질 → ← 콜레스테롤

단백질

트리글리세라이드는 콜레스테롤, 단백질 및 인지질과 결합하여 카일로미크론을 형성한다.

카일로미크론

림프계(유미계)

[그림 3-17] **긴사슬지방산의 흡수**

탄소 수 12개 이상의 긴사슬지방산은 모노글리세라이드와 함께 소장 내막세포 내에서 중성지방으로 재생산되며 레시틴, 콜레스테롤 에스터 등 지용성 비타민과 함께 세포 내의 소포체에 크기가 큰 지방구가 된다. 중성지방과 콜레스테롤 에스터는 소수성으로 물과 친화력이 적어서 혈액을 따라 운반되는데 어려움이 있으므로 친수기와 소수기를 다 가지는 인지질과 아포단백질이 이들 소수성 지질들을 둘러 싼 지단백질 형태인 카일로미크론(chylomicron)을 형성하고 세포막으로 이동하여 림프순환계로 이동된다[그림 3-17].

3. 지질의 운반

(1) 혈청 지단백질의 종류와 특성

섭취된 지방은 직접적으로 순환계의 지방으로 직접 이동하지 못하고 간과 같은 조직에 저장된 지방이 대사과정을 통해 다른 형태의 지단백질로 이동한다. 중성지방, 인지질, 콜레스테롤 등은 그 자체로는 수용성인 혈액을 따라 운반되기 어렵기 때문에 수용액과 지질층 양쪽을 수용하는 단백질과 인지질이 포함된 지단백질의 운반체 형태로 운반된다. 지단백은 다양한 크기와 성분을 갖는 구형 입자로 내부에는 콜레스테롤 에스터와 중성지방이 존재하고 극성 표면층에는 아포단백질, 인지질, 유리콜레스테롤이 존재한다. 즉 지단백은 혈액 내에서 자유롭게 이동하면서 내부에 있는 소수성 지질을 필요한 곳에 운반한다[그림 3-18].

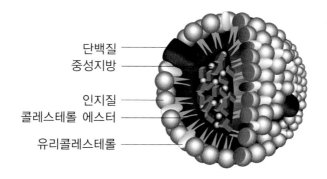

단백질
중성지방
인지질
콜레스테롤 에스터
유리콜레스테롤

[그림 3-18] **지단백질의 구조**

혈장을 초원심분리하여 지단백질을 밀도에 따라 나누는데 혈액 중에는 네 종류의 지단백질이 있다. 가장 크면서 밀도가 낮은 카일로미크론(유미지립, chylomicron), 초저밀도 지단백질(very low density lipoprotein; VLDL)도 주로 중, 저밀도 지단백질(low density lipoprotein;

LDL), 고밀도 지단백질(high density lipoprotein; HDL)이 있다. 지단백질의 밀도는 중성지방 함량이 많을수록 작고 아포단백질(apoprotein)의 함량이 클수록 밀도는 크다. 지단백질의 크기는 카일로미크론이 가장 크고 VLDL, LDL, HDL 순이다.

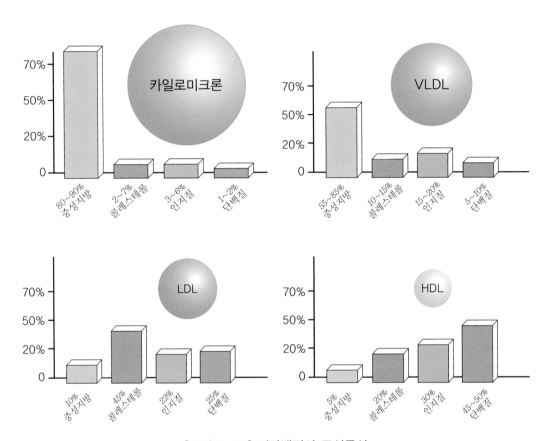

[그림 3-19] **지단백질의 구성특성**

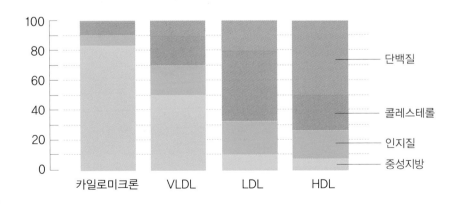

[그림 3-20] **지단백 밀도 및 성분**

(2) 지단백질의 이동

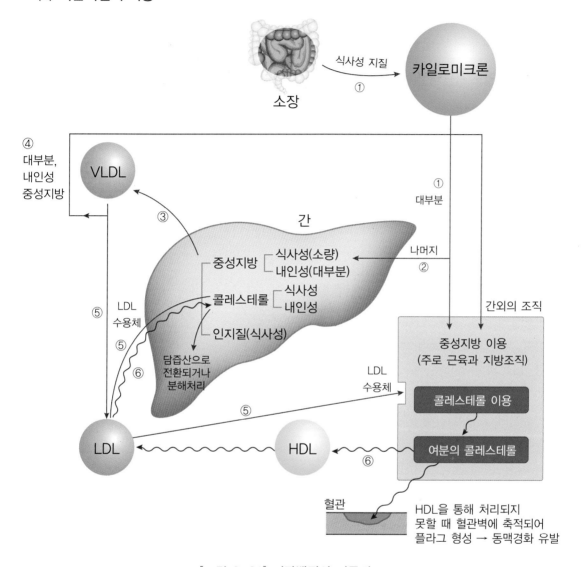

[그림 3-21] **지단백질의 이동경로**

1) 카일로미크론

카일로미크론은 지단백 중에서 가장 크며(100~1000nm), 밀도는 가장 낮다. 혈액으로 이동하기 위해 아포단백질 B48(Apo B48)과 결합한 형태로 음식물의 지방질이 분해되고 흡수된 후에 소장에서 합성되며 콜레스테롤과 중성지방을 소장으로부터 사용과 저장에 필요한 장소로 이동시키는 작용을 한다. 림프계로 들어가서 혈류를 따라 근육과 지방조직에서 지단백질분해효소(lipoprotein lipase)에 의해 분해되어 대부분의 지방산과 글리세롤로 중성지방이 제거되고 분해된 지방산은 간 외의 조직세포, 근육세포나 지방세포로 들어가 산화되어 에너지원으로 이용되고 남은 것은 지방조직에 저장된다. 지질 섭취량에 따라 2~10시간 정도 소요되고 절식 12~14시간 후 혈액에서 카일로미크론이 완전히 사라진다.

2) 초저밀도 지단백질(LDVL)

초저밀도지단백질(VLDL)은 주로 간에서 합성된 콜레스테롤과 내인성 중성지방을 말초조직으로 운반한다. 식사에서 흡수된 콜레스테롤이나 인지질 등과 함께 형성하여 혈액에 방출되고 혈중 VLDL은 지단백질 분해효소에 의해 분해되고 그중 중성지방이 지방산과 글리세롤로 분해되어 흡수된다. 대부분 중간밀도지단백질(intermediate density lipoprotein; IDL)로 전환되고 IDL은 지단백질 리파아제의 작용으로 중성지방이 더욱 제거된 후 LDL로 전환된다.

3) 저밀도 지단백질(LDL)

저밀도지단백질(LDL)은 VLDL에서 중성지방이 제거되고 남은 지단백질로 콜레스테롤 함유량이 가장 높으며 간 이외의 세포와 말초세포들에게 콜레스테롤을 공급하는 역할을 한다. 남은 여분의 콜레스테롤은 간에서 합성된 HDL에 의해 다시 간으로 운반되어 처리된다. LDL의 유입으로 세포 내 유리 콜레스테롤이 증가하면 콜레스테롤 합성속도 조절효소의 활성이 억제되어 세포 내의 콜레스테롤 생성이 억제된다. 간세포는 LDL-콜레스테롤을 이용하여 담즙산을 생합성하고 콜레스테롤을 합성하여 담즙으로 분비한다. 그러나 높은 농도의 LDL은 혈관계를 순환하면서 말초혈관벽에 플라그를 형성하여 동맥경화증을 유발하고 심혈관질환의 위험인자가 된다.

4) 고밀도 지단백질(HDL)

HDL은 주로 간에서 합성되지만 소장에서도 합성된다. HDL은 말초조직세포나 지방 분해의 부산물에서 유래한 인지질이나 콜레스테롤을 전달받아 간으로 직접 운반하거나 가지고 있는 콜레스테롤 에스터를 VLDL과 LDL에 전달하는 역할을 하며 말초혈관에 쌓인 콜레스테롤을 간으로 역수송하는 기능을 수행한다. 혈액 내의 HDL 콜레스테롤 수준이 높으면 심혈관질환의 위험이 감소하여 HDL 콜레스테롤은 항동맥경화성 인자(antiarteriosclerosis factor)로 심혈관질환을 억제하는 좋은 콜레스테롤이라고 한다.

4. 지질의 대사

(1) 지질의 분해

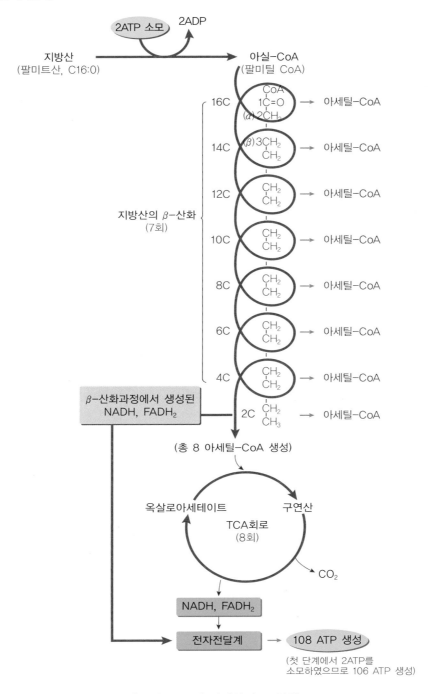

[그림 3-22] **지방산의 β-산화**

공복 시에는 간이나 피하, 복강, 장기 주변에 저장되어 있던 지방조직의 중성지방이 리파아제에 의해 한 분자의 글리세롤과 세 분자의 유리지방산으로 분해된다. 글리세롤은 세포질에서 해당과정 증간경로로 유입되어 에너지원으로 이용되거나 포도당 합성의 전구체로 사용되기도 한다. 지방산은 에너지를 내기 위해 코엔자임 A와 결합하여 아실 CoA로 되어 활성화되고, 활성화된 아실 CoA는 카르니틴(carnitine)의 도움으로 세포질에서 미토콘드리아 내로 이동하게 된다. 미토콘드리아에서 지방산의 아실 CoA는 탄소 2개로 구성된 아세틸 CoA를 생성하는데 탄소 사슬의 β위치에서 산화되는 과정을 반복해서 원래의 아실 CoA보다 탄소 수가 2개 적은 아실 CoA를 만드는 과정을 지방산의 β-산화라고 한다. 이렇게 생성된 아세틸 CoA는 TCA회로를 거쳐 에너지를 생성하게 된다. 지방산 탄소의 길이에 따라 β-산화의 횟수가 달라지고 생성되는 아세틸 CoA의 생성량도 달라진다.

(2) 지질의 합성

필수지방산을 제외하고 모든 지방산은 아세틸 CoA로부터 합성된다. 탄소 2개인 아세틸 CoA에 아세틸 CoA 카르복실화효소에 의해 탄소 1개가 첨가되어 말로닐 CoA(탄소 수 3개)를 생성하고 다시 아세틸 CoA를 결합한 뒤 CO_2로 탄소 1개를 제거하여 탄소 수 4개의 지방산을 합성한 뒤 탄소가 2개씩 증가하는 과정을 7번 반복하면서 주로 긴사슬포화지방산인 팔미트산(C16:0)이 합성된다[그림 3-23]. 지방산 합성 시 지방산 합성효소에는 오탄당인산경로(hexose monophosphate pathway; HMP)에서 공급되는 NADPH가 필요하다. 스테아르산(C18:0)과 같은 포화지방산으로부터 올레산(C18:1)과 같은 불포화지방산이 합성될 수 있지만 리놀레산(C18:2), 리놀렌산(C18:3)과 같은 필수지방산은 체내에서 합성되지 않으므로 반드시 음식으로 섭취해야 한다.

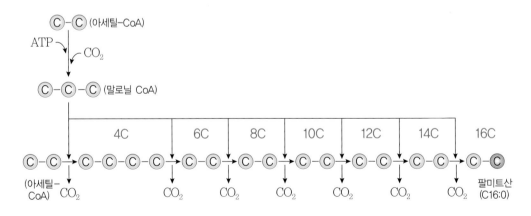

[그림 3-23] 지방산 합성과정

(3) 콜레스테롤의 합성과 대사

체내에 존재하는 콜레스테롤은 음식으로 섭취한 콜레스테롤(외인성)과 체내에서 합성된 콜레스테롤(내인성)로 구성된다. 콜레스테롤은 포도당, 지방산, 아미노산으로부터 생성된 아세틸 CoA로부터 합성된다. 3개의 아세틸 CoA로부터 생성된 HMG CoA를 메발론산으로 전환시키는 HMG CoA 환원효소는 콜레스테롤 합성 시 속도를 조절하는 역할을 한다. 콜레스테롤의 합성은 간과 소장에서 이루어진다. 식이콜레스테롤의 섭취를 제한하더라도 혈중 콜레스테롤 수준에는 큰 변화가 없고 내인성 콜레스테롤 합성을 억제하는 것이 필요하다. 콜레스테롤의 30~60%는 간에서 주로 담즙 생성에 사용되며 담낭을 통해 십이지장으로 분비된다[그림 3-24].

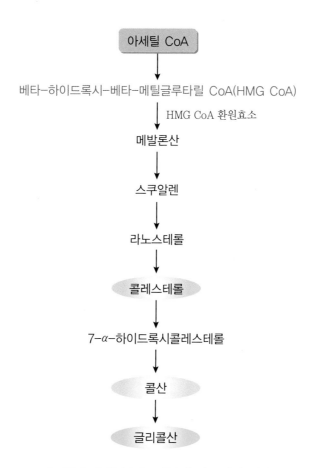

[그림 3-24] **콜레스테롤과 담즙산의 생성**

(4) 케톤체 대사

당질 섭취가 부족하거나 장기간 굶었을 때, 또는 인슐린 분비가 적을 때 에너지 급원으로 지방산을 사용하게 된다. 지방산의 β-산화에 의해 다량 생성된 아세틸 CoA는 옥살로아세트산의 부족으로 TCA 회로로 진입하지 못하고 케톤체가 생성되어 케톤증을 유발한다. 생성된 케톤체는 체내에서 에너지원으로 사용된다. 그러나 케톤체 형성이 현저하게 증가할 경우 체액의 산-염기 균형에 문제가 생긴다. 뇌조직 및 근육조직으로 이동되어 장시간 케톤체를 에너지원으로 사용하면 산독증이 생겨 위험한 상태가 된다.

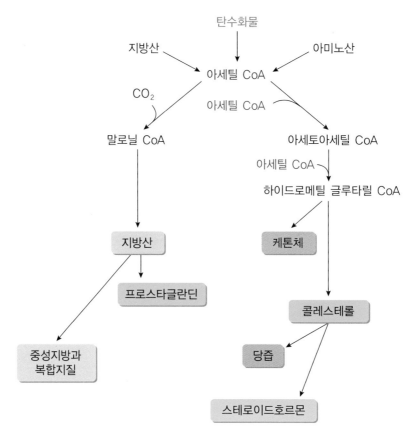

[그림 3-25] 생체에서 아세틸-CoA의 용도

5. 지질의 기능

(1) 에너지원

지질은 체내에서 산화될 때 1g당 9kcal를 내며 탄수화물과 단백질의 열량 4kcal에 비하면 높은 에너지 급원이다. 지방은 탄수화물과 달리 수분을 결합하지 않은 형태로 단위 부피당 축적된 에너지가 훨씬 많다. 체지방의 비율은 연령과 에너지 섭취상태에 따라 다르지만 대체로 남자보다 여자가 체지방의 비율이 높고 나이가 많아질수록 체지방의 비율이 높아진다.

(2) 체온조절 장기보호

피하 지방조직은 외부로부터 오는 체온손실을 막아 체온저하를 줄이는 역할을 하고 내장지방은 유방, 자궁, 난소, 정도 등의 생식기관과 심장, 신장, 폐 등 주요 장기를 감싸고 있어 외부충격에서 보호할 수 있는 완충작용을 한다.

(3) 지용성 비타민 흡수 촉진

지용성 비타민 및 지용성 생리활성 물질은 지질에 용해되어 함께 흡수되므로 지질의 섭취량이 적거나 흡수불량의 장애가 있으면 지용성 비타민의 흡수도 저해된다.

(4) 필수지방산 공급

필수지방산은 인체에서 합성되지 않아서 성장 및 생명유지를 위해 반드시 음식으로 섭취해야 하며, 체내의 여러 생리적인 과정을 정상적으로 수행하는데 필요하다.

(5) 맛, 향미, 포만감 제공

향을 내는 성분이 지질에 용해되어 구강의 감각세포로 전달되기도 하며 식품의 질감을 좋게 한다. 당질이나 단백질에 비해 지질은 위를 통과하는 속도가 느려서 위에 오래 머물기 때문에 포만감을 준다.

6. 지질의 섭취와 건강

(1) 지질 섭취와 관련된 질환

지질은 세포의 구성성분뿐만 아니라 영양과 관련된 여러 기능도 수행한다. 지질은 같은 양의 탄수화물이나 단백질에 비해 두 배 이상의 에너지를 공급하기 때문에 많은 양의 지질을 섭취할 경우, 세계적인 건강 문제인 비만, 심혈관계 질환, 제2형 당뇨병, 암 등의 질병이 발생할 수 있다. 또한 유방암과 대장암의 위험을 증가시킨다. 포화지방산의 섭취가 혈중 콜레스테롤을 증가시키는 주요 원인으로 작용하고, 중성지방이나 콜레스테롤이 많으면 혈액의 점도가 커져서 혈류는 느려지며 혈관벽에 축적된다. 특히, 동맥 내벽에 콜레스테롤 플라그가 축적되면 혈관의 내강은 점차 좁아지고 동맥벽은 두꺼워지고 단단해져서 혈관의 유연성이 떨어져 동맥경화가 발생한다. 관상동맥질환의 원인으로 혈중 콜레스테롤 증가뿐만 아니라 가족력, 흡연, 스트레스, 당뇨병, 고혈압, 연령, 성별 등 다양한 인자가 있지만 생활습관 및 식생활 개선으로 위험도는 감소시킬 수 있다.

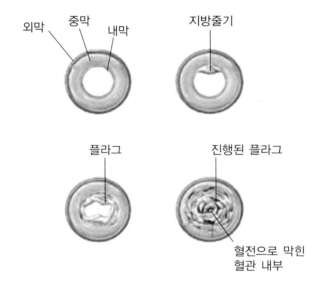

[그림 3-26] 동맥경화의 진행과정

(2) 지질의 섭취기준 및 한국인 섭취실태

총 지방의 섭취기준은 영아(1~2세)의 경우 모유 섭취량 및 모유와 이유식에 함유된 지방량을 근거로 충분섭취량을 설정하고 있으며 모유의 지방 에너지 섭취비율이 40~50%임을 감안하여 지방 에너지적정비율을 20~35%로 설정하였다. 성장기(1~18세), 성인기(19~64세) 및 노인기(65세 이상)의 2020년 영양소 섭취기준에서 성인의 총 지방 에너지적정비율은 2015년 기준을 유지하여 15~30%로 설정하였다. 지방의 에너지 섭취비율은 1969년 이래 꾸준히 증가하는 추세를 보이고 있으며 지방 에너지 섭취비율의 연령별 평균은 19~25%

범위였다. 총 지방의 경우 권장섭취량 등을 결정할 과학적 근거가 부족하여 전 연령에서 에너지 적정비율을 제시하였으나, 심혈관계질환 예방에 도움을 주고 식사를 통해서만 섭취가 가능한 필수방산의 경우 충분섭취량을 제시하였다. 포화지방산과 트랜스지방산의 경우 과잉 섭취 시 심혈관계질환(고혈압 등) 발생 위험이 증가한다는 점을 고려하여 권고 수준을 제시하였다. 3~18세의 경우 포화지방산은 총에너지섭취량의 8% 미만, 트랜스지방산은 1% 미만으로 섭취할 것을 추가로 제정하고, 성인의 경우는 포화지방산 7%와 트랜스지방산 1%로 설정하였다.

표 3-2 한국인의 1일 지질 섭취기준

성별	연령	충분섭취량				
		지방	리놀레산	알파-리놀렌산	EPA+DHA	DHA
		(g/일)	(g/일)	(g/일)	(mg/일)	(mg/일)
영아	0~5(개월)	25	5.0	0.6		200
	6~11	25	7.0	0.8		300
유아	1~2(세)		4.5	0.6		
	3~5		7.0	0.9		
남자	6~8(세)		9.0	1.1	200	
	9~11		9.5	1.3	220	
	12~14		12.0	1.5	230	
	15~18		14.0	1.7	230	
	19~29		13.0	1.6	210	
	30~49		11.5	1.4	400	
	50~64		9.0	1.4	500	
	65~74		7.0	1.2	310	
	75 이상		5.0	0.9	280	
여자	6~8(세)		7.0	0.8	200	
	9~11		9.0	1.1	150	
	12~14		9.0	1.2	210	
	15~18		10.0	1.1	100	
	19~29		10.0	1.2	150	
	30~49		8.5	1.2	260	
	50~64		7.0	1.2	240	
	65~74		4.5	1.0	150	
	75 이상		3.0	0.4	140	
임신부			+0	+0	+0	
수유부			+0	+0	+0	

또한 19세 이상 성인남녀에서 콜레스테롤의 섭취량을 300mg/일 미만으로 권고하였다.

2020년 한국인 영양섭취기준에서도 리놀레산:알파-리놀렌산의 충분섭취량을 4~10:1로 제안으로 제안하였고, 알파-리놀렌산, EPA+DHA의 충분섭취량은 2013~2017년도 국민건강영양조사에서 평균섭취량으로 산정하였다.

지방의 에너지 섭취비율은 1969년 이래 꾸준히 증가하는 추세를 보이고 있으며 지방 에너지 섭취비율의 연령별 평균은 19~25% 범위였다. 2017년 우리나라 사람들의 식품군별 지방 섭취분율을 분석한 보고에 따르면 지방은 육류 15.1%, 곡류 8.9%, 유지류 7% 분율로 섭취되고 있었다.

(3) 지질의 급원식품

2017년 국민건강영양조사의 식품별 섭취량으로 지방의 급원식품을 조사한 내용으로는 돼지고기, 소고기, 우유, 달걀, 고등어, 오리고기, 장어와 같은 동물성 식품과 식물성 식품으로는 콩기름, 참기름, 백미, 두부, 유채씨기름, 땅콩, 아몬드, 들기름 등이 대표적이다. 우리나라 사람들의 1회 분량을 통해 섭취하는 지방 함량이 높은 식품은 샌드위치/햄버거/피자 등 패스트푸드, 케이크, 라면, 오리고기, 장어, 소고기 순이었다[표 3-3].

표 3-3 지방 주요 급원식품(100g당 함량)*

순위	급원식품	함량(g/100g)	순위	급원식품	함량(g/100g)
1	돼지고기(살코기)	11.3	16	요구르트(호상)	3.8
2	소고기(살코기)	17.0	17	김	49.2
3	콩기름	99.3	18	고등어	13.3
4	우유	3.3	19	초콜릿	34.4
5	달걀	7.4	20	크림	45.0
6	마요네즈	75.7	21	대두	15.4
7	과자	22.8	22	오리고기	19.0
8	라면(건면, 스프 포함)	11.5	23	아이스크림	7.8
9	참기름	99.6	24	치즈	21.3
10	백미	0.9	25	배추김치	0.5
11	두부	4.6	26	땅콩	46.2
12	빵	4.9	27	아몬드	51.3
13	샌드위치/햄버거/피자	13.2	28	만두	6.6
14	케이크	18.9	29	장어	17.1
15	유채씨기름	99.9	30	들기름	99.9

*2017년 국민건강영양조사의 식품별 섭취량과 식품별 지방 함량(국가표준식품성분표 DB 9.1) 자료를 활용하여 지방 주요 급원식품 상위 30위 산출

포화지방산은 주로 동물성 식품에서 다량 존재하나, 코코넛유나 팜유 등은 식물성 식품임에도 포화지방산의 함량이 높다. 우리나라 사람들의 1회 분량을 통해 섭취하는 포화지방산 함량이 높은 식품은 케이크, 샌드위치/햄버거/피자 등 패스트푸드, 라면, 아이스크림, 순으로 조사되었다. 오메가-3 지방산의 주요 급원식품은 들기름, 아마씨, 들깨, 호두 순이었고, EPA와 DHA 함량이 높은 식품은 고등어, 방어, 꽁치, 임연수어 순이었다. 또한 EPA와 DHA 함량이 높은 식품은 고등어, 방어, 꽁치, 임연수어 순이었다. 콜레스테롤의 주요 급원식품은 메추리알, 닭고기(간), 달걀, 새우, 오징어, 소고기(간) 순이었다.

04
단백질

'단백질(protein)'이란 명칭은 그리스어로 '으뜸가는' 또는 '제1의'라는 것을 뜻하는 'proteos'에서 유래된 것으로 생명체를 유지하는데 있어서 매우 중요한 영양소임을 일러준다. 단백질은 탄소(C), 수소(H), 산소(O), 질소(N) 외에 황(S), 철(Fe), 인(P) 등으로 구성되고 신체의 체조직 구성 및 생명유지에 필수적인 영양소로 1g당 4kcal의 열량을 공급한다. 건강한 성인의 경우 체중의 약 15%가 단백질로 이루어졌다. 체단백질의 절반가량은 근육 단백질로 존재하며, 피부와 혈액에 15%, 간과 신장에 10% 정도 분포되어 있고 나머지는 뇌, 폐, 심장, 뼈 등에 존재한다. 단백질의 기본 구성성분은 아미노산(amino acid)으로 단백질은 수백, 수천 개의 아미노산이 결합된 고분자 화합물이다. 현재 식품에서 발견되는 아미노산은 20여종으로 알려져 있다.

1. 아미노산의 구조와 분류

(1) 아미노산의 구조

아미노산은 단백질을 구성하는 기본 단위로, 구조는 α탄소에 아미노기(-NH$_2$)와 카르복실기(-COOH), 수소원자와 곁가지인 R기가 결합되어 있다. 곁가지 R 부분의 종류에 따라 아미노산의 성질이나 기능이 달라진다.

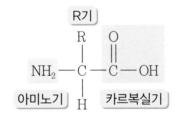

[그림 4-1] 아미노산의 기본구조

(2) 아미노산의 분류

1) 화학구성에 의한 분류

아미노산은 산성인 카르복실기와 알칼리성인 아미노기를 모두 포함하는 양성물질로 R기의 화학조성에 따라 산성 아미노산, 중성 아미노산, 염기성 아미노산으로 분류할 수 있다. 또한 중성 아미노산 중에 결합된 R기의 구조에 따라 방향족 아미노산(aromatic amino acid, AAA)과 곁가지 아미노산(branched chain amino acid, BCAA)으로 나눌 수 있다.

구분	종류		구분	종류		
산성 아미 노산	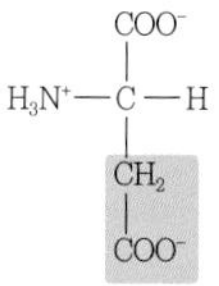 아스팔트산 (aspartic acid, Asp. D)	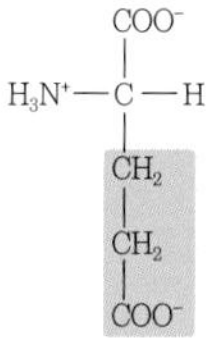 글루탐산 (glutamic acid, Glu. E)	염기성 아미 노산	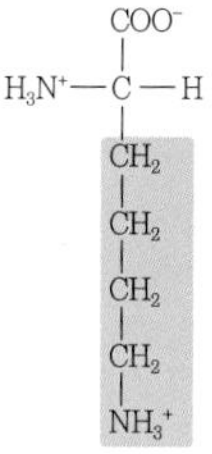 리신 (lysine, Lys. K)	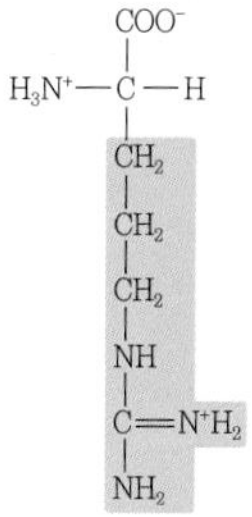 아르기닌 (arginine, Arg. R)	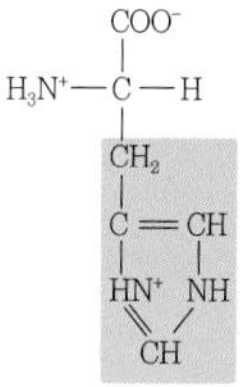 히스티딘 (histidine, His. H)

구분	종류				
중성 아미 노산	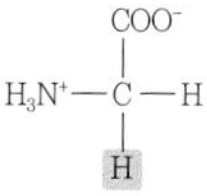 글리신 (glysine, Gly. G)	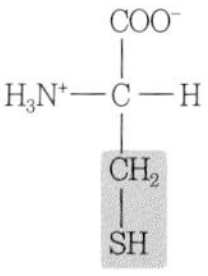 시스테인 (cysteine, Cys. C)	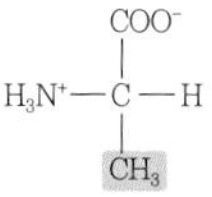 알라닌 (alanine, Ala. A)	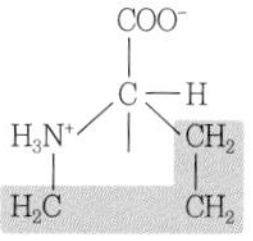 프롤린 (proline, Pro. P)	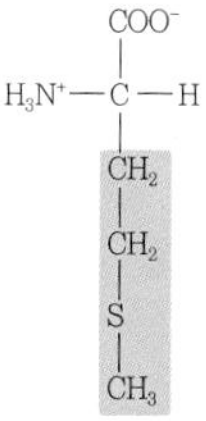
	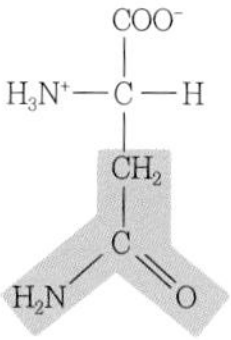 아스파라긴 (asparagine, Asn. N)	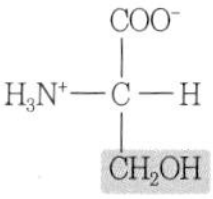 세린 (serine, Ser. S)	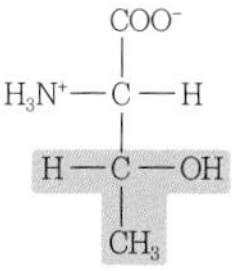 트레오닌 (threonine, Thr. T)	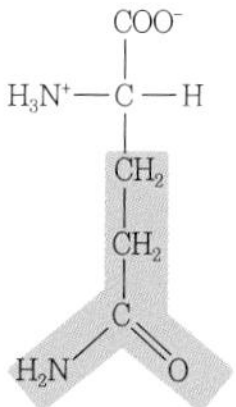 글루타민 (glutamine, Glu. E)	메티오닌 (methionine, Met. M)
	방향족 아미노산		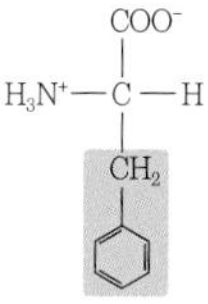 페닐알라닌 (phenylalanine, Phe. F)	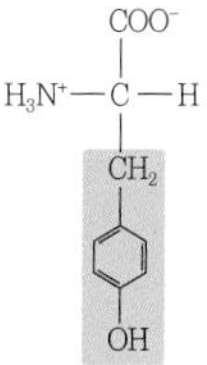 티로신 (tyrosine, Tyr. Y)	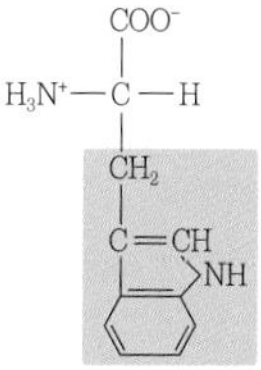 트립토판 (tryptophan, Trp. W)
	곁가지 아미노산		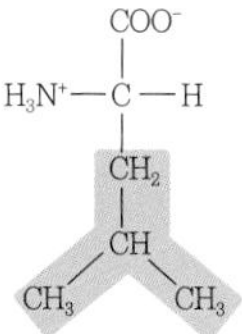 루신 (leucine, Leu. L)	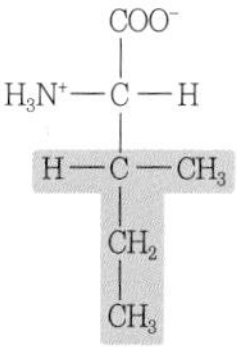 이소루신 (isoleucine, Ile. I)	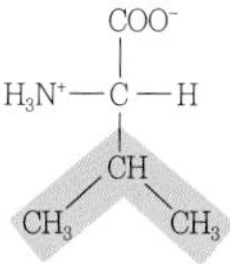 발린 (valine, Val. V)

[그림 4-2] 아미노산의 화학구조에 의한 분류

2) 체내 합성 여부에 따른 분류

아미노산은 체내 합성 여부에 따라 필수아미노산과 불필수아미노산으로 분류된다. 필수아미노산이란 체내에서 합성되지 못하거나, 충분한 양이 합성되지 않으므로 반드시 식사로 섭취해야 하는 아미노산이다. 따라서 식사로부터 충분한 양의 필수아미노산이 공급되지 않으면 체내에서 단백질 합성이 원활히 이루어질 수 없어 성장지연, 체중감소 등을 초래할 수 있다. 불필수아미노산이란 체내에서 합성이 가능한 아미노산이다. 히스티딘은 체내에서 합성되기는 하지만 그 양이 부족하므로 성장기 어린아이들에게는 필수아미노산으로 분류한다.

표 4-1 체내합성 여부에 따른 아미노산의 분류

필수아미노산	불필수아미노산	조건적 필수아미노산
히스티딘(histidine)	알라닌(alanine)	아르기닌(arginine)
이소루신(isoleucine)	아스파라긴(asparagine)	시스테인(cysteine)
루신(leucine)	아스팔트산(aspartic acid)	글루타민(glutamine)
리신(lysine)	글루탐산(glutamic acid)	글리신(glycine)
메티오닌(methionine)	세린(serine)	티로신(tyrosine)
페닐알라닌(phenylalanine)		프롤린(proline)
트레오닌(threonine)		
트립토판(tryptophan)		
발린(valine)		

2. 단백질의 구조와 분류

(1) 단백질의 구조

단백질은 수백, 수천 개의 아미노산이 펩티드결합으로 연결되어 폴리펩티드(polypeptide)를 이룬 것으로 결합된 아미노산의 수에 따라 두 개의 아미노산이 결합되면 디펩티드, 세 개의 아미노산이 결합되면 트리펩티드, 10개 이상의 아미노산이 결합되면 폴리펩티드라고 부른다. 펩티드결합이란 한 아미노산의 카르복실기와 다른 아미노산의 아미노기에서 물분자가 하나 빠지면서 결합한 것이다.

펩티드결합(peptide bond)

한 아미노산의 카르복실기(-COOH)와 다른 아미노산의 아미노기(-NH$_2$)가 물(H$_2$O) 한 분자가 제거되면서 결합한 것

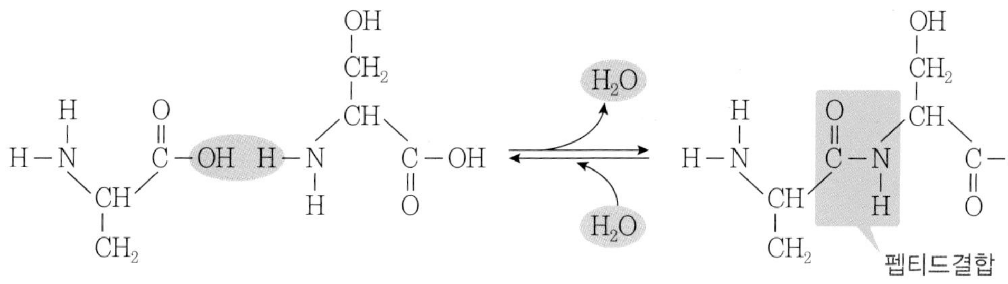

[그림 4-3] **펩티드결합**

1) 1차 구조

단백질의 1차 구조는 유전정보 서열에 따라 수많은 아미노산이 펩티드결합으로 연결된 일직선의 사슬구조를 이룬 것이다.

2) 2차 구조

2차 구조는 1차 구조로 생긴 폴리펩티드 사슬 내에 또는 사슬 간에 수소결합이나 이황화 결합에 의해 코일 모양의 α−헬릭스나 병풍모양과 같은 β−시트 구조를 형성한 것을 단백질의 2차 구조라고 한다.

3) 3차 구조

3차 구조는 폴리펩티드 사슬들이 서로 꼬이고 접히면서 형성한 3차원적 입체 구조로 섬유형 단백질과 구형 단백질의 형태로 나뉜다. 섬유형 단백질은 세포조직의 구조 및 유지에 관여하는 불용성 단백질로 결체조직을 구성하는 콜라겐(collagen), 혈액의 피브린(fibrin), 모발에 함유된 케라틴(keratin) 등이 해당되며, 구형 단백질은 수용성 단백질로 대부분의 효소, 호르몬, 혈장 단백질 등이 포함된다.

4) 4차 구조

3차 구조의 폴리펩티드가 두 개 이상 중합되어 하나의 구조적 기능단위를 형성한 것으로 4개의 폴리펩티드가 모여 2쌍의 소단위(subunit)로 구성된 헤모글로빈이 대표적인 예라고 할 수 있다.

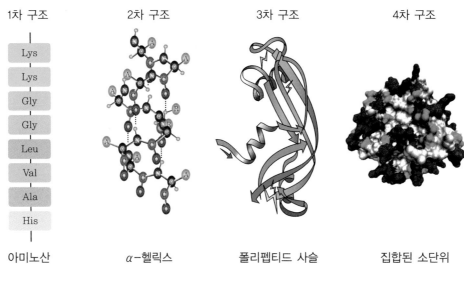

1차 구조	2차 구조	3차 구조	4차 구조
아미노산	α-헬릭스	폴리펩티드 사슬	집합된 소단위

[그림 4-4] 단백질의 구조

5) 단백질의 변성

열, 산, 기계적 작용에 의해 단백질의 형태가 변화되어 단백질 고유의 기능을 잃게 되는 것을 단백질의 변성이라고 한다. 예를 들면, 우유에 산을 첨가할 경우 우유 단백질인 카제 인이 응고되어 멍울이 생기게 되고, 가열한 프라이팬 위에 달걀을 깨뜨릴 경우 달걀 단백 질 중 알부민이 응고되며 굳어지게 된다. 이러한 단백질 변성은 영양학적 측면에서 보면 소화효소의 작용을 잘 받을 수 있도록 해줌으로써 단백질의 소화율과 이용성을 높여주게 된다.

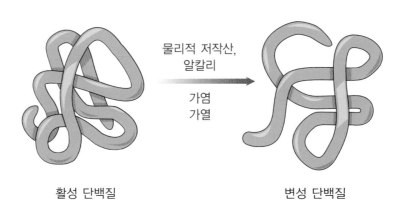

[그림 4-5] 단백질의 변성

(2) 단백질의 분류

1) 화학적 분류

단백질은 구성성분에 따라 단순단백질과 복합단백질로 분류되는데, 순수하게 아미노산과 그 유도체로만 구성된 단백질을 단순단백질, 아미노산 외에 다른 화학 성분이 함유된 것을 복합단백질이라고 한다.

표 4-2 복합단백질의 종류

종류	비 아미노산 부분	예
지단백질	지질	카일로미크론, VLDL, LDL, HDL
당단백질	탄수화물	뮤신, 점액 단백질
색소 단백질	헴	헤모글로빈, 미오글로빈
금속 단백질	철, 칼슘, 구리 등 금속	페리틴, 칼모듈린, 셀룰로플라즈민

2) 영양적 분류

식품에 함유된 필수아미노산의 조성에 따라 완전단백질, 불완전단백질, 부분적 불완전단백질로 분류한다. 완전단백질이란 모든 필수아미노산이 풍부하게 함유되어 정상적인 성장, 체중 증가, 생리적 기능을 돕는 양질의 단백질이다. 우유의 카제인, 락트알부민, 달걀의 오브알부민 등이 해당된다. 불완전단백질은 한 개 이상의 필수아미노산 함량이 극히 부족하여 장기간 섭취 시 성장이 지연되고 체중이 감소하며 심할 경우 사망에 이를 수도 있다. 동물성 단백질 중 젤라틴, 옥수수의 제인이 해당된다. 부분적 불완전단백질은 필수아미노산 중 일부가 부족하여 성장을 돕지는 못하지만 생명을 유지시키는 단백질로 밀의 글리아딘, 쌀의 오리제닌, 보리의 호르데인 등이 속한다.

3. 제한아미노산과 단백질의 상호보완 효과

(1) 제한아미노산

신체가 정상적으로 성장·발달하기 위해서는 여러 가지 아미노산이 필요하다. 특정한 아미노산 서열을 가지는 단백질을 합성하는데 있어서 한 가지 아미노산이라도 부족하면 더 이상 그 단백질의 합성과정은 진행될 수 없다. 이와 같이 식품에 들어있는 필수아미노산 중에 인체에서 요구되는 양에 비해 적게 들어 있어 단백질 합성을 제한하는 아미노산을

'제한아미노산(limiting amino acid)'이라고 한다. 제한아미노산 중 상대적으로 제일 부족한 아미노산을 제1 제한아미노산이라 하고 이러한 제한아미노산들에 의해 단백질의 질이 결정되어 진다고 할 수 있다. 대부분 동물성 단백질은 모든 아미노산이 충분히 들어있지만 식물성 단백질의 경우 한 가지 이상의 제한아미노산을 가지고 있는 경우가 많다. 한 예로 쌀 단백질에는 리신이 부족하고 콩 단백질은 메티오닌이 부족하다. 한편 동물성 단백질 중에 젤라틴은 트립토판이 부족한 불완전단백질이다.

(2) 단백질의 상호보완 효과

제한아미노산이 다른 두 개의 단백질을 함께 섭취하여 서로 부족한 아미노산을 보충해주는 것을 '단백질의 상호보완 효과(complementary effect)'라고 한다. 예를 들어 쌀 단백질은 리신이 제한아미노산이고 콩 단백질은 메티오닌이 제한아미노산이므로 콩밥을 섭취함으로써 콩으로부터 쌀에 부족한 리신을 보충하고, 쌀로부터 콩에 부족한 메티오닌을 보충하여 체내의 단백질 합성에 필요한 아미노산을 효율적으로 공급할 수 있다. 뿐만 아니라 완전단백질과 불완전단백질을 함께 섭취함으로써 불완전단백질의 제한아미노산을 완전단백질로부터 얻을 수 있다. 따라서 식사 시 다양한 식품을 골고루 섭취할수록 단백질의 상호보완 효과는 더욱 커지게 된다.

4. 단백질의 질 평가

단백질의 질을 평가하는 방법은 식품 내 함유된 단백질의 필수아미노산 조성을 화학적으로 분석하는 화학적 방법과 동물의 성장 속도나 체내 질소 보유 정도를 측정하는 생물학적 방법으로 분류할 수 있다.

(1) 화학적 방법

1) 화학가

식품 내 함유된 단백질의 질을 측정하는 가장 간단한 방법으로 완전단백질(예: 달걀, 우유)의 아미노산 조성을 기준으로 평가하는 방법이다. 완전단백질인 달걀 단백질은 필수아미노산 조성이 인체가 필요로 하는 필수아미노산의 함량과 거의 일치하므로 달걀 단백질을 기준으로 다른 식품의 단백질의 질을 비교 평가할 수 있다.

$$화학가 = \frac{식품\ 단백질의\ 제한아미노산\ 함량(mg)}{달걀단백질의\ 위와\ 같은\ 아미노산\ 함량(mg)} \times 100$$

2) 아미노산가

FAO/WHO가 인체단백질 필요량에 근거하여 제정한 필수아미노산 표준구성을 기준 단백질로 하여 산출한 값이다.

$$아미노산가 = \frac{식품\ 단백질\ g당\ 제한아미노산\ 함량(mg)}{표준구성\ 아미노산\ 중\ 위와\ 같은\ 아미노산의\ 함량(mg)} \times 100$$

(2) 생물학적 방법

1) 단백질 효율비(Protein Efficiency Ratio, PER)

성장하는 동물의 체중 증가량을 단백질 섭취량으로 나눈 값이다. 동물실험 시 단백질이 10% 가량 함유된 사료를 주면서 약 4주간 사육하여 단백질 효율을 계산한다. 일반적으로 식물성 단백질은 단백질 효율비가 낮고 동물성 단백질은 단백질 효율비가 높게 나타난다.

$$단백질\ 효율 = \frac{일정\ 사육기간\ 동안\ 체중증가량(g)}{같은\ 기간\ 동안\ 섭취한\ 단백질의\ 양(g)}$$

2) 생물가

질소평형 실험을 통해 동물 체내로 흡수된 질소의 체내 보유 정도를 나타낸 것으로 흡수된 단백질이 얼마나 효율적으로 체단백질로 전환되었는지를 평가하는 방법이다. 단백질의 소화흡수율은 별도로 고려하지 않는다.

$$생물가 = \frac{보유된\ 질소량}{흡수된\ 질소량} \times 100$$

3) 단백질 실이용률(Net Protein Utilization, NPU)

섭취된 단백질이 체내에서 이용된 비율을 나타낸 것으로 생물가에 소화율을 곱해 구한다. 실험동물에게 단독 단백질 급원이 함유된 사료를 먹인 후 동물의 질소배설량을 측정하여 동물의 체내에 보유된 질소량이 많을수록 그 단백질의 질은 높게 평가된다.

$$단백질\ 실이용률 = \frac{보유된\ 질소량}{섭취한\ 질소량} \times 100 = 생물가 \times 소화흡수율$$

5. 단백질의 소화와 흡수

단백질은 위액, 췌장액, 소장액에 존재하는 소화효소에 의해 펩티드결합이 분해되어 아미노산으로 분해된 후 소장에서 흡수된다.

(1) 위에서의 소화

구강에는 단백질 소화효소가 없어 단백질의 소화과정이 이루어지지 않는다. 단백질의 소화는 위에서부터 시작이 되는데 위에 음식물이 넘어오면 위 근육의 수축작용으로 기계적 소화가 이루어지고, 가스트린이 분비되어 위산분비와 펩시노겐의 생성을 자극한다. 분비된 위산은 불활성형의 단백질 소화효소인 펩시노겐을 활성형인 펩신으로 전환시켜 단백질을 펩톤으로 분해한다.

(2) 소장에서의 소화

위에서 소화를 마친 내용물이 유미즙의 형태로 십이지장으로 넘어오면 십이지장 벽에서 세크레틴과 콜레시스토키닌이 분비되어 췌장액의 분비를 촉진시킨다. 췌장액에 존재하는 중탄산염이 산성의 유미즙을 중화시켜 십이지장 점막의 손상을 막아주고, 췌장액의 단백질 소화효소인 불활성형의 트립시노겐과 키모트립시노겐이 분비된다. 트립시노겐은 소장에서 분비되는 엔테로키나아제에 의해 트립신으로 활성화되고, 트립신은 키모트립시노겐을 키모트립신으로 활성화시켜 위에서 생성된 펩톤을 더 작은 펩티드와 아미노산으로 분해한다. 췌장에서 분비되는 카르복시펩티다아제와 소장에서 분비되는 아미노펩티다아제는 각각 폴리펩티드 사슬의 카르복실기 말단과 아미노기 말단에 있는 아미노산의 펩티드결합을 분해하여 하나의 아미노산을 생성한다. 이러한 효소들의 작용에 의해 단백질은 디펩티드 또는 아미노산 형태로 소장점막세포 내로 흡수되고 소장벽세포에 존재하는 디펩티다아제에 의해 디펩티드는 아미노산으로 최종 분해됨으로써 단백질의 소화가 완성된다.

레닌(renin)

영유아의 위점막에는 우유 단백질인 카제인(casein)을 응고시키는 레닌이라는 응유효소가 존재한다. 레닌은 카제인을 파라카제인으로 변화시키고 여기에 칼슘이 결합하여 응고되어 소화를 돕는다. 레닌 효소의 활성은 성인이 되어갈수록 점차 감소한다.

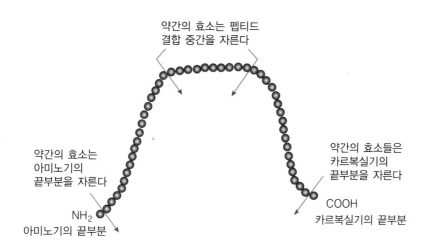

약간의 효소는 펩티드
결합 중간을 자른다

약간의 효소는
아미노기의
끝부분을 자른다

약간의 효소들은
카르복실기의
끝부분을 자른다

NH₂
아미노기의 끝부분

COOH
카르복실기의 끝부분

[그림 4-6] **단백질 소화효소의 작용부위**

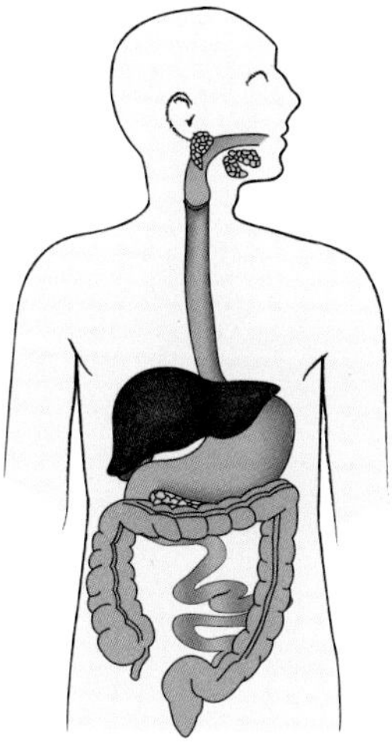

	소화 장소	소화효소 분비기관	불활성 형태효소	활성 촉진물질	활성효소	소화산물
	구강					
	위	위	펩시노겐	위산	펩신	펩톤
	소장	췌장	트립시노겐	엔테로키 나아제	트립신	작은 펩티드
			키모트립 시노겐	트립신	키모트립신	작은 펩티드, 디펩티드
			프로카르복실 펩티다아제	트립신	카르복실 펩티다아제	디펩티드 아미노산
		소장벽			아미노 펩티다아제	디펩티드 아미노산
					디펩티다아제	아미노산

[그림 4-7] **단백질의 소화**

(3) 단백질의 흡수

단백질의 소화산물인 아미노산은 단순확산이나 능동수송에 의해 소장점막세포 내로 흡수된 후 문맥을 통해 간으로 이동된다. 단백질의 체내 흡수율은 90% 이상으로 동물성 단백질은 97%, 식물성 단백질은 78~85%로 동물성 단백질이 식물성 단백질에 비해 흡수율이 높다.

단백질 소화의 중요성과 알레르기

소화되지 않은 단백질이 장벽을 통과할 경우 인체는 이 단백질을 외부에서 침입한 이물질로 인식하여 이에 대응하는 항체를 생성하게 된다. 이후 같은 단백질이 다시 흡수되면 인체 방어기능으로 알레르기 현상이 일어나 가려움, 발진, 복통, 호흡곤란, 신경계 이상 등과 같은 다양한 증상을 나타내게 된다. 따라서 거대 분자인 단백질이 작은 아미노산 단위로 소화과정을 거친 후 장점막으로 흡수되는 것이 중요하다.

---

6. 아미노산과 단백질 대사

(1) 아미노산 풀

식사를 통해 섭취된 단백질이 소화과정을 거쳐 흡수된 아미노산, 체단백질 분해 결과 생성된 아미노산, 체내에서 합성된 아미노산들은 간과 조직에서 아미노산 풀을 이루고 있다가 필요에 따라 다양한 용도로 이용된다.

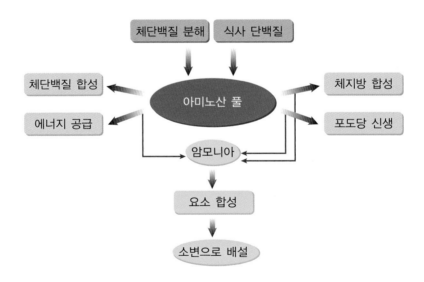

[그림 4-8] 아미노산 풀의 형성과 이용

- 체단백질 합성, 효소·호르몬 및 항체 합성
- 당신생과정을 통한 포도당 합성
- 체내 다양한 생리활성물질 합성

- 사용되고 남은 여분의 아미노산은 체지방으로 전환
- 에너지 공급이 부족할 경우 아미노산이 분해되어 에너지원으로 사용되고 이 과정에서 생성된 암모니아는 간에서 요소로 무독화 된 후 신장을 통해 소변으로 배설

(2) 단백질 합성

단백질은 세포 내 DNA에 저장된 유전 정보에 따라 세포질의 리보좀(ribosome)에서 합성된다. DNA에 저장된 유전 정보는 메신저 RNA인 mRNA로 전사되어 리보좀으로 전달된다. 전달된 유전 정보에 따라 아미노산 풀에서 선택된 특정 아미노산들은 tRNA와 결합하여 리보좀으로 운반되고 이 아미노산들이 유전정보 서열에 따라 차례로 연결됨으로써 폴리펩티드 사슬을 형성하여 단백질을 합성하게 된다. 단백질이 합성되기 위해서는 필요한 아미노산들이 모두 필요량만큼 있어야 하며 만일 필요한 아미노산 중 하나라도 부족하면 단백질 합성은 멈추게 된다.

[그림 4-9] **단백질 합성**

(3) 아미노산 대사

1) 아미노기 전이 반응

아미노기 전이 반응(transamination)이란, 한 아미노산의 아미노기를 α-케토산의 탄소 골격으로 전달하여 새로운 아미노산과 케토산으로 형성하는 반응이다.

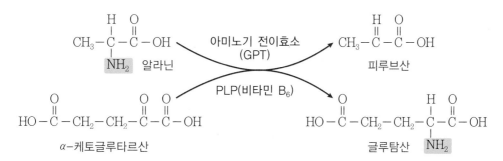

[그림 4-10] **아미노기 전이 반응**

2) 탈아미노 반응

탈아미노 반응(deamination)이란, 아미노산의 아미노기가 암모니아 형태로 떨어지면서 아미노기가 제거되고 α-케토산이 되는 반응으로 비타민 B_6가 조효소로 작용한다. 이러한 아미노기 전이 반응과 탈아미노 반응을 통해 새로운 불필수아미노산의 합성이 이루어진다.

| Side group | Side group | | Side group | Side group |

H − C − NH₂ → C = O   C = O → H − C − NH₂
COOH   NH₃ COOH   COOH NH₃   COOH

아미노산   케토산   케토산   아미노산

[그림 4-11] 탈아미노 반응

3) 아미노산 탄소 골격의 이용

탈아미노 반응 후 생성된 탄소 골격인 α-케토산은 특성에 따라 포도당생성, 케톤생성 아미노산으로 분류하고 에너지 생성, 포도당, 지방합성에 이용된다. 아미노산의 탄소 골격은 아세틸-CoA로 전환되거나 TCA회로로 들어가 산화되어 에너지를 생성한다. 또한 탄수화물 섭취가 부족할 경우 간에서 당신생과정을 통해 포도당을 생성하는 아미노산을 포도당생성 아미노산(glucogenic amino acid)이라고 한다. 단백질을 필요량 이상 섭취할 경우 사용되고 남은 단백질은 지방으로 전환되어 저장된다. 저장된 지방은 아세틸-CoA로 전환되어 케톤체를 생성하거나 지방산 합성에 사용되며 이를 케톤생성 아미노산(ketogenic amino acid)이라고 한다.

표 4-3　포도당생성 아미노산과 케톤생성 아미노산의 종류

분류	아미노산의 종류
케톤생성	루신, 리신
포도당생성 및 케톤생성	이소루신, 페닐알라닌, 티로신, 트립토판
포도당생성	알라닌, 세린, 글리신, 시스테인, 아스팔트산, 아스파라긴, 글루탐산, 글루타민, 아르기닌, 히스티딘, 발린, 트레오닌, 메티오닌, 프롤린

4) 요소합성

탈아미노화 반응을 통해 유리된 아미노기(-NH_2)는 암모니아(-NH_3)를 생성한다. 암모니아는 인체에 유독한 물질이므로 간의 요소회로(urea cycle)를 통해 인체에 무해한 요소(urea)로 전환되어 신장을 통해 소변으로 배설된다. 간 기능이 손상된 경우 암모니아가 요소로 전환되지 못하고 혈액 중에 축적되어 중추신경계에 장애를 일으켜 간성혼수를 유발하게 된다.

5) 비단백 생리활성물질 합성

아미노산의 일부는 생리활성물질 합성에 이용된다. 예를 들면, 트립토판은 니아신의 전구체이고 여러 효소 및 조효소의 전구체도 아미노산으로부터 생성된다. 트립토판은 신경전달물질인 세로토닌을 생성하고 티로신은 부신수질호르몬인 에피네프린과 노르에피네프린, 갑상선호르몬(thyroxine) 생성에 관여한다.

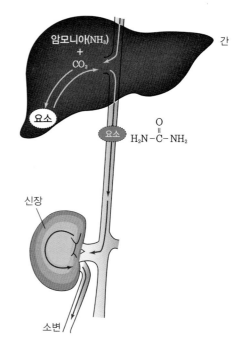

[그림 4-12] **요소합성과 배설**

7. 단백질의 기능

(1) 체조직 성장 및 유지

단백질은 근육과 세포막의 구성성분이 될 뿐 아니라 뼈, 피부, 결체조직 등 신체 각 조직을 형성하므로 체조직 성장과 유지에 매우 중요한 역할을 하는 영양소이다. 성장기 아동, 임신부, 수유부와 같이 새로운 조직이 합성되는 시기엔 단백질 요구량이 늘어나며, 전염성 질환, 소모성 질환 및 중증 화상과 같이 생리적 스트레스가 증가되어 있거나 조직의 재생이 필요한 경우에도 단백질 필요량이 증가하게 된다.

(2) 효소와 호르몬 및 신경전달물질 합성

단백질은 체내 각종 대사과정에 관여하는 효소와 일부 호르몬을 합성한다. 우리 몸에서 합성되는 수많은 호르몬 중에 혈당 조절에 관여하는 인슐린, 글루카곤은 단백질로 이루어져 있고, 부신수질에서 분비되는 카테콜아민(에피네프린, 노르에피네프린), 갑상선호르몬 등은 아미노산인 티로신으로부터 합성된다. 또한 신경전달물질인 세로토닌은 트립토판으로 부터 합성된다.

(3) 혈액 단백질 생성

혈액의 구성성분인 혈청에는 알부민, 글로불린, 피브리노겐과 같은 단백질이 함유되어 있는데 이들은 간에서 합성되어 혈액에서 중요한 생리기능을 수행한다.

1) 체액의 평형 유지

혈장 단백질인 알부민은 혈장의 삼투압을 유지하여 혈장과 세포조직 사이의 수분 평형을 유지한다. 장기간 단백질 섭취가 부족하면 알부민 합성이 감소하여 혈액 내 알부민 농도가 감소하고 삼투압이 저하되어 체액이 혈관 내로 들어가지 못하고 세포조직 내에 수분이 잔류되어 부종을 유발하게 된다.

2) 체액의 산·알칼리 평형

단백질을 구성하는 아미노산은 산성을 띠는 카르복실기와 알칼리성을 띠는 아미노기를 모두 가지고 있어 산·알칼리 양쪽 역할을 모두 할 수 있으므로 체액을 항상 약알칼리성(pH 7.4)으로 유지시키는 완충제 역할을 한다.

3) 영양소 운반

알부민과 글로불린은 흡수된 영양소를 필요한 조직으로 운반하는 운반체 역할을 한다.

(4) 항체 합성

세균, 바이러스와 같이 외부에서 침입한 병원균에 대응하는 항체를 합성함으로써 인체 면역 반응에 관여한다.

(5) 에너지 생성

단백질은 체내에서 체조직 구성 및 유지, 효소와 호르몬 및 항체 합성에 우선 사용되나 인체가 탄수화물이나 지질로부터 필요한 양만큼의 에너지를 얻지 못할 경우 단백질이 에너지 공급원으로 사용되어 1g당 4kcal의 에너지를 공급하게 된다. 또한 우리 신체의 뇌, 신경조직, 적혈구는 포도당만을 에너지원으로 사용하므로 탄수화물 섭취가 부족할 경우 체단백질이 이화되어 당신생과정에 관여하게 된다.

8. 질소 평형

단백질의 체내기능이 정상적으로 이루어지기 위해서는 충분한 양의 단백질이 공급되어 질소 평형상태를 유지할 수 있어야 한다. 질소 평형상태란, 섭취한 질소량과 배설한 질소량이 같은 상태로 건강한 성인의 단백질 필요량은 질소 평형을 유지하는데 필요한 양이라고 할 수 있다. 성장기, 임신기, 질병으로부터의 회복단계와 같이 체내 새로운 조직이 형성되거나 보수되는 시기에는 체내 질소가 보유되므로 질소섭취량이 배설량보다 많은 양(+)의 질소 평형을 이루며, 열량 부족, 단백질 섭취 부족, 중증 화상과 같은 대사적 스트레스 증가 등으로 인해 체단백질이 분해되면 질소섭취량보다 배설량이 많아져 음(−)의 질소 평형을 나타내게 된다.

	단백질 섭취	단백질 배설	체내 질소 조절 내용
양의 질소 평형	 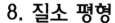		• 성장 • 임신 • 질병 후 회복시기 • 운동 훈련 • 인슐린, 성장호르몬, 남성호르몬 등 분비 증가
질소 평형			• 조직의 유지 • 조직의 보수
음의 질소 평형			• 단백질 섭취 부족 • 감염, 열병 등으로 에너지 증가 상황에서 에너지 섭취 부족 • 필수아미노산 부족 • 갑상선호르몬 분비 증가

[그림 4-13] 질소 평형

9. 단백질 섭취와 건강

(1) 단백질의 섭취현황과 섭취기준 및 급원식품

1) 한국인의 단백질 섭취현황

2013~2017년도 국민건강영양조사 자료 분석 결과 현재 우리나라 국민의 단백질 평균 섭취량은 75세 이상 노인 여성을 제외하고 평균필요량 대비 충분량을 섭취하고 있었고, 단백질의 에너지 적정 섭취비율 또한 대부분의 연령대에서 7~20% 기준 범위 내에서 섭취하고 있는 것으로 나타났다. 그러나 75세 이상 노인 여성의 단백질 섭취량은 1일 권장섭취량에 미치지 못하고 있어 충분한 단백질 섭취가 필요한 것으로 나타났다.

표 4-4 연령별 단백질의 평균섭취량 및 에너지 적정섭취비율

성별	연령	평균섭취량(g/일)	평균 에너지 섭취비율(%)
유아	1~2(세)	38.1±1.1	13.5±0.2
	3~5	46.3±1.1	13.1±0.1
남자	6~8(세)	62.9±1.6	14.0±0.2
	9~11	74.8±2.4	14.3±0.3
	12~14	89.1±3.0	14.5±0.3
	15~18	96.4±3.7	14.9±0.3
	19~29	88.3±2.4	14.8±0.2
	30~49	88.8±1.3	14.3±0.1
	50~64	82.5±3.5	13.8±0.2
	65~74	69.2±2.2	13.5±0.2
	75 이상	58.0±2.4	12.7±0.3
여자	6~8(세)	52.3±1.5	13.5±0.3
	9~11	65.2±2.0	14.0±0.3
	12~14	66.4±2.2	14.4±0.3
	15~18	63.5±2.5	13.8±0.3
	19~29	64.3±1.6	14.4±0.2
	30~49	63.0±0.9	14.3±0.1
	50~64	57.8±1.0	13.7±0.1
	65~74	49.6±1.8	12.3±0.2
	75 이상	37.7±1.5	11.5±0.3

2) 단백질의 섭취기준

단백질의 에너지 적정 섭취비율은 전 연령층에서 7~20%로 정하였고, 섭취기준은 영아 전기(0~5 개월)에는 충분섭취량, 6개월 이상 연령층에서는 평균필요량과 권장섭취량을 설정하였다. 2015년 섭취기준과 비교하여, 2020년 개정된 섭취기준은 성장기 단백질의 이용효율을 차등 적용하였고, 평균체중 증가를 반영하여 성장기와 일부 성인기에서 상향조정 되었다.

2020년 개정된 단백질 섭취기준에서 유아의 경우 단백질 평균필요량은 1~2세는 15g/일로 3g, 3~5세는 20g/일로 5g 증가하였고, 권장섭취량은 1~2세는 20g/일, 3~5세 또한 25g/일로 각각 5g씩 상향 조정되었다. 어린이 및 청소년(6~8세, 9~11세, 12~14세, 15~18세)의 평균필요량은 남자의 경우 모든 연령대에서 2015년 대비 5g이 증가하고, 여자는 6~8세와 9~11세에서는 10g, 12~14세와 15~18세에서는 5g 증가하였다. 성인기의 평균필요량은 2015년과 동일하고, 권장섭취량의 경우 남성 30~49세에서만 평균체중의 증가를 반하여 5g 높게 책정되었다. 남성 65~74세의 단백질 섭취기준은 평균체중의 증가에 따라 평균필요량과 권장섭취량이 2015년 섭취기준에 비해 각각 5g씩 증가하였고, 여성의 경우 평균필요량에는 변화가 없었으나 권장섭취량에서 5g 증가하였다. 2020년 체위기준에 의하면 75세 이상 노인의 경우에는 평균 체중이 65~74세에 비해 감소하였으나 단백질 섭취량이 낮은 점을 고려하여 75세 이상 노인의 단백질 평균필요량과 권장섭취량은 65~74세와 동일하게 설정하였다. 연령별 단백질 섭취 기준은 [표 4-5]와 같다.

3) 단백질 급원식품

대표적인 단백질 급원식품은 소고기, 돼지고기, 닭고기, 생선과 같은 어육류, 우유 및 유제품, 달걀 등이 양질의 단백질을 공급해 준다. 콩류는 우수한 식물성 단백질 급원이고 곡류의 경우 단백질 함량과 체내 이용률이 높지는 않으나 우리나라의 경우 주식으로 섭취량이 많아 중요한 단백질 급원이다.

질소계수

단백질은 탄소, 수소, 산소, 질소를 비롯하여 황, 철, 인 등으로 구성되는데 이 중 질소는 약 16% 정도 함유되어 있다. 즉 단백질 100g 중에 질소가 16g 함유되어 있으므로 단백질의 양을 질소량으로 나눈 결과치인 6.25를 질소계수라고 한다.

따라서 우리는 질소량을 알면 질소계수를 이용하여 단백질 양을 계산할 수 있다.

단백질 양 = 질소 양 × 6.25

생활 속 영양학

표 4-5 단백질의 영양소 섭취기준

성별	연령	단백질(g/일)			
		평균필요량	권장섭취량	충분섭취량	상한섭취량
영아	0~5(개월)			10	
	6~11	12	15		
유아	1~2(세)	15	20		
	3~5	20	25		
남자	6~8(세)	30	35		
	9~11	40	50		
	12~14	50	60		
	15~18	55	65		
	19~29	50	65		
	30~49	50	65		
	50~64	50	60		
	65~74	50	60		
	75 이상	50	60		
여자	6~8(세)	30	35		
	9~11	40	45		
	12~14	45	55		
	15~18	45	55		
	19~29	45	55		
	30~49	40	50		
	50~64	40	50		
	65~74	40	50		
	75 이상	40	50		
임신부	2분기	+12	+15		
	3분기	+25	+30		
수유부		+20	+25		

(2) 단백질 섭취와 관련된 질환

1) 단백질 섭취부족

① 콰시오커

콰시오커(Kwashiorkor)는 저개발 국가나 개발도상국가의 성장기 어린이들에게 흔히 나타나는 단백질 결핍증으로 근육 손실, 성장 지연, 혈액 단백질 농도 감소로 인해 배에 복수가 차고 영양실조성 부종을 동반하게 된다. 이외에도 간 비대, 피부와 머리카락 색소 변화, 피부염, 신경계 이상과 같은 증상을 나타낸다. 콰시오커는 탈지분유와 같은 양질의 고단백식을 제공하면 2~3주 내에 회복이 가능하다.

② 마라스무스

마라스무스(Marasmus)는 단백질과 에너지가 동시에 결핍된 증상으로 극심한 기아상태에서 발생하며, 콰시오커에 비해 체지방이 소모되어 전체적으로 심하게 마르고 부종이 나타나지 않는 것이 특징이며 피부나 간 기능은 정상이다.

 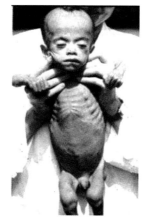

[그림 4-14] **콰시오커와 마라스무스**

2) 단백질 과잉섭취

단백질 과잉섭취 시 단백질을 에너지원으로 사용하여 지질이나 탄수화물의 연소를 감소시킬 뿐 아니라 여분의 단백질 역시 체지방으로 전환되어 지방조직에 축적됨으로써 살이 찌게 된다. 동물성 단백질식품을 과잉섭취 할 경우, 동물성 단백질에 함유된 황함유 아미노산의 대사로 산성 대사산물이 많아져 이를 중화시키기 위해 소변을 통한 칼슘 배설량이 증가되어 골다공증 발생 위험이 높아지게 된다.

CHAPTER

05
에너지 대사

1. 에너지

인체가 성장하고 생리적 기능을 유지하기 위해 에너지가 필요하다. 에너지(energy)의 원천은 태양에너지로, 식물이 태양에너지를 이용하여 이산화탄소와 물로부터 포도당과 전분을 합성하게 되고 사람과 동물은 이것으로 에너지를 얻게 된다. 식품이 함유하고 있는 여러 가지 영양소 중 탄수화물, 단백질, 지방을 에너지원이라고 하며 인체는 식품 섭취 후 이것들을 직접 에너지로 사용하는 것이 아니라 체내에서 ATP(adenosine triphosphate) 형태로 바꾸어 에너지를 얻는다[그림 5-1].

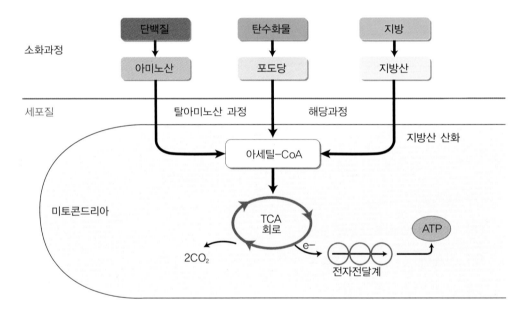

[그림 5-1] 에너지 대사

아데노신(adenosine)에 3개의 인산이 결합되어 있는 ATP는 [그림 5-2]에서 보는 바와 같이 효소의 작용으로 무기인산인 Pi가 한 개 떨어져 나오면서 ADP(adenosine diphosphate)로 될 때 고에너지(7.3kcal)가 방출된다. 이때 방출되는 에너지를 이용하여 세포는 활동하게 되며, 근육이 수축되고 이완된다. ADP에서 인산이 1개 떨어지면 AMP(adenosine monophosphate)가 된다. 아데노신과 인산의 결합은 고에너지 결합이다. 소비된 ATP는 보충되어야 하므로 고에너지를 가진 인산화합물인 크레아틴 포스페이트(creatine phosphate)로부터 인산기가 ADP로 전이되어 다시 ATP가 생성된다. 이 과정에서 식품에너지의 약 20~45%만 ATP로 전환되고 나머지는 열로 발산되어 체온을 유지한다. 과잉으로 섭취된 에너지는 지질로 저장되기도 한다.

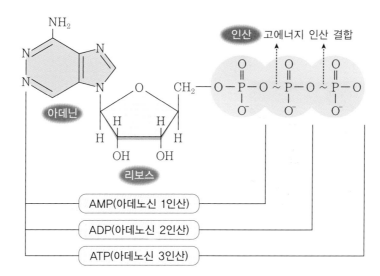

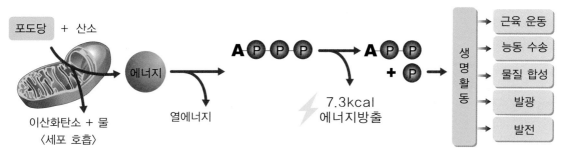

[그림 5-2] **ATP의 구조와 에너지 생산**

에너지의 단위는 cal(calorie)과 J(joule)이 있으며, 영양학에서는 kcal(kilocalorie)를 주로 사용한다. 1킬로칼로리(1kcal)는 1기압에서 물 1kg을 섭씨 1℃(14.5℃에서 15.5℃) 올리는 데 소모되는 열량이다. 또한 미터(meter)법에 의한 열의 측정 단위로 주울(Joule, J)을 사용하기도 하며 1뉴턴(Newton)의 힘으로 1kg의 물체를 1m 이동시키는 데 필요한 에너지로 1kcal는 4.18kJ이다.

2. 식품의 열량가 측정

식품을 연소시키면 열량이 발생하고 이런 식품의 연소열을 직접법과 간접법으로 측정할 수 있다. 직접법은 폭발열량계(bomb calorimeter)로 열에너지(연소열)를 측정하는 방법이다. 완전히 외부와 차단된 절연체로 만들어진 장치에서 식품을 태우면 주위의 물로 열이 이동되어 식품을 태우기 전후 온도를 측정하여 연소열을 계산한다[그림 5-3]. 폭발열량계는 외부와 차단되어 있고 연소가 단시간에 일어나므로 인간의 생체 내에서 일어나는 연소와는 다르다.

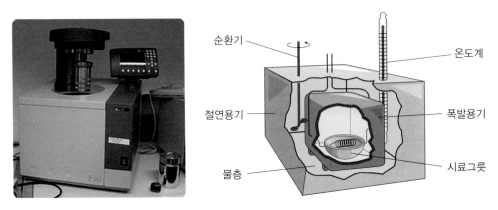

완전히 외부와 차단되어 있고 절연체로 장치되어 있으며,
단시간에 일어나기 때문에 인간의 생체에서 일어나는 연소와는 다름

[그림 5-3] 폭발열량계

식품에 함유된 영양소의 연소열량은 탄수화물, 단백질, 지질과 알코올이다. 측정된 산화에너지는 1g당 탄수화물 4.15kcal, 단백질 5.65kcal, 지질 9.45kcal, 알코올 7.10kcal로 폭발열량계에서 생산되는 열량과 생체 내의 열량은 차이가 있다. 신체 내에서는 식품의 소화, 흡수 및 대사가 완전히 이루어지지 않으며 체내 영양소의 열량가는 소화율과 불완전연소를 제외하여 탄수화물은 98%, 지질은 95%, 단백질은 92%를 적용하여 신체 내의 열량가는 탄수화물 4kcal/g, 지질 9kcal/g, 단백질 4kcal/g를 사용한다. 이를 생리적 열량가 애트워터계수(Atwater factor)라고 한다[표 5-1]. 특히 단백질의 경우 폭발열량계에서 연소되었던 질소가 생체 내에서는 산화되지 않고 요소로 만들어져 소변으로 배설되므로 체내의 열량에 더 차이가 발생하게 된다.

표 5-1 열량영양소의 생리적 열량가

구분	탄수화물	지질	단백질	알코올
칼로리미터(calorimeter)로 측정된 열량가(kcal/g)	4.15	9.45	5.65	7.10
에너지 손실(kcal/g)	0	0	1.25*	0.1**
체내에서의 소화율(%)	98	95	92	100
생리적 열량가(kcal/g)	4	9	4	7

* 소변을 통해 손실되는 에너지   ** 호흡으로 발산되는 에너지

각 식품의 구성성분을 알면 애트워터계수를 이용하여 쉽게 식품에 함유된 에너지를 계산할 수 있다.

탄수화물	30.8g × 4kcal =	123.2kcal
단 백 질	3.5g × 4kcal =	14.0kcal
지 질	0.5g × 9kcal =	4.5kcal
합 계		141.7 kcal

쌀밥 100g에 들어있는 열량가

3. 신체에너지 대사량 측정

인체의 발생되는 열량을 에너지 대사율(energy metabolic rate)이라 하며, 측정하는 방법에는 직접열량측정법(Direct calorimetry)과 간접열량측정법(Indirect calorimetry)이 있다.

(1) 직접열량측정법

직접열량측정법은 대상자를 일정한 온도의 절연된 방(calorimetry chamber)에서 활동하게 하고, 활동 시 인체에서 사용된 에너지는 열로 발산되므로 열에 의해 주위에 흐르고 있는 물의 온도가 상승하므로 물의 온도 차이를 측정하여 열량을 측정하는 방법이다. 이와 같은 방법은 훈련받은 전문가가 필요하고 고액의 설비비와 유지비가 필요하므로 현실적으로 적용하기 어려움이 있다.

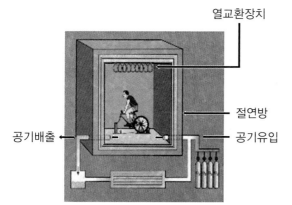

[그림 5-4] **직접열량측정법**

(2) 간접열량측정법

간접열량측정법은 음식물의 대사와 관련된 산소의 소비와 이산화탄소의 생성을 측정하여 에너지소비량을 간접적으로 측정하는 방법이다. 간접열량측정법은 호흡가스를 분석하는 방법(Respiratory gas analysis)과 이중표식수를 이용하는 방법(Doubly labeled water method, DLW)이 있다.

소모되는 산소량을 측정하는 호흡가스 분석법으로 베네딕트(Benedict-Roth) 호흡장치를 이용하는 방법과, 실험대상자가 마우스피스를 통해 공기를 흡입한 뒤 코를 막고 배출한 공기를 전부 등 뒤의 가방에 모은 후 실험실에서 산소량과 이산화탄소량을 분석하는 더글라스 백(Douglas-bag)을 이용하는 개방회로 폐활량 측정법이 있다.

베네딕트(Benedict-Roth) 호흡장치(좌)와 더글라스 백(Douglas-bag) 착용 방법(우)

[그림 5-5] 간접열량측정법

체내에 들어온 열량소들은 O_2를 소비하고 CO_2를 발생하면서 연소되어 에너지를 생산하게 된다. 이때 소비되는 O_2와 배설되는 CO_2양을 측정하여 간접적으로 소비한 열량을 측정한다. 일정한 시간에 소비한 O_2양을 같은 시간에 배출한 CO_2양으로 나눈 것을 호흡계수(respiratory quotient, RQ)라 한다.

$$RQ = \frac{\text{생성된 이산화탄소}(CO_2)\text{의 양}}{\text{소모된 산소}(O_2)\text{의 양}}$$

호흡계수는 열량영양소의 구성영양소의 원소 조성비율에 따라 산소 소모량과 방출 이산화탄소량에 차이가 있다. 탄수화물은 산화될 때 6분자의 산소가 소모되고 6분자의 이산화탄소가 생성되므로 호흡계수(RQ)값은 1이다. 상대적으로 산소 함유 비율이 낮아 산화에 산소가 더 많이 소모되는 지질은 RQ값이 0.7이다. 단백질의 경우는 평균원소 조성이 정확하지 않으며 소변으로 배설되는 요소로 인한 에너지 손실이 있어 RQ값은 0.8로 추정한다. 열량 영양소의 RQ값은 1~0.7 사이이며 1에 가까울수록 탄수화물 산화가 많은 것이며, 0.7에 가까우면 지질산화가 많은 것이다. 영양소를 고루 섭취하는 일반적인 식사패턴의 RQ값은 0.85 정도이다.

이중표식수법(doubly labeled water technique, DLWT)은 직접열량계 및 호흡가스측정법과 달리 활동에 제한을 초래하지 않고 평상시의 활동방식을 그대로 유지하는 상태에서 에너지 소비량을 측정하는 방법으로 매우 정확하다. 다만 표지수 사용에 드는 비용이 매우 높기 때문에 몸 크기가 작은 동물들을 대상으로 연구가 진행되었었다. 체수분 분자의 일정비율을 동위원소(stable isotope, ^2H_2O, $H_2^{18}O$)로 표시하고 동위원소로 표시된 이산화탄소의 배출률을 측정하는 방식이다. ^2H와 ^{18}O는 수소와 산소의 가장 안정된 동위원소들이므로 방사능이 없기 때문에 인체에 무해하다. 대상자의 1일 총에너지소비량만을 제시할 뿐 개개인의 신체활동 강도, 빈도, 기간 등을 평가할 수 없다는 단점이 있다.

4. 신체에너지 필요량

인체가 필요로 한 1일 총에너지소비량(Total energy expenditure, TEE)은 기초대사량(Basal energy expenditure, BEE), 신체활동대사량(활동에너소비량, Physical activity energy expenditure, PAEE), 식사성 발열효과(식품이용을 위한 에너지 소비량, Thermic effect of food, TEF)로 구성되며, 추가적으로 적응대사량(Adaptive thermogenesis, AT)을 더하여 산정하는 방법이 주로 사용된다.

(1) 기초대사량(휴식대사량)

사람은 심장박동, 호흡, 순환, 배설, 체온 유지 등 기본적인 생체기능을 유지하기 위해 필요한 최소의 에너지를 기초대사(basal metabolism) 또는 기초대사량(BEE)이라 한다. 또한 쾌적한 생활환경에서 휴식하고 있을 때의 상태로 정상적인 신체기능을 유지하는 것을 휴식대사량(Resting energy expenditure, REE)이라 하며 식후 몇 시간 지난 휴식상태에서의 에너지 사용량을 측정한다. 휴식대사량은 근육대사의 활동에 기인하는 것으로 근육량에 비례하고, 하루 에너지 소비량의 60~75%를 차지하며, 기초대사량보다 10% 정도 차이가 나지만 측정하기가 보다 간편하여 그 차이가 적으므로 혼용하여 상용하고 있다.

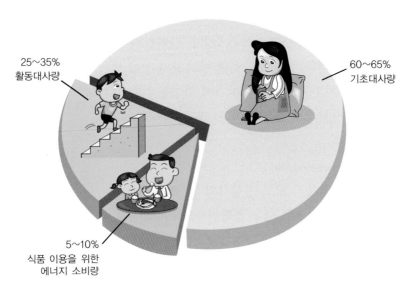

25~35%
활동대사량

60~65%
기초대사량

5~10%
식품 이용을 위한
에너지 소비량

[그림 5-6] 총 에너지 소비량의 구성

　기초대사량을 측정할 때는 실내 온도가 18~20℃이고, 식사 후 12~15시간이 지난 후이거나 잠에서 깬 직후 아침 공복상태에서 감정적인 흥분상태나 걱정이 전혀 없는 육체적, 정신적으로 편안한 상태로 누워서 측정해야 한다. 기초대사는 개인마다 조금씩 다르며, 여러 가지 조건에 의하여 영향을 받는데 특히 체표면적에 비례한다. 일반적으로 정상 성인의 1일 기초대사율은 1일 총 소비에너지의 60~65%이며 비교적 일정하다. 기초대사량을 구하는 방법인 간이법과 KDRI 채택방법은 [표 5-2]에 나타내었다. 근육량이나 체지방량이 증가하면 실제와 차이가 날 수 있는데 이는 체구성성분의 차이는 체중만으로 파악하기 어렵기 때문이다.

표 5-2　성인의 기초대사량(kcal) 추정공식

종류	성별	공식
간이법	남	1(kcal/kg/시간)×체중(kg)×24(시간)
	여	0.9(kcal/kg/시간)×체중(kg)×24(시간)
KDRI 채택방법	남	204−4.0×연령(세)+450.5×신장(m)+11.69×체중(kg)
	여	255−2.35×연령(세)+361.6×신장(m)+9.39×체중(kg)

　열손실은 대부분 피부를 통하여 일어나기 때문에, 체표면적이 넓으면 열손실도 커지므로 기초대사량도 높아진다. 이러한 사실을 기초로 뒤 보아(Du Bois)의 체중과 신장으로 체표면

적을 구하는 공식을 이용하여 단위시간당 체표면적 1m²당 연령에 따른 에너지 소모량에 의해 기초대사량을 구할 수 있다. [그림 5-7]의 모노그램은 체중과 신장을 연결하여 지나는 눈금을 읽어 체표면적을 알아 낼 수 있다.

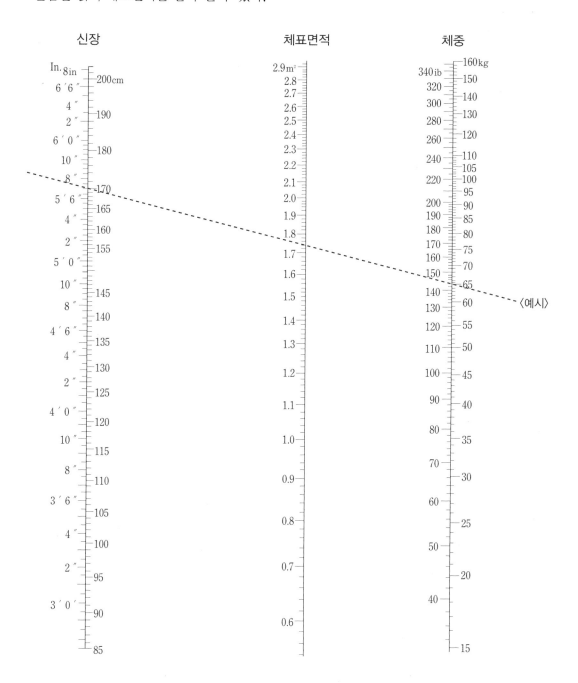

[그림 5-7] **체중과 신장에 해당되는 체표면적 계산**

[표 5-3]은 각 연령과 성별에 따른 체표면적 1m²당 열량을 이용하여 기초대사량을 구할 수 있다.

표 5-3 연령과 성별에 따른 체표면적 1m²에 발생되는 열량(kcal/hr)

연령(세)	남자	여자	연령(세)	남자	여자
3	60.1	54.5	26	38.2	35.0
4	57.9	53.9	27	38.0	35.0
5	56.3	53.0	28	37.8	35.0
6	54.0	51.2	29	37.7	35.0
7	52.3	49.7	30	37.6	35.0
8	50.8	48.0	31	37.4	35.0
9	49.5	46.2	32	37.2	34.9
10	47.7	44.9	33	37.1	34.9
11	46.5	43.5	34	37.0	34.9
12	45.3	42.0	35	36.9	34.8
13	44.5	40.5	36	36.8	34.7
14	43.8	39.2	37	36.7	34.6
15	42.9	38.3	38	36.7	34.5
16	42.0	37.2	39	36.6	34.4
17	41.5	36.4	40~44	36.4	34.1
18	40.8	35.8	45~49	36.2	33.8
19	40.5	35.4	50~54	35.8	33.1
20	39.9	35.3	55~59	35.1	32.8
21	39.5	35.2	60~64	34.5	32.0
22	39.2	35.2	65~69	33.5	31.6
23	39.0	35.2	70~74	32.7	31.1
24	38.7	35.1	75 이상	31.8	
25	38.4	35.1			

예를 들어 [그림 5-7]에서 키 170cm, 체중 65kg인 20세 남성의 체표면적은 1.74m²임을 알 수 있고 [표 5-3]에서 20세 남성의 체표면적 1m²당 발생되는 열량이 39.9kcal이므로 39.9kcal×1.74m²×24시간=1,666.2kcal라는 기초대사량을 계산할 수 있다.

1) 기초대사량에 영향을 주는 요인

기초대사량은 일반적으로 일정한 값을 가지지만 사람의 개인차에 따라서 여러 가지 요인에 영향을 받는다.

① 체표면적

기초대사량은 체표면적과 비례한다. 체표면적이 넓은 사람일수록 피부를 통해 발산되는 열량이 크기 때문이다. 일반적으로 같은 체중을 가지더라도 키가 크고 마른 사람이 키가 작고 뚱뚱한 사람보다 체표면적이 넓어 기초대사량이 높다.

② 성별

체중과 키가 같을지라도 남자가 여자보다 기초대사량이 5~10% 높다. 이는 성호르몬(남자는 안드로겐, 여자는 에스트로겐)과 관련이 있다. 성호르몬의 영향으로 남녀 간의 체성분이 다른 양상을 보이게 되는데, 남자가 여자보다 체지방량(Fat-mass)이 적은 반면, 제지방량 (Fat-free mass)이 많아 상대적으로 에너지소비량이 높게 나타난다.

③ 연령

기초대사량은 생후 1~2년 정도에 가장 높고 그 뒤는 연령이 증가함에 따라 단위 체중당 그 값이 감소하는 양상을 보인다. 어린이의 기초대사량이 어른에 비해서 높은 것은 성장에 필요한 새로운 세포 형성에 많은 에너지가 필요하며 체표면적도 어른에 비해서 넓어 열손실도 많기 때문이다. 또 나이가 많아지면 젊은 사람에 비해 비활동적인 지방조직이 증가하기 때문에 기초대사량은 점차 감소한다. [그림 5-8]은 각 연령 및 성별에 따른 기초대사량의 변화이다.

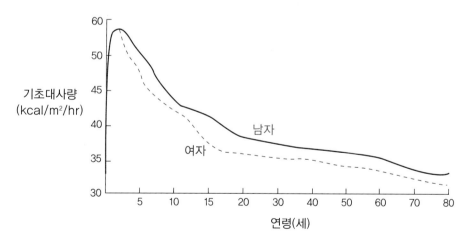

[그림 5-8] 연령에 따른 남녀의 기초대사량

④ 기온

기온이 낮아지면 체온을 높이기 위해 기초대사량이 증가하는데, 이는 추운 환경에서는 피부로부터 열의 손실이 많아 체온 조절을 위한 근육 수축작용이 증가되어 산화작용을 증진시켜 열생산량을 높이므로 기초대사량이 증가한다. 반대로 기온이 높을 때는 근육이 이완되고 대사기능이 저하되어 열 생산량이 떨어진다. 계절적으로는 봄과 여름보다 가을과 겨울에는 평균대사율과 비교 시 5% 이상 상승하는 차이를 나타내기도 한다.

⑤ 호르몬

간접적으로 기초대사량을 증가시키는 호르몬으로는 갑상선, 부신, 뇌하수체, 생식선호르몬 등이 있다. 특히 갑상선호르몬은 기초대사에 크게 영향을 미쳐 갑상선기능 항진의 경우 대사량이 80% 이상 증가하며, 반대로 갑상선기능 저하 시에는 30% 이하로 낮아진다. 뇌하수체 전엽에서 분비되는 성장호르몬도 세포의 활동을 촉진하므로 대사량이 증가되고, 놀라거나 흥분 시 분비되는 부신피질호르몬, 아드레날린(adrenaline)도 기초대사량이 증가된다.

⑥ 체온

발열로 체온이 1℃ 높아지면 기초대사량은 12~13% 상승한다.

⑦ 영양상태

장기간의 단식으로 영양소의 공급이 차단되면 기초대사량이 10% 이상 감소된다. 체세포 활동의 감소를 통하여 소비되는 에너지를 최소한으로 줄이려는 신체의 적응현상이다. 또한 식사의 질도 영향이 있어 단백질의 섭취를 많이 하는 사람일수록 기초대사가 높다.

⑧ 임신

임신 기간 동안 모체 및 태아, 태반의 활동증가로 기초대사량이 15% 이상 증가하며, 임신 후반기에는 최고로 증가하게 된다.

⑨ 체구성성분

근육이 발달된 운동선수들은 보통사람보다 높은 대사량을 가진다. 근육조직은 지방조직보다 대사작용이 활발하므로 근육조직을 많을수록 기초대사량이 높기 때문이다. 지방조직은 대사활동이 거의 발생하지 않아 지방조직을 많이 가진 사람들은 기초대사량이 낮게 나타난다.

⑩ 수면

잠자는 정도에 따라 차이가 있지만 일반적으로 잠잘 때는 기초대사량의 8~10%가 감소한다. 근육이 이완되고 호르몬의 분비가 안정되어 대사량이 감소하기 때문이다.

표 5-4 기초대사량에 영향을 주는 요인들

요소	근거	적용
신체조성	근육은 지방조직보다 대사적으로 더 활발하다.	• 체중과 신장이 같을 경우, 기초대사량은 근육량이 많고 지방조직이 적은 사람이 높다. • 남자는 여자보다 기초대사량이 높고 연령이 증가할수록 기초대사량이 낮아진다.
호르몬	갑상선 호르몬과 에피네프린이 대사를 촉진시킨다.	• 갑상선 기능항진에서는 기초대사량 증가로 체중이 감소한다. • 갑상선 기능저하에서는 기초대사량 저하로 체중이 증가한다.
영양상태	인체가 에너지 섭취량에 따라 소비효율을 변화시킨다.	• 저에너지식을 할 경우, 에너지 섭취량의 부족분만큼 실제 체중 감소가 나타나지는 않는다. • 에너지 과잉섭취 시 비효율적인 에너지 대사로 인해 열로 방출하게 된다.
체온	온도 상승 시 체내 화학반응이 빨라진다.	• 1℃ 오를 때마다 기초대사량이 평균 13% 상승한다. • 발열 환자는 에너지 필요량이 증가한다.
기온	체온 유지를 위해 에너지 소모가 필요하다.	• 환경온도가 26℃일 때 대사율이 가장 낮고, 이보다 높거나 낮은 온도에서는 대사율이 항진된다.

(2) 신체활동대사량

기초대사량 다음으로 많이 소비되는 에너지로 인체가 활동하는 과정에서 근육의 수축운동 시 에너지를 소비하게 되는 이것을 신체활동대사량(PAEE)이라고 한다.

신체활동대사량은 활동의 강도 및 활동시간에 따라 개인별, 일별 변화의 폭이 크다. 즉 1시간 동안 누워 있는 것과 앉아 있는 것, 걷기, 달리기, 계단 오르기, 수영하기 등 활동의 종류에 따라 소모되는 에너지가 모두 다르다. 가장 간단한 방법은 활동수분별 체중당 에너지 소모량을 이용하는 것이고, 가장 정확한 방법은 활동별 에너지 대사율과 24시간 활동기록을 이용하여 1일 총 에너지 소모량을 측정하는 방법이다. 자세 유지, 가사활동 및 일터에서의 신체활동은 하루 총에너지소비량의 20~30%를 차지한다고 알려져 있다.

표 5-5 각종 활동 강도에 따른 신체활동대사량

에너지 소비활동군	활동상태	kcal/kg/hr
수면	기초대사량 수준에서 활동에 의한 에너지 소비량을 더해줄 필요가 없음	
깨어서 누워있는 상태		0.12
앉아 있는 활동	소리 내어 책을 읽는 상태, 바느질하기, 글 쓰는 상태, 먹는 상태, 공부하는 상태	0.42
서있는 활동		0.48
일상생활의 작업활동	옷 입기, 옷 벗기, 세면, 목욕, 면도	0.72
아주 가벼운 활동	자동차 운전, 주방에서 가사 노동, 다림질, 세탁기에서 빨래하기, 타이프 치는 상태, 실외에서 천천히 걷는 상태	1.02
가벼운 활동	손빨래 하기(가벼운 세탁물 정도), 그림 그리기, 페인트칠 하기, 구두 닦기, 중 정도의 속도로 피아노 치기, 실외에서 중 정도의 속도로 걷는 경우, 직장에서 앉아서 일하는 상태	1.50
중 정도의 활동	중 정도의 속도로 자전거를 타는 경우, 골프나 야구 등의 운동, 목공일, 춤을 추는 경우, 청소, 약간 빠른 속도로 걷는 경우	2.52
약간 심한 활동	빠른 춤을 추는 경우, 탁구치기, 스케이트 타기, 급히 걷는 경우	4.02
심한 활동	나무판자를 톱질하기, 테니스, 계단 오르내리기	6.48
극심한 활동	권투, 축구, 레슬링 등의 운동, 수영, 달리기	8.52

표 5-6 활동도에 따른 에너지요구량

생활활동 강도	직종	체중당 필요에너지 양 (kcal/kg)
가벼운 활동	일반 사무직, 관리직, 기술자, 어린 자녀가 없는 주부	25~30
중 정도 활동	제조업, 가공업, 서비스업, 판매직 외 어린 자녀가 있는 주부	30~35
강한 활동	농업, 어업, 건설작업원	35~40
아주 강한 활동	농번기의 농사, 임업, 운동선수	40~

(3) 식사성 발열효과

식품 이용을 위한 에너지 소모량(thermic effect of food, TEF)이란 식사 섭취에 따라 부가적으로 필요한 에너지 소모량을 뜻한다. 전체 에너지 섭취량에서 식품 이용을 위한 에너지 소모량의 비율은 식품의 소화, 흡수, 이동, 대사, 저장 및 자율신경계 활동증진 등에 따라 다르다. 식사성 발열효과는 영양소별 차이를 보이는데 단백질은 아미노기의 이탈과 요소의 합성 등 복잡한 대사과정으로 20~30%로 가장 높고, 탄수화물은 5~10%, 지방은 0~5%이다. 혼합된 식사의 식사성 발열효과는 단백질 함량이 높을수록 증가하지만 평균적으로 총 에너지 소모량의 10%로 잡고 있으며 비만이나 불규칙한 식습관에 의한 감소 등 개인차가 상당한 것으로 보인다. 총 에너지 필요량에서 차지하는 부분은 적지만 에너지 균형의 조절에 중요한 요소가 된다.

(4) 적응대사량

적응대사량(adaptive thermogenesis, AT)은 변화하는 환경에 적응하기 위해 소비되는 에너지로 스트레스, 온도, 심리상태, 영양상태 등의 변화에 따른 신경계, 내분비의 변화로 에너지 소모량이 달라진다. 특히, 과식을 하거나 추운 환경에 노출되었을 때 교감신경계가 자극받아 갈색지방조직의 미토콘드리아를 활성화하여 열발생을 촉진시킨다. 총 에너지의 7% 정도를 차지하지만 실제 1일 에너지 필요량을 계산할 때에는 포함하지 않는다.

5. 1일 총 에너지 소요량의 계산

개인의 1일 에너지 소비량은 활동의 종류나 강도, 활동 시간, 체중 등에 따라 개인차가 크다. 개인의 1일 소비량은 다음과 같은 방법으로 계산할 수 있다. 하루 생활 활동을 분 단위로 기록하여 신체활동대사량을 다양하게 기록하여 개인에 맞는 신체활동대사량을 계산해 볼 수 있다.

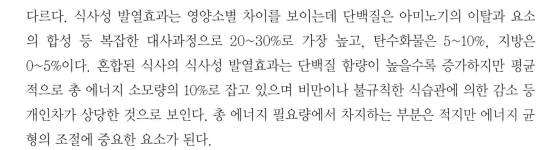

1일 에너지 소비량 = 기초대사량 + 신체활동대사량 + 식사성발열효과

〈예시〉

성별: 여자 20세   체중: 50kg
활동상태: 일상생활의 작업 활동
활동시간: 16시간(수면 시간 8시간)

① 기초대사량 : 0.9kcal × 50kg × 24hr = 1,080kcal([표 5-2] 참조)

② 신체활동대사량 : 0.72kcal × 50kg × 16hr = 576kcal([표 5-5] 참조)

③ 식사성발열효과(① + ②의 10%) : (1,080kcal + 576kcal) × 0.1 = 165.6kcal

→ 1일 총에너지 소요량 : ① + ② + ③ = 1,080kcal + 576kcal + 166kcal = 1,822kcal

6. 에너지 섭취기준

에너지 필요량은 에너지 소비량을 통해 추정하고 있으며 에너지는 평균필요량이라는 용어 대신에 연령, 신장, 체중, 신체활동 수준을 반영한 산출식을 이용하여 필요추정량(Estimated Energy Requirements; EER)이라는 용어를 사용한다. 그러나 에너지 필요추정량은 개인차가 크므로 각 개인마다 제시된 추정식에 자신의 신장, 체중 및 신체활동 수준을 적용하여 개별화된 에너지 필요추정량을 계산할 수 있다. 2020년 체위 참고치를 반영하여 에너지 필요추정량은 미국의 영양소 섭취기준에서 제시한 공식을 그대로 사용하였다. 신체활동 단계별 계수(Physical activity, PA)는 개인 또는 집단의 신체활동수준(Physically active level, PAL)에 따라 결정되며 비활동적, 저활동적, 활동적, 매우 활동적으로 나누어 사용하고 2015년과 마찬가지로 "저활동적"에 해당하는 값을 사용하였다. 한국인의 신체활동수준 (PAL)은 대부분이 '저활동적'에 속하는 1.4~1.59를 보였고, 일부 연령층이나 특정 직업군 (농업인, 운동선수 등)에서는 좀 더 높은 신체활동수준을 보였다.

표 5-7 생애주기별 에너지 필요추정량 산출식(단위: kcal/일)

연령		에너지 필요추정량(EER)		
		총 에너지 소비량(TEE)	생애주기별 부가량*	
영아 (개월)	0~5	89 × 체중(kg) − 100	+115.5	
	6~11		+22	
유아 (세)	1~2		+20	
	3~5	• 남자 88.5−61.9 × 연령(세)+PA[26.7 × 체중(kg)+903 × 신장(m)] PA=1.0(비활동적), 1.13(저활동적), 1.26(활동적), 1.42(매우 활동적)	+20	
아동 (세)	6~8		+20	
	9~11		+25	
청소년 (세)	12~14	• 여자 135.3−30.8 × 연령(세)+PA[10.0 × 체중(kg)+934 × 신장(m)] PA=1.0(비활동적), 1.16(저활동적), 1.31(활동적), 1.56(매우 활동적)	+25	
	15~19		+25	
성인 (세)	20 이상	• 남자 662−9.53×연령(세)+PA[15.91×체중(kg)+539.6×신장(m)] PA=1.0(비활동적), 1.11(저활동적), 1.25(활동적), 1.48(매우 활동적) • 여자 354−6.91×연령(세)+PA[9.36×체중(kg)+726×신장(m)] PA=1.0(비활동적), 1.12(저활동적), 1.27(활동적), 1.45(매우 활동적)	임신부	초기 : +0
				중기 : +340
				말기 : +450
			수유부	+340

* 성장 및 대사변화에 따른 에너지 추가필요량

우리나라의 비만 문제를 고려할 때, 에너지 필요추정량이 과도하게 상승하는 것에 대해 우려가 있으므로 이를 최소화하기 위하여 제시값은 100kcal 단위로 절삭하였다. 또한 감소분에 대해서도 100kcal 단위로 절삭하였다. 100kcal 단위로 절삭했음에도 불구하고 남아 6~14세 및 여아 9~11세에서 에너지 필요추정량이 증가하였는데, 이는 체위의 실질적인 상승일 뿐만 아니라 이들이 성장발달 시기임을 고려한 값이므로 증가분을 그대로 반영하기로 하였다. 성인의 체위기준은 건강체중의 개념을 포함하기 위해 19~49세의 건강한 성인 중에서 체질량지수 18.5~25.0kg/m² 미만을 가진 대상자의 체질량지수 중위수(남성 BMI 22.5, 여성 BMI 21.5)와 신장 중위수를 적용하여 기준체중을 산출하였다.

표 5-8 신체활동단계(저활동적, 활동적, 매우 활동적)별 2020 에너지 필요추정량(EER)

성별	연령	2020 EER 최종 제시값		
		저활동적	활동적	매우활동적
	신체활동수준(PAL)	1.40~1.59	1.60~1.89	1.90~2.50
영아	0~5(개월)[1]		500	
	6~11[1]		600	
유아	1~2(세)[1]		900	
	3~5[2]			
	남	1,400	1,600	1,800
	여			
남자	6~8(세)	1,700	1,900	2,200
	9~11	2,000	2,300	2,700
	12~14	2,500	2,900	3,300
	15~18	2,700	3,200	3,700
	19~29	2,600	2,900	3,400
	30~49	2,500	2,800	3,200
	50~64	2,200	2,500	2,900
	65~74	2,000	2,300	2,700
	75 이상	1,900	2,200	2,600
여자	6~8(세)	1,500	1,700	2,100
	9~11	1,800	2,000	2,400
	12~14	2,000	2,300	2,800
	15~18	2,000	2,300	2,800
	19~29	2,000	2,300	2,600
	30~49	1,900	2,200	2,500
	50~64	1,700	2,000	2,300
	65~74	1,600	1,800	2,100
	75 이상	1,500	1,700	2,000

[1] 영아(0~5개월, 6~11개월) 및 유아(1~2세)의 에너지필요추정량 산출식에는 신체활동단계별계수가 포함되지 않으므로, 신체활동단계에 따른 구분이 없음

[2] 성별에 따른 남녀를 구분한 에너지필요추정량(EER) 산출식의 적용은 3세부터 시작됨. 그러나 한국인 영양소 섭취기준에서 성별(남녀)에 따른 구분은 6세 이후부터 임. 이에 3~5세의 에너지필요추정량(EER)은 각기 다른 공식을 이용하여 산출한 남아와 여아의 산출값의 평균값으로 제시하였음

7. 바람직한 에너지 섭취와 건강

에너지 섭취량과 소비량이 평형을 이룰 때 사람의 체중은 일정하게 유지된다. 필요한 양보다 많이 섭취하면 많이 섭취된 에너지가 지방으로 바뀌어 체내에 저장되고 체중이 증가한다. 에너지 섭취가 부족하게 되면 병에 대한 저항력이 낮아지거나 특히 성장기 어린이의 경우 성장에 방해가 될 수 있다. 정상적인 체중은 건강의 척도이고 비만과 과·저체중은 여러 가지로 신체에 영향을 미치게 된다.

[그림 5-9] 에너지 대사의 균형

(1) 비만

1) 비만의 유병률

건강보험심사평가원의 통계자료에 따르면 2019년에 비만으로 진료 받은 환자의 수는 2만 3439명으로 환자 수가 1만 4966명이던 2017년부터 꾸준하게 증가하고 있다. 비만의 경우 남성(24.9%)에 비해서 여성(75.1%) 환자수가 높고 고연령층보다는 30~40대 중장년층에서 두드러지게 나타나고 있는 질병이다. 또한 소아비만율도 꾸준히 증가하고 있는 실정이다.

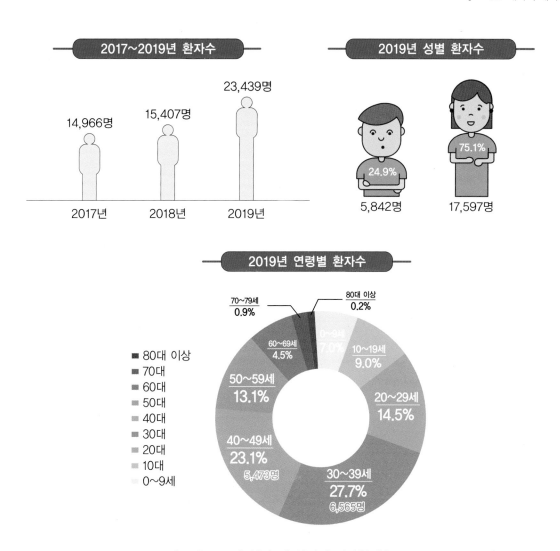

[그림 5-10] 성별 및 연령별 비만환자수

2) 비만의 판정

비만은 장기간 에너지 섭취량이 소비량보다 많아 과잉의 에너지가 체내 지방조직에 과다하게 축적되어 체중이 증가하는 경우를 말한다. 비만의 판정에는 신체지수, 체질량지수, 체지방측정법 등의 방법이 있다. 신체지수를 이용한 비만 판정은 [표 5-9]와 같은 방법이 있다.

표 5-9 ⚛ 신체지수를 이용한 비만 판정

표준체중		

브로카법
  신장 160cm 이상: (신장 cm−100)×0.9
  신장 150~160cm: (신장 cm−150)÷2+50
  신장 150cm 이하: 신장 cm−100		

비만도 = (현재체중−표준체중)/표준체중×100	10% 이상 부족: 저체중 10~20% 초과: 과체중 20% 이상 초과: 비만	
체질량지수(BMI)		
체질량지수=체중(kg)/신장(m²)	WHO 기준	국내 기준(아시아·태평양 지역, 대한비만학회)
저체중	18.5 미만	18.5 미만
정상	18.5~24.9	18.5~22.9
과체중	25.0~29.9	23~24.9
비만	30.0~39.0	25~29.9
고도비만	40.0 이상	30.0 이상
허리·엉덩이 둘레비(waist to hip ratio, WHR)		
WHR = 허리둘레/엉덩이둘레	남자 0.90 이상이면 비만 여자 0.85 이상이면 비만	

신체지수 중 브로카(Broca) 지수는 비만 판정에서 쉽게 사용할 수 있는 방법으로 신장에 적합한 표준체중을 구하고 자신의 현재 체중과 교하여 비만도를 결정하는 방법이다. 체질량지수는 비만 판정에서 가장 널리 사용되고 있는 방법으로 체중(kg)을 신장(m²)으로 나누어 구할 수 있다. 우리나라는 아시아·태평양지역 기준(대한비만학회)을 적용하고 있으며 해외의 경우 WHO(World Health Organization, 세계보건기구) 기준을 사용하고 있다. 이 같은 비만의 기준·정의는 나라마다 다르게 책정되는데, 우리나라에서는 아시아인의 경우 BMI 25 이상 구간부터 고지혈증, 당뇨, 암 등의 합병 질환 유병률 및 사망률이 증가한다는 아시아·태평양지역기준 연구 결과를 토대로 BMI 25 기준을 적용하고 있다.

신체조성을 이용한 비만 판정에는 다음과 같은 방법들이 있다[그림 5-11]. 조직구성에 따른 체밀도의 차이를 응용하여 물속에서 지방조직은 근육조직보다 밀도가 낮은 점을 이용한 수중체중 측정법(hydrostatic weighing), 약한 전류를 신체에 흘려보내 전기 전도성을 측정하는 방식으로 편리성과 정확성 때문에 가장 보편적으로 활용하고 있는 생체전기저항 측정법(bioelectrical impedence)이 있다. 캘리퍼(caliper)를 사용하여 측정하고자 하는 부위의 피하지방 두께를 측정하는 피부두겹두께 측정법(skinfold thickness)은 측정할 때마다 수치가 달라지지 않도록 정확한 부위를 일정한 방식으로 측정할 수 있는 숙련도 훈련이 필요하지만 편리성과 저렴한 비용 때문에 널리 활용되고 있다. 그 외에도 CT(컴퓨터단층촬영)법, MRI(자기공명영상장치)법, DXA(이중에너지 X선 흡수)법 등의 방법이 있다.

생체전기 임피던스법
체지방측정기구로서 전기저항을 이용하여
신체 총 지방량을 측정한다.

캘리퍼
체지방측정기구로서 근육층을 제외한 피
부와 지방조직을 두껍이 되게 잡아서 피하
지방 두께(skinfold thickness)를 측정한다.

[그림 5-11] 체지방 측정법

3) 비만과 관련된 건강문제

비만은 각종 질병의 직간접적인 원인이 될 수 있으며, 원인은 유전, 음식물의 과잉섭취, 질병, 운동 부족 등 다양하다. 우리나라를 포함하여 전 세계적으로 비만의 유병률이 증가하고 있다. 비만도가 정상범위를 벗어나면 심장혈관계 질환, 당뇨병, 이상지질혈증, 고혈압(비만도 상승의 경우) 등 대사질환을 유발할 뿐 아니라 주요 사망원인이 되는 암과 유의한 관련이 있다. 특히 복부비만이면서 내장지방 축적률이 높은 경우 그 위험은 더 증가하게 된다.

표 5-10 비만의 합병증

비만으로 인한 대사질환	심장질환, 치매, 고혈압, 이상지질혈증, 당뇨병, 비알코올성 지방간, 인슐린 저항성 등
비만으로 인한 암	수막증, 대장암, 췌장암, 난소암, 자궁암, 위암, 간암, 신장암, 담낭암, 유방암(폐경 후), 다발골수종, 식도 선암 등

[그림 5-12]는 체질량 지수와 질병에 의한 사망률과의 관계를 보여주는 그림이다. 체질량지수가 정상보다 낮아지면 소화기계나 호흡기계 질환에 의한 사망률이 높아지고, 체질

량 지수가 정상보다 높아지면 심순환기계 질환과 당뇨병의 사망 위험이 증가함을 나타내고 있다. 따라서 건강을 위해 정상체중을 유지하는 것이 중요하다.

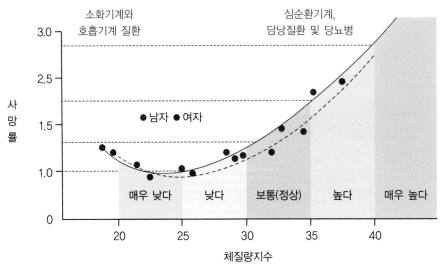

[그림 5-12] **폭발열량계**

2018년에 개정된 대한비만학회의 비만진료지침(2018)에서는 국민건강보험공단의 빅데이터 분석 결과를 근거로 하여 비만 기준이 BMI 수치 25 이상으로 기존과 달라지지 않았지만 기존의 BMI 23~24.9 과체중 단계를 '비만 전 단계'로 바꾸고, 비만은 3단계로 구분하였다[표 5-11].

표 5-11 체질량 지수와 허리 둘레에 따른 동반질환 위험도

분류	체질량지수 (kg/m²)	허리 둘레에 따른 동반질환의 위험도	
		<90cm(남자), <85cm(여자)	≥90cm(남자), ≥85cm(여자)
저체중	<18.5	낮음	보통
정상	18.5~22.9	보통	약간 높음
비만 전 단계 (과체중, 위험체중)	23~24.9	약간 높음	높음
1단계 비만	25~29.9	높음	매우 높음
2단계 비만	30~34.9	매우 높음	매우 높음
3단계 비만 (고도비만)	≥35	가장 높음	가장 높음

2천만 명 이상의 국민건강보험공단 건강검진 수검자를 대상으로 한 전수조사에서 관찰된 BMI에 따른 동반질환 위험도를 반영한 결과 당뇨병, 고혈압, 이상지질혈증의 세 가지 성인병 중 한 가지 이상을 가지는 BMI 기준점은 BMI 23으로 확인하였으며, 평상시 23 미만의 BMI 수치를 유지하는 게 바람직하다고 발표했다.

4) 비만의 관리방법

비만을 관리하는데 있어서 식사조절, 운동 및 행동조절의 병합은 비만의 치료 및 예방에 있어 가장 효과적인 방법이다[표 5-12]. 섭취한 열량이 필요한 열량보다 부족하면 체지방이 분해되어 에너지를 공급하게 되므로 비만의 식사요법은 섭취하는 열량을 줄이는 것으로, 평소 식사량의 1/3을 줄일 경우 매끼 500kcal를 줄일 수 있고 15일 정도이면 1kg을 감량할 수 있다. 조리 방법의 경우에도 튀기고 볶는 것보다는 삶거나 굽는 것이 효과적이다. 또 무작정 굶는 것은 오히려 결식과 폭식을 반복할 수 있어, 식사량을 줄이면서도 고른 영양소를 섭취할 수 있는 식단을 짜는 것이 좋다. 식사 일지를 작성하는 것도 좋은 방법으로 본인의 체중 감량 상태를 확인함에 따라 동기 유발에 도움이 될 수 있다. 식사 일지 작성은 균형 있는 식사를 할 수 있도록 도와 잘못된 식이요법으로 인한 영양소 결핍을 초래하지 않도록 관리할 수 있다. 또 본인에게 알맞은 운동을 하는 것이 특히 중요하며 보통, 1회 30분 이상 일주일에 다섯 번 운동을 권장하는데 그중 두 번은 근력운동을 병행하는 것이 좋다. 일상생활에서 살을 찌게 하는 잘못된 행동은 줄이고 건강하게 만드는 행동을 늘리는 것이 중요하다.

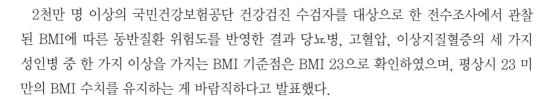

표 5-12 간식류의 열량 및 운동의 칼로리 소모

감자칩 1봉지	450kcal	달리기 20분	200kcal 소모
피자 1조각	250kcal	수영 25분	200kcal 소모
핫도그	280kcal	줄넘기 25분	200kcal 소모
치즈버거	320kcal	축구 30분	200kcal 소모
콜라 1캔	100kcal	농구 30분	200kcal 소모
라면 1개	500kcal	테니스 30분	200kcal 소모
아이스크림	100kcal	스키 30분	200kcal 소모
생선가스	840kcal	탁구 40분	200kcal 소모
자장면	660kcal	에어로빅 50분	200kcal 소모
짬뽕	490kcal	자전거타기 1시간	200kcal 소모
스파게티	500kcal	볼링 1시간	200kcal 소모
		롤러스케이트 1시간	200kcal 소모

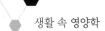

(2) 저체중

에너지 섭취가 부족하다는 것은 체질량지수 18.5 이하이거나 표준체중에 비해 현재 체중의 비가 80% 미만인 경우로 심리적 불안정은 저체중의 직간접적인 원인이 될 수 있다.

1) 신경성 식욕부진

신경성 식욕부진은 자신의 체형에 대한 불만족이나 비만에 대한 우려로 음식을 거부함으로써 극심한 체중 감소를 초래하는 정신적인 질환이다. 신경성 식욕부진이 장기간 지속되면 위의 연동운동 저하, 변비, 빈혈, 무월경 등의 생리적인 변화와 면역기능 저하가 나타난다.

2) 신경성 폭식증

충동적으로 마구 먹기를 한 후 체중 증가를 막기 위해 강제적으로 구토를 유발하거나 이뇨제 및 하제를 사용하여 강제 배설을 하거나 반복하는 정신적 질환이다. 신경성 폭식증은 약물오용으로 인한 탈수, 하제 사용으로 인한 만성적 위장관계문제, 과도한 구토로 인한 치아부식 등의 위험을 수반한다.

3) 저체중의 식사관리

저체중인 경우 식습관의 정상화와 함께 일정한 범위 안에서 체중을 유지하는 것이 중요하며 하루에 필요한 에너지양은 500~1,000kcal 정도를 더하여 위에 부담이 적은 식품을 섭취하도록 한다. 균형 잡힌 영양소 섭취를 위해 양질의 단백질 식품과 유제품, 채소, 과일 등을 다양하게 섭취할 필요가 있다.

8. 음주와 건강

알코올은 위에서 20% 정도 흡수되고 대부분 소장에서 흡수되며 간에서 대사된다. 1g당 7kcal의 열량을 발생하지만 열량 외에 다른 영양소는 함유하지 않으며 지나친 알코올 섭취는 대사과정에서 지방합성을 촉진시켜 지방간, 간경화를 유발할 수 있다. 또 대사 중간물인 아세트알데하이드가 축적되어 간에 손상을 준다. 음주습관이 오래되고 음주량이 늘어날수록 하루 섭취 칼로리에서 술이 차지하는 비중이 늘어남으로써, 상대적으로 다른 에너지원이나 영양소의 결핍이 일어나는 영양 실조상태가 유발되기도 한다.

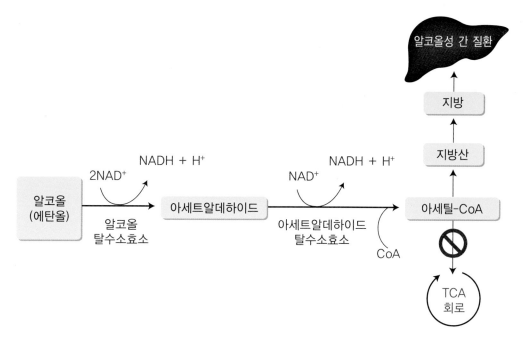

[그림 5-13] **알코올 대사과정**

비타민

비타민은 탄수화물, 단백질, 지방과 같이 에너지를 생성하지는 않으나 체내에 미량으로 존재하며 세포의 정상적인 대사조절에 관여하는 영양소로 생명을 유지하고 성장을 위해 필수적인 영양소이다. 1912년 폴란드 생화학자인 Casimir Funk는 쌀겨에서 아민류 (amine)에 속하는 물질을 분리해 동물에게 먹인 결과 잘 성장하는 것을 확인하여 이 물질을 동물의 생명유지에 필수적인 아민이란 뜻으로 'vital+amine'이라 명명하였다. 그 후 모든 비타민에 아민기(amine group)가 포함된 것이 아님이 밝혀져 'e'를 제거하여 'vitamin'이 라고 명명하였다. 비타민의 주요 기능은 대사 조절 및 조효소로써 촉매작용이고 이러한 비 타민은 체내에서 합성되지 않거나 합성되더라도 충분량 합성되지 않으므로 반드시 식사를 통해 공급해야 한다.

1. 비타민의 개요

(1) 비타민의 분류

비타민은 물에 대한 용해성에 따라 지용성 비타민과 수용성 비타민으로 분류할 수 있다. 지용성 비타민은 물에 녹지 않으며 체내에 특히 간에 축적되기 쉬워 일시적으로 필요량을 충족시키지 못하더라도 결핍증이 바로 나타나지 않는 반면 과잉 섭취에 의한 독성이 유발 될 수 있다. 수용성 비타민은 물에 잘 녹으며 과량 섭취 시 소변을 통해 배설되므로 필요량 을 충족시키지 못할 경우 결핍증이 쉽게 나타나는 특징이 있다. 현재까지 알려진 지용성 비타민은 비타민 A, D, E, K 4종류가 있고 수용성 비타민은 비타민 B군(8종류)과 C 모두 9 종류가 있다.

[표 6-1]은 주요 비타민의 종류, 화학물질명, 체내활성형을 나타냈고 물에 대한 용해성에 따른 비타민의 특성은 [표 6-2]와 같다.

표 6-1 주요 비타민

분류	종류	화학물질명	체내활성형
지용성 비타민	비타민 A	레티놀(retinol)	레티놀
	비타민 D	칼시페롤(calciferol)	칼시트리올
	비타민 E	토코페롤(tocopherol)	토코페롤
	비타민 K	필로퀴논(K_1, phylloquinone) 메나퀴논(K_2, menaquinone)	필로퀴논, 메나퀴논

분류	종류	화학물질명	체내활성형
수용성 비타민	비타민 B₁	티아민(thiamin)	TPP
	비타민 B₂	리보플라빈(riboflavin)	FAD, FMN
	니아신(비타민 B₃)	니아신(niacin)	NAD, NADP
	엽산	폴레이트(folate)	THF
	판토텐산(비타민 B₅)	판토텐산(pantothenic acid)	CoA
	비타민 B₆	피리독신(pyridoxine)	PLP
	비타민 B₁₂	코발아민(cobalamine)	메틸코발아민, 디옥시아데노실코발아민
	비오틴(비타민 B₇)	비오틴(biotin)	비오틴
	비타민 C	아스코르브산(ascorbic acid)	아스코르브산, 디하이드로아스코르브산

표 6-2 지용성 비타민과 수용성 비타민의 특성

특성	지용성 비타민	수용성 비타민
용해성	지질 및 유기용매에 용해	물에 용해
흡수와 운반	담즙의 도움을 받아 지방과 함께 흡수되며, 림프관을 통해 간으로 운반	문맥을 통해 간으로 운반
저장	간이나 지방조직에 저장	일정한 양 이상을 섭취하면 배설하고 저장량은 매우 적음
섭취빈도	저장이 어느 정도 되므로 매일 공급할 필요가 없음	매일 섭취하는 것이 필요함
결핍증	증상이 천천히 나타남	증상이 빨리 나타남
독성	비타민 K를 제외하고 과잉섭취에 의한 독성 증상은 치명적임	배설이 잘 되므로 과잉섭취에 의한 독성 증상은 드묾

(2) 비타민 전구체와 항비타민의 정의

비타민 전구체(provitamin)란 구조적으로는 실제 비타민과 유사하여 체내에 흡수된 후 활성화되어 특정 비타민의 효력을 나타내는 물질을 일컫는다. 예를 들어, 당근, 호박 등에 함유되어 있는 황색 색소인 카로티노이드는 그 자체로는 비타민 A의 효력을 지니지 못하지만 체내에 흡수된 이후에는 비타민 A로 전환된다. 이러한 카로티노이드를 비타민 A의 전구체 또는 프로비타민 A라고 한다. 뿐만 아니라 피하에 존재하는 7-디하이드로콜레스테롤은 비타민 D₃로, 에르고스테롤은 비타민 D₂로 전환되므로 이들을 각각 프로비타민 D₃, 프로비타민 D₂라고 한다.

또한 필수아미노산인 트립토판은 체내에서 수용성 비타민의 한 종류인 니아신으로 전환되는데 이러한 물질은 비타민 전구물질(precursor)이라고 한다.

한편, 비타민과 화학적 구조와 성질이 유사하여 우리 몸에 흡수될 경우 체내는 비타민으로 알고 받아들이지만 실제 비타민의 정상적인 생리기능을 저해하는 물질을 항비타민 또는 비타민 길항물질이라고 한다[표 6-3]. 이러한 물질들은 체내에서 비타민의 기능을 방해하므로 비타민 결핍증을 초래한다.

표 6-3 대표적인 항비타민의 종류

비타민	항비타민
티아민(thiamin)	피리티아민(pyrithiamin)
리보플라빈(riboflavin)	디클로로플라빈(dichloroflavin)
비오틴(biotin)	아비딘(avidin)
비타민 K	디쿠마롤(dicumarol)

2. 지용성 비타민

지용성 비타민은 비타민 A, D, E, K의 4종류가 있고 비타민 K를 제외한 나머지 비타민은 발견 순서에 따라 알파벳순으로 이름을 정하였다. 비타민 K의 경우 혈액응고를 뜻하는 'Koagulation'의 첫 자인 K를 붙여 비타민 K라고 명명하였다. 지용성 비타민은 지질과 함께 흡수되어 지단백질에 의해 간으로 운반되어 저장된다.

(1) 비타민 A(retinol)

비타민 A는 레티놀, 레티날, 레티노익산과 같은 동물성 급원의 레티노이드와 식물성 급원의 카로티노이드로 분류할 수 있다. 식품 중에 레티놀은 레티놀에 지방산이 결합된 레티닐에스터 형태로 존재하고 당근, 호박, 파프리카 등과 같은 식물성 식품에는 주황색을 띠는 카로티노이드가 존재하는데 이러한 카로티노이드 중 일부는 체내에 흡수되어 비타민 A의 기능을 수행할 수 있다. 이러한 것을 비타민 A의 전구체 또는 프로비타민 A라고 하고 대표적인 예로 베타-카로틴을 들 수 있다.

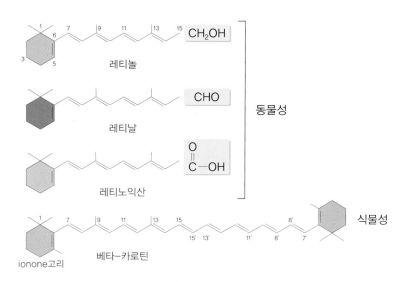

[그림 6-1] **비타민 A와 전구체의 구조**

비타민 A 물질 레티놀(retinol), 레티날(retinal), 레티노익산(retinoic acid)
비타민 A 전구체 물질 카로티노이드(베타-카로틴, 알파-카로틴, 크립토잔틴)
카로티노이드(carotenoid) 과일 및 채소의 색을 나타내는 색소의 한 종류로서 주로 주황색으로 표현되는 지용성 색소

---

1) 흡수와 대사

식품 중에 비타민 A는 레티놀이 지방산과 결합한 레티닐에스터 형태로 존재한다. 이러한 레티닐에스터는 소장에서 담즙과 췌장 소화효소의 도움을 받아 레티놀과 지방산으로 가수분해 된 후 유리레티놀은 소장에서 흡수된다. 유리레티놀은 소장 점막 내에서 지방산과 다시 결합한 후 지단백질인 카일로미크론에 의해 간으로 운반된다. 간에서 레티놀은 레티닐에스터 형태로 저장되고 저장되지 않은 일부는 레티놀 결합 단백질과 결합하여 조직으로 이동한다.

베타-카로틴은 소장 점막 내에서 레티놀로 전환되고, 전환되지 못한 베티-카로틴은 카일로미크론에 의해 간으로 운반된 후 간에서 레티놀로 전환되어 레티닐에스터 형태로 간에 저장된다. 지질은 지용성 비타민의 소화·흡수를 도와주므로 지질 섭취 부족, 소화 및 흡수 불량이 있을 경우 지용성 비타민의 흡수에도 영향을 미치게 된다.

2) 생리적 기능

① 시각 회로(암적응 현상)

비타민 A는 정상적인 시각 기능 유지에 중요한 역할을 하고 특히 암적응에 관여하는 로돕신 생성에 중요한 역할을 한다. 눈의 망막에 존재하는 시각세포는 원추세포와 간상세포를 포함하고 있는데 각각의 세포는 색소 단백질을 가지고 있다. 밝은 빛과 색상을 감지하는 원추세포는 요돕신이라는 색소를 함유하고 있고, 어두운 곳에서 물건의 형태 등을 감지하는데 관여하는 간상세포는 로돕신이라는 색소를 포함하고 있다. 우리가 밝은 곳에 있다가 어두운 곳으로 들어가게 되면 레티놀은 레티날로 전환되고 레티날은 옵신과 결합하여 로돕신을 생성한다. 이때 비타민 A 섭취량이 부족하게 되면 로돕신 생성이 저해되어 어두운 곳에서 물체를 구분하지 못하는 야맹증이 나타나게 된다. 어두운 곳에서 밝은 곳으로 나오게 되면 로돕신은 빛에 의해 다시 옵신과 레티날로 분해되고 레티날은 레티놀로 전환된다[그림 6-2].

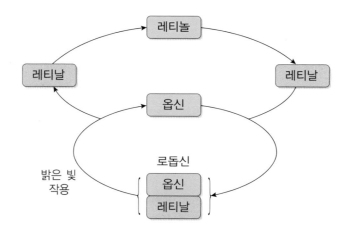

[그림 6-2] 로돕신 생성을 돕는 레티놀의 시각기능

② 세포 분화 및 상피조직 유지

비타민 A는 점액을 합성하고 분비하는 세포의 분화를 증진시켜 상피조직을 유지하므로 비타민 A가 부족하면 점액 분비가 감소하여 각막의 상피세포나 피부의 각질화를 초래하게 된다.

③ 항산화 및 항암작용

베타-카로틴을 비롯한 카로티노이드는 활성산소를 제거하여 우리 몸을 산화적 손상으로부터 보호해 주는 항산화제로 작용하며 뿐만 아니라 항암 기능이 있어 특히 폐암 예방 효과가 있는 것으로 알려졌다. 그러나 흡연자에게는 베타-카로틴이 오히려 폐암 발병률을 높이는 것으로 보고되어 흡연자나 과거 흡연 경력이 있는 사람이 비타민 보충제를 섭취하고자 할 경우 비타민 A의 성분으로 베타-카로틴 함유 유무를 확인할 필요가 있다.

④ 치아와 골격의 정상적인 성장발육

비타민 A 결핍은 미성숙한 골격세포 성장에 문제를 야기하고 과잉 섭취 또한 골 손실을 증가시키므로 치아와 골격의 정상적인 성장발육을 위해 적정량의 비타민 A 섭취가 중요하다.

⑤ 면역기능

비타민 A는 질병에 대한 저항력을 증가시켜 질병의 감염을 막아준다.

3) 영양소 섭취기준

비타민 A의 권장섭취량은 19~29세 남자의 경우 800μg RAE/일, 여자 650μg RAE/일이다. 비타민 A의 경우 과량 섭취 시 독성이 나타날 수 있으므로 1일 상한섭취량 3,000μg RAE 이상 섭취하지 않도록 해야 한다. 비타민 A의 단위는 레티놀 활성당량(retinol activity equivalent, RAE)으로 표현하며, 1RAE는 레티놀 1μg과 같다.

---

1 레티놀 활성 당량(retinol activity equivalent, RAE)

  = 1μg
  = 6μg 베타-카로틴
  = 12μg 기타 비타민 A 전구체 카로티노이드
  = 24μg 기타 식사 프로비타민 A 카로티노이드

---

4) 결핍증과 과잉증

비타민 A의 주요 결핍증은 눈과 관련된 것으로 비타민 A가 부족하면 로돕신 생성이 저해되어 어두운 곳에서 물체의 형태를 감지하지 못하는 야맹증, 점액 분비가 감소되어 망막의 각질화로 인한 결막건조증, 비토 반점 등이 나타나고 심하면 실명을 초래하는 각막연화증이 나타난다. 이외에도 식욕부진, 호흡기 및 다른 기관의 상피세포의 각질화, 면역력 저하 및 뼈와 치아의 발달 손상 등이 나타난다.

반면, 식사 섭취로 인한 비타민 A의 독성은 흔치 않으나 보충제 형태로 권장량의 10~15배 이상 농축된 레티놀을 과잉 섭취할 경우 독성이 나타날 수 있다. 증상으로는 오심, 두통, 현기증, 무력감, 간과 비장의 비대, 피부 건조 및 가려움증 등이 나타날 수 있고 임신부

의 경우 기형아 출산, 사산의 위험이 증가하므로 특히 임신 초기 비타민 A의 과잉 섭취를 주의해야 한다. 카로티노이드는 과량 섭취 시 혈중 카로티노이드 농도가 증가하고 카로티노이드 색소가 침착되어 피부가 노랗게 된다. 이를 고카로틴혈증 또는 베타-카로틴혈증이라고 한다. 이러한 착색현상은 카로틴 섭취 감소 시 회복될 수 있다.

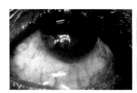 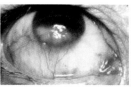

결막건조증   각막연화증

[그림 6-3] 비타민 A 결핍증상

비토반점(Bito's spot)

비타민 A의 결핍에 의해 결막의 상피세포가 퇴화되어 삼각형의 은빛 반점 또는 거품과 같은 형태가 생기는 증상

5) 급원식품

비타민 A가 풍부한 급원식품으로는 간, 생선간유, 우유 및 유제품, 버터, 달걀 등이 있고 베타-카로틴 급원식품에는 깻잎, 당근, 호박, 귤, 풋고추, 시금치, 무청, 감, 토마토 등과 같은 녹황색 채소와 과일 등이 있다.

표 6-4 비타민 A의 주요 급원식품 및 함량

식품명	함량(µg RAE/100g)	식품명	함량(µg RAE/100g)
돼지부산물(간)	5,405	상추	369
소부산물(간)	9,442	장어	1,050
과일음료	219	시리얼	1,605
우유	55	고추장	291
시금치	588	닭부산물(간)	3,981
달걀	136	들깻잎	630
당근	460	고춧가루	614

(2) 비타민 D(calciferol)

비타민 D는 체내에서 콜레스테롤로부터 합성되고 식물성 급원의 비타민 D_2(에르고칼시페롤)와 동물성 급원의 비타민 D_3(콜레칼시페롤)가 있다. 비타민 D_2는 버섯류와 효모에 들어 있는 에르고스테롤이 자외선에 의해 에르고칼시페롤로 활성화되고 동물성 급원의 비타민 D_3는 동물의 피하에 존재하는 7-디하이드로콜레스테롤이 햇빛에 노출이 되면 비타민 D_3인 콜레칼시페롤로 활성화된다. 호르몬의 기능을 하는 비타민 D_3의 체내 활성형은 $1,25-(OH)_2-$비타민 D_3로 간과 신장에서 활성화된다. 비타민 D는 칼슘의 항상성 유지에 매우 중요할 뿐 아니라 최근 암 발생을 줄이는데 관여하는 것으로 알려졌다.

1) 흡수와 대사

식품으로 섭취한 비타민 D는 지질의 소화 및 흡수에 영향을 받으므로 지질의 유화에 관여하는 담즙산염이 부족하거나 지질 흡수 불량이 있는 경우 비타민 D의 흡수 또한 방해를 받게 된다. 소장에서 흡수된 비타민 D는 카일로미크론에 포함되어 림프계와 혈액을 통해 간으로 운반된다. 비타민 D는 주로 간에 저장되고, 피부, 비장, 뇌, 뼈 등에도 소량 저장된다. 식사로 섭취하거나 체내에서 합성된 비타민 D는 간과 신장에서 수산화 과정을 거쳐 활성형으로 전환되는데 간에서 $25-OH-$비타민 D_3로 전환되고 이것은 다시 신장으로 가서 또 한 번의 수산화 과정을 통해 $1,25-(OH)_2-$비타민 D_3로 전환된다. 혈액 내 칼슘의 농도가 정상 이하로 감소하게 되면 부갑상선 호르몬의 분비가 증가하고 부갑상선 호르몬은 비타민 D의 활성화를 촉진한다.

2) 생리적 기능

① 혈청 칼슘의 항상성 유지

혈액 내 칼슘의 농도가 정상 이하로 감소하면 부갑상선에서 부갑상선호르몬(PTH)의 분비가 증가하고 부갑상선호르몬은 신장에서 칼슘의 재흡수를 증가시키고 비타민 D의 활성화를 촉진한다. 비타민 D는 $1,25-(OH)_2-$비타민 D_3의 형태로 표적 기관인 소장, 신장, 골격에 작용하여 소장에서 칼슘의 흡수를 증가시키고 신장에서 칼슘의 재흡수를 증가시키며, 골격에서 칼슘의 용출을 자극하여 혈액 중 칼슘의 농도를 정상 수준으로 증가시키게 된다. 반면 혈액 내 칼슘의 농도가 정상 이상으로 증가하면 갑상선에서 칼시토닌이 분비되어 부갑상선호르몬의 분비가 감소되고 비타민 D의 활성화가 억제되며 칼슘이 골격에 침착되도록 한다. 따라서 혈액 중 칼슘의 항상성 유지는 부갑상선호르몬, 비타민 D, 칼시토닌에 의해 조절된다.

② **골격 형성**

비타민 D는 소장에서 칼슘과 인의 흡수를 증가시키고 신장에서 칼슘과 인의 재흡수를 증가시키며 골격으로부터 칼슘의 용출을 자극하는 작용을 통해 골격 형성 및 골격의 재형성에 관여하게 된다.

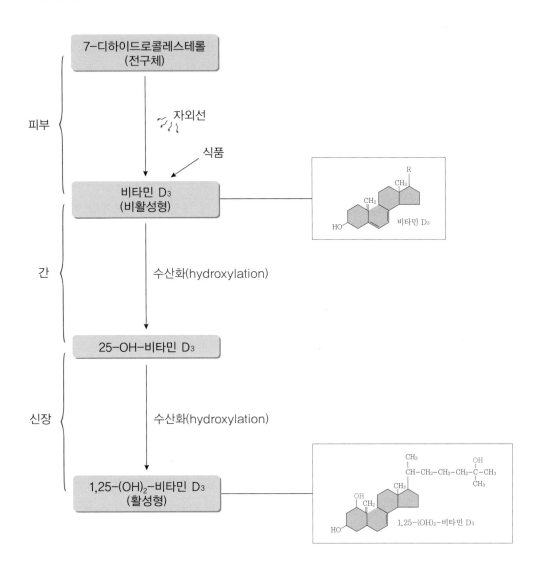

[그림 6-4] 비타민 D의 합성

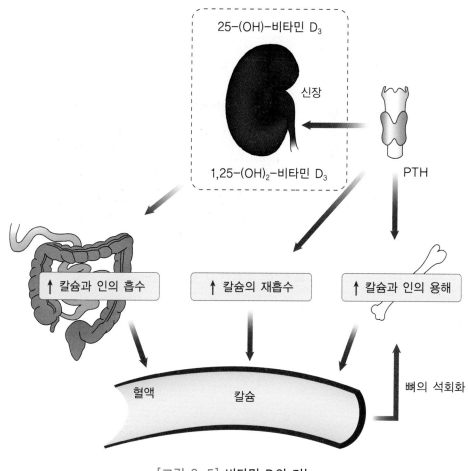

[그림 6-5] 비타민 D의 기능

3) 영양소 섭취기준

비타민 D는 야외활동을 통해 햇볕에 노출됨으로써 체내에서 일부 합성되므로 충분섭취량으로 19~64세 성인의 경우 남녀 모두 $10\mu g$을 권장하였고, 노인의 경우 건강 및 다양한 원인으로 인해 야외활동이 제한될 수 있으므로 성인보다 높게 $15\mu g$을 충분섭취량으로 정하였다. 반면 비타민 D의 과잉 섭취 시 고칼슘혈증을 일으킬 수 있으므로 성인의 1일 상한섭취량인 $100\mu g$ 이상 섭취하지 않도록 해야 한다.

4) 결핍증과 과잉증

비타민 D의 결핍은 섭취량 부족, 야외 활동이 적은 경우, 지질 흡수 이상 등에 의해 나타난다. 비타민 D가 결핍되면 소장에서 칼슘의 흡수가 저해되어 골격의 석회화가 충분히 이루어지지 않아 성장기 아동의 경우 골격 형성에 이상이 생기거나 형태가 변형되는 구루병, 성인의 경우 골연화증 및 골다공증과 같은 골격계 이상을 초래하게 된다. 이외에도 혈중 칼슘 농도가 감소하여 나타나는 근육 경련이 발생할 수 있다.

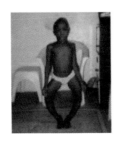 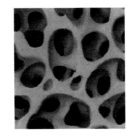 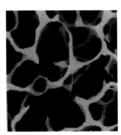

구루병 골다공증

[그림 6-6] 비타민 D 결핍증상

골연화증(osteomalacia) 비타민 D 또는 칼슘 결핍에 의해 뼈의 총량은 정상이지만 석회화의 감소로 골밀도가 낮아 골격이 변형되거나 물러지는 증상

골다공증(osteoporosis) 뼈의 총량이 감소하여 비정상적인 뼈의 다공도를 나타내는 증상

비타민 D를 과량 섭취할 경우 과잉증이 나타나는데 혈액 내 칼슘농도가 증가하는 고칼슘혈증은 연조직의 칼슘 침착으로 인한 손상 및 신장 결석 등을 유발할 수 있고 탈모, 체중감소, 설사, 메스꺼움, 식욕부진 등의 증상을 나타낼 수 있다.

5) 급원식품

비타민 D는 식품 중에 거의 들어 있지 않으나 대구간유, 간, 난황, 고등어, 꽁치, 장어 등의 생선류에 많이 들어 있으며 버섯, 효모, 비타민 D 강화우유 등이 좋은 급원식품이다.

표 6-5 　비타민 D의 주요 급원식품 및 함량

식품명	함량(μg/100g)	식품명	함량(μg/100g)
달걀	20.9	멸치	4.1
돼지고기(살코기)	0.8	꽁치	13.0
연어	33.0	고등어	2.1
오징어	6.0	두유	1.0
조기	8.4	넙치(광어)	4.3

(3) 비타민 E(tocopherol)

비타민 E는 토코페롤이라고 명명하고 그리스어의 'tokos(어린아이)'와 'pherol(낳다)'이 합쳐져 파생된 단어로 '자손을 낳는다'라는 의미를 지니고 있다. 비타민 E의 활성을 가지는 물질은 토코페롤 4종류와 토코트리에놀 4종류가 있으며 이들의 생리활성은 각각 다르나 식품 내에 가장 많이 함유되어 있고 생리활성이 가장 큰 것은 α-토코페롤이다. 비타민 E는 지용성 비타민 가운데 가장 잘 산화되어 자신이 산화됨으로써 다른 유지류의 산화를 방지하는 항산화 작용이 강한 비타민이다.

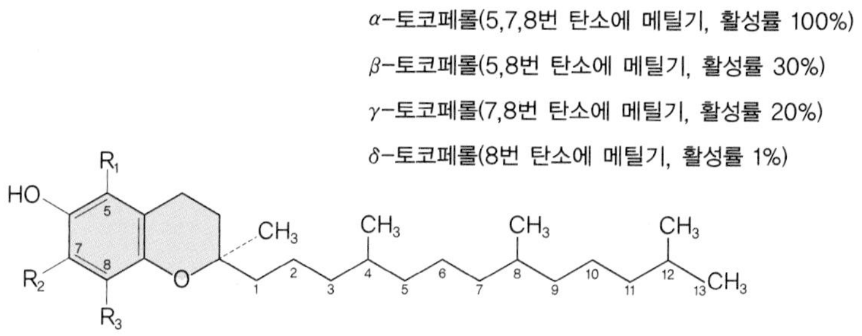

α-토코페롤(5,7,8번 탄소에 메틸기, 활성률 100%)
β-토코페롤(5,8번 탄소에 메틸기, 활성률 30%)
γ-토코페롤(7,8번 탄소에 메틸기, 활성률 20%)
δ-토코페롤(8번 탄소에 메틸기, 활성률 1%)

[그림 6-7] 비타민 E의 구조

1) 흡수와 대사

비타민 E의 소화 흡수 과정은 지질과 동일하여 지질과 함께 소장에서 흡수된 후 카일로미크론에 포함되어 림프계와 혈액을 통해 간으로 운반된다. 비타민 E의 흡수율은 30~50%이고 비타민 E의 섭취량이 많을수록 흡수율은 감소하고 담즙 분비와 췌장액 분비에 이상이 있는 경우에도 흡수율은 저해된다. 비타민 E는 주로 지방조직(90%)과 세포막(10%)에 저장되며 간, 폐, 심장, 뇌, 근육 등에도 소량 존재한다. 흡수되지 않은 비타민 E는 담즙의 형태로 대변으로 배설되며 소량은 소변으로 배설된다.

2) 생리적 기능

비타민 E의 주된 생리적 기능은 다른 물질의 산화를 막아주는 항산화 기능이다. 비타민 E는 다른 물질에 비해 쉽게 산화되는 성질이 있어 자신이 먼저 산화됨으로써 다른 물질에 산화적 손상을 가할 수 있는 활성 산소를 제거하여 산화를 막고 노화 및 암 발생을 억제한다. 특히 체내를 구성하는 세포막에는 산화되기 쉬운 불포화지방산이 많이 함유되어 있는데 비타민 E가 이러한 불포화지방산이 과산화되는 것을 막아주게 된다.

즉, 세포막 내에 유리라디칼이 형성되면 이는 연쇄반응을 통해 세포막 지질의 손상을 야기하는데 비타민 E가 유리라디칼과 결합하여 세포막을 손상시키는 연쇄반응을 차단하게 된다. 적혈구 세포막이 유리라디칼에 의해 산화적 손상을 받게 되면 세포막이 파괴되는 용혈성 빈혈이 나타나게 된다. 이를 방지하기 위해 세포막 방어의 최전방에서 비타민 E가 산화되어 적혈구 세포막의 산화적 손상을 막고 산화된 비타민 E는 비타민 C에 의해 다시 환원되며 산화된 비타민 C는 글루타티온에 의해 다시 환원되어 재사용된다. 이와 같이 비타민 E는 항산화 작용을 통해 세포막 불포화지방산의 과산화를 막고 노화와 암 발생을 억제하며 이 과정에 항산화 무기질인 셀레늄이 함께 역할을 하게 된다. 또한 T-림프구의 기능을 도와 면역력 증가에도 관여하게 된다.

비타민 E와 셀레늄의 항산화 기능

셀레늄은 비타민 E와 함께 항산화 기능을 지닌다. 세포막이 유리라디칼에 의해 산화적 손상을 받게 되면 셀레늄은 이미 생성된 지질 과산화물을 분해하는 역할을 하고 비타민 E는 자신이 산화되어 유리라디칼의 활성을 억제시킴으로써 세포막을 산화적 손상으로부터 보호하게 된다. 따라서 세포 내 셀레늄이 충분하면 비타민 E가 절약된다.

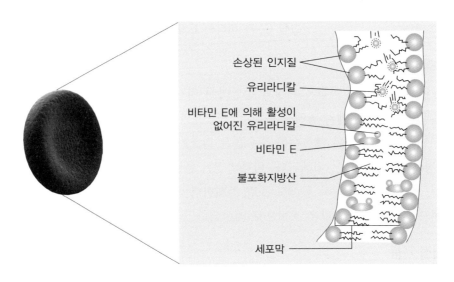

[그림 6-8] **비타민 E의 세포막 보호 효과**

3) 영양소 섭취기준

비타민 E의 생리활성이 가장 큰 형태는 α-토코페롤이므로 비타민 E의 섭취 단위는 α-TE(tocopherol equivalents)로 표현하며 1α-TE는 1mg α-tocopherol과 같다. 비타민 E의 필요량은 불포화지방산의 섭취량에 따라 달라질 수 있다. 성인 남녀의 1일 비타민 E 충분섭취량은 12mg α-TE/일이고 상한 섭취량은 540mg α-TE/일로 정했다.

4) 결핍증과 과잉증

보통 비타민 E의 결핍증이 많이 나타나지는 않으나 미숙아의 경우 저장량 부족에 의한 비타민 E 결핍증으로 용혈성 빈혈이 나타날 수 있다. 용혈성 빈혈은 적혈구 세포막이 산화적 손상을 받아 쉽게 파괴됨으로써 그 내용물이 흘러나오는 것이다.

비타민 E의 독성은 다른 지용성 비타민에 비해 낮은 것으로 알려져 있다. 비타민 E는 식품에 의한 과잉 섭취는 거의 일어나지 않으나 보충제를 과잉 섭취하게 될 경우, 혈중 중성지방 증가, 갑상선 호르몬 저하, 위장질환(심한 설사와 구토), 두통, 피로감 및 비타민 K의 흡수 방해를 유발하여 출혈을 초래할 수 있다.

5) 급원식품

비타민 E는 해바라기씨유, 홍화씨유, 카놀라유와 같은 불포화지방산이 다량 함유된 식물성 기름과 씨눈에 함유되어 있다. 전곡류, 견과류, 종실유, 콩류, 진한 녹색 잎채소 등에도 함유되어 있으며 육류, 가금류, 생선, 등에도 소량 포함되어 있다.

표 6-6  비타민 E의 주요 급원식품 및 함량

식품명	함량(mg α-TE/100g)	식품명	함량(mg α-TE/100g)
고춧가루	27.6	마요네즈	10.2
배추김치	0.8	돼지고기(살코기)	0.4
콩기름	9.6	고추장	2.6
달걀	1.3	과일음료	0.6
과자	4.1	백미	0.1

(4) 비타민 K(phylloquinone)

비타민 K는 혈액응고에 관여하는 비타민으로 응고를 뜻하는 Koagulation의 첫 글자를 따서 비타민 K라고 명명하였다. 비타민 K의 종류는 식물성 급원의 비타민 K_1(필로퀴논), 동물성 급원의 비타민 K_2(메나퀴논), 인공적으로 합성 가능한 비타민 K_3(메나디온)으로 분류할 수 있다. 이중 식물성 급원인 필로퀴논의 활성이 가장 높고, 동물성 급원의 메나퀴논은 사람의 장내 박테리아에 의해 합성이 가능하며 메나디온은 필로퀴논 및 메나퀴논과 달리 수용성을 띠는 특징이 있다.

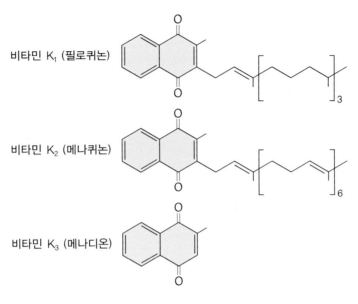

비타민 K₁ (필로퀴논)

비타민 K₂ (메나퀴논)

비타민 K₃ (메나디온)

[그림 6-9] 비타민 K의 구조

1) 흡수와 대사

식사로 섭취한 비타민 K는 지질과 함께 소장에서 흡수된 후 카일로미크론에 포함되어 림프계와 혈관을 통해 간으로 이동된다. 간은 비타민 K의 주된 저장소이나 대사율이 빠르고 간에서 비타민 K는 초저밀도 지단백(VLDL)에 포함되어 혈액을 통해 여러 조직으로 운반된다. 비타민 K는 주로 담즙의 형태로 대변을 통해 배설되고 일부는 소변으로 배설된다.

2) 생리 기능

① 혈액 응고(프로트롬빈 활성화)

출혈 발생 후 지혈이 되기 위해서는 다양한 혈액응고 인자가 필요하다. 일부 혈액 응고 인자는 불활성 형태로 합성된 후 활성형으로 전환되는데 비타민 K는 혈액 응고에 관여하는 프로트롬빈 활성화에 반드시 필요하다. 간에서 합성된 불활성형의 프로트롬빈은 비타민 K에 의해 활성형 프로트롬빈으로 전환되어 혈액으로 방출되고 활성형 프로트롬빈은 트롬보플라스틴과 칼슘에 의해 트롬빈으로 전환된다. 트롬빈은 불활성형의 피브리노겐을 피브린으로 활성화시킴으로써 혈액 응고가 진행된다.

② 뼈 대사에 관여(오스테오칼신 합성)

비타민 K는 골격형성에 관여하는 뼈 단백질인 오스테오칼신 합성을 통해 뼈 대사에 관여한다.

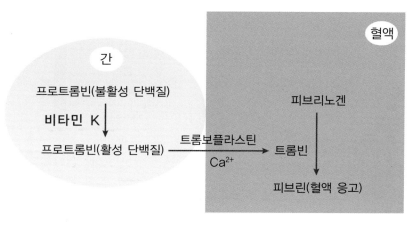

[그림 6-10] **혈액 응고 기전과 비타민 K의 역할**

3) 영양소 섭취기준

비타민 K의 1일 충분섭취량은 성인 남자 $75\mu g$, 성인 여자 $65\mu g$이다.

4) 결핍증과 과잉증

비타민 K는 식품에 다량 함유되어 있고 장내 세균에 의해 합성되므로 건강한 사람에게서는 결핍증이 거의 나타나지 않으나 담즙 생성이 불가능한 경우, 지방 흡수 불량, 비타민 K의 대사를 방해하는 약물이나 항생제를 장기 복용하는 경우 결핍증이 나타날 수 있다. 비타민 K가 결핍되면 혈액응고 인자 합성이 정상적으로 이루어지지 않아 혈액응고 시간이 지연되거나 출혈이 나타날 수 있다. 신생아의 경우 출생 시 장은 무균 상태이므로 장내 세균에 의한 비타민 K 합성이 어려워 신생아 출혈이 일어날 수 있어 주사로 비타민 K를 공급하기도 한다.

식품 섭취를 통한 비타민 K의 과잉증은 나타나지 않으나 인공 합성형인 메나디온의 과량 섭취 시 독성으로 용혈성 빈혈, 황달, 뇌손상 등이 나타날 수 있다.

5) 급원식품

식사로 섭취하는 비타민 K는 대부분 식물성 급원인 필로퀴논 형태로 급원식품은 순무, 시금치, 콜리플라워, 양배추 등에 풍부하다. 간 등의 동물성 식품에도 메나퀴논의 형태로 함유되어 있으나 주요 급원으로 사용되지는 못한다.

표 6-7 비타민 K의 주요 급원식품 및 함량

식품명	함량(μg/100g)	식품명	함량(μg/100g)
배추김치	75	상추	209
시금치	450	건미역	1,543
들깻잎	787	채소음료	158
무시래기	461	파	88

표 6-8 지용성 비타민의 요약

비타민	종류	체내역할	결핍증	과잉증	급원식품
비타민 A (레티놀)	• 레티놀 • 카로티노이드	• 시각기능 유지 　(암적응 현상) • 세포분화 및 상피조 　직 유지 • 항산화 및 항암작용 • 치아와 골격의 정상 　적인 성장 발육 • 면역기능 증진	• 야맹증 • 결막건조증 • 비토반점 • 각막연화증 • 상피세포의 　각질화 • 식욕부진 • 골격과 치아 　발달 손상 • 면역력저하	• 오심 • 두통 • 현기증 • 무력감 • 간과 비장의 비대 • 피부건조 및 가려움증 • 기형아 출산 및 사산 • 베타-카로틴혈증	• 간, 생선간유, 　우유 및 유제품, 　버터, 달걀 등 • 깻잎, 당근, 호박, 　귤, 풋고추, 시금치, 　무청, 감, 토마토 　등
비타민 D (칼시페롤, 활성형: 칼시트리올)	• 에르고칼시페롤 　(식물성, 비타민 　D₂) • 콜레칼시페롤 　(동물성, 비타민 　D₃)	• 혈청 칼슘의 항상성 　유지 • 골격형성	• 구루병 • 골연화증 • 골다공증 • 근육경련	• 고칼슘혈증 • 결석 • 탈모 • 체중감소 • 설사 • 메스꺼움 • 식욕부진 등	• 대구간유, 간, 　난황, 고등어, 　꽁치, 장어, 버섯, 　효모, 비타민 D 　강화우유 등
비타민 E (토코페롤)	• 토코페롤 • 토코트리에놀	• 항산화 작용 • 항노화 기능 • 항암 기능 • 면역력증진 • 동물의 생식에 관여	• 적혈구 파괴 • 용혈성 빈혈	• 흔하지 않음(식품) • 혈중 중성지방 증가, 　갑상선 호르몬 저하, 　위장질환, 두통, 피로 　감, 비타민 K의 흡수 　방해(보충제 과잉 복용)	• 식물성 기름 • 해바라기씨유, 　홍화씨유, 카놀라 　유, 전곡류, 견과 　류, 종실유, 콩류, 　진한 녹색 잎채소 　등
비타민 K (필로퀴논)	• 필로퀴논(식물성, 　비타민 K₁) • 메나퀴논(동물성, 　비타민 K₂) • 메나디온(합성형, 　비타민 K₃)	• 혈액응고 　(프로트롬빈 활성화) • 뼈 대사에 관여 　(오스테오칼신 합성)	• 혈액응고 　시간 지연 • 신생아 출혈	• 흔하지 않음(식품) • 용혈성 빈혈, 황달, 뇌 　손상 등(메나디온 과 　잉 섭취)	• 순무, 시금치, 콜 　리플라워, 양배추, 　간 등

3. 수용성 비타민

수용성 비타민은 체내 저장량이 많지 않고 소변으로 잘 배출되는 성질이 있으므로 식사를 통해 자주 공급하지 않으면 쉽게 결핍증이 나타난다. 비타민 B군은 몇 가지 화합물이 합쳐진 형태로 명칭을 B군이라 하고 각각 구별하기 위해 B자에 번호를 붙여 구별하고 표준명을 사용하고 있다. 체내에서 수용성 비타민은 여러 가지 효소작용을 촉매하는 조효소(coenzyme)로 작용하여[표 6-9] 생체 내 대사반응의 조절기능에 기여한다[그림 6-11]. 그 종류로는 비타민 B_1(thiamin), 비타민 B_2(riboflavin), 비타민 B_6(pyridoxine), 니아신(niacin), 비오틴(biotin) 및 판토텐산(pantothenic acid) 등이 있다. 엽산(folate)과 비타민 B_{12}(cyanocobalamin)는 DNA와 RNA 등 핵산물질 합성, 세포 증식, 적혈구 생성 등에 필요한 비타민이다. 비타민 C는 보조효소의 형태로 체내 대사에 관여하지는 않으나 산화·환원 반응을 통해 항산화작용 및 다양한 대사에서 중요한 역할을 한다. 수용성비타민은 식품의 수용성 성분에 주로 함유되어 있으며 식품가공과 조리과정 중 다량의 손실될 수 있어 세척 및 조리방법에 주의가 필요하다.

표 6-9  비타민 B군의 조효소형

비타민 B군	조효소형
비타민 B_1(thiamin)	티아민 피로포스페이트(thiamin pyrophosphate, TPP)
비타민 B_2(riboflavin)	플라빈 모노뉴클레오티드(flavin mononucleotide, FMN) 플라빈 아데닌 디뉴클레오티드(flavin adenine dinucleotide, FAD)
니아신 (niacin, nicotinic acid)	니코틴아미드 아데닌 디뉴클레오티드(nicotinamide adenine dinucleotide, NAD) 니코틴아미드 아데닌 디뉴클레오티드 인산(nicotinamide adenine dinucleotide phosphate, NADP)
판토텐산 (pantotheic acid)	코엔자임 A(coenzyme A) ACP
비오틴(biotin)	비오시틴(biocytin)
비타민 B_6(pyridoxine)	피리독살 인산(pyridoxal phosphate, PLP) 피리독사민 인산(pyridoxamine phosphate, PMP)
엽산(folic acid)	테트라 하이드로 엽산(tetrahydrofolic acid, THF)
비타민 B_{12}(vitamin B_{12})	메틸코발라민(methylcobalamin) 5'-데옥시아데녹시코발라민(5-deoxyadenosycobalamin)

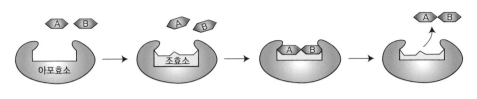

| 조효소가 없이는 화합물 A와 B는 효소에 반응하지 못한다. | 조효소가 제자리에 있을 때 화합물 A와 B는 효소의 결합부위로 끌린다. | 그러면 반응은 순간적으로 진행된다. 조효소는 전자, 원자, 또는 원자단을 주거나 받는다. | 반응은 새로운 화합물, AB의 형성과 함께 완료된다. |

[그림 6-11] **조효소(coenzyme)의 작용**

(1) 티아민(thiamin, 비타민 B$_1$)

티아민은 유황을 의미하는 'thio'와 질소를 의미하는 'amine'으로부터 유래되어 티오-비타민(thio-vitamin) 또는 티아민(thiamin)이라 불린다. 티아민은 피리미딘(pyrimidine)고리와 티아졸(thiazole) 고리가 메틸렌 다리(methylene bridge)에 의해 연결되어 있으며 티아민과 체내 활성형으로 조효소로서 생리적인 기능을 담당하는 티아민피로인산(thiamin pyrophosphate, TPP)의 화학구조는 [그림 6-12]와 같다.

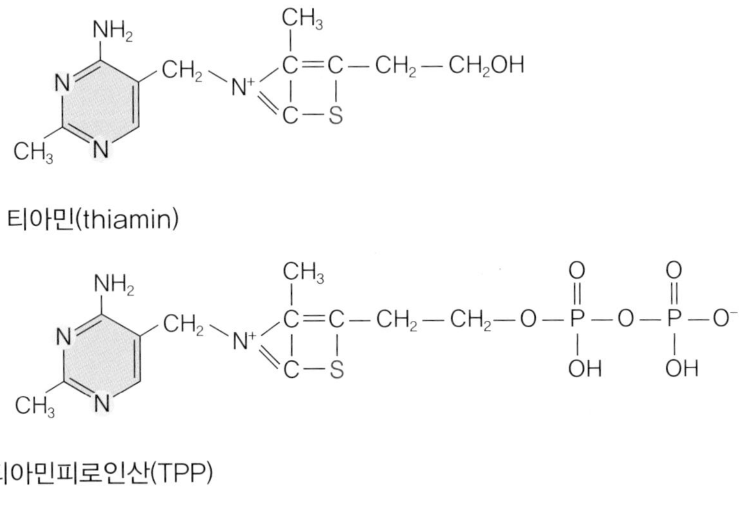

티아민(thiamin)

티아민피로인산(TPP)

[그림 6-12] **티아민과 TPP의 구조**

1) 흡수와 대사

티아민은 섭취된 후 주로 공장(jejunum)에서 흡수되며 농도에 따라 두 가지 기전에 의해 흡수가 이루어진다. 낮은 농도(2umol/L 이하)에서는 능동적 수송에 의해 흡수되고, 티아민의 농도가 높을 때(2umol/L 이상)는 수동적 확산에 의해서 일부만 흡수된다. 체내에 존재하는 총 티아민의 80%는 티아민 피로인산(thiamin pyrophosphate, TPP) 형태이며, 10%는 티아민 3인산(thiamin triphosphate, TTP)형태이고, 나머지는 티아민 1인산(thiamin monophosphate, TMP)과 유리형 티아민 형태로 존재한다. 티아민의 농도가 높은 경우 일부만이 흡수되어 혈중 농도를 상승시키고 티아민과 티아민 대사물은 소변으로 빠르게 배설된다. 체내에 저장할 수 있는 티아민의 양은 소량(약 25~30mg)이다.

2) 생리적 기능

① 에너지 대사(탈탄산 반응의 조효소 기능)

티아민은 TPP의 형태로서 산화적 탈탄산화 반응(oxidative decarboxylation)에서 조효소로 작용한다. 에너지 대사에 관여하여 탄수화물, 지질, 단백질로부터의 에너지 생성반응에 필수적이다. 가장 중요한 기능은 탄수화물 대사에서 피루브산(pyruvate)이 아세틸-CoA(acetyl-CoA)로 전환되는 반응과 TCA회로에서 α-케토글루타르산(α-ketoglutarate)이 숙시닐 CoA (succinyl CoA)로 전환될 때 관여한다[그림 6-13]. 티아민이 부족하면 피루브산이 산화되지 못해 조직 내 젖산이 축적된다.

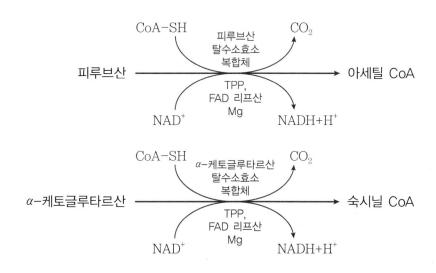

[그림 6-13] **TPP가 관여하는 에너지 대사과정**

② 오탄당 인산경로

DNA와 RNA의 구성성분인 리보오스, 디옥시리보오스와 지방산의 필수적인 NADPH를 생성하는 효소반응을 제공하는 당질 대사의 다른 경로인 오탄당 인산경로(hexose monophosphate shunt, HMP경로)에서 TPP의 형태로 케톨기 전이효소(transketolase)의 조효소로서 작용한다.

③ 신경전달물질 합성

티아민은 TPP의 형태로 신경세포 사이에서 신경자극을 전달하는 화학물질인 아세틸콜린(acetylcholine)과 세로토닌(serotonin)의 합성과정에 필요하다. 아세틸콜린은 부교감신경에서 분비되는 신경자극전달 물질로 혈압 강하, 심장박동 억제, 장관 수축 및 골격근 수축 등의 생리적인 작용을 나타내고, 세로토닌은 뇌에 작용하여 감정, 수면, 행동을 조정한다.

3) 영양소 섭취기준

2020 한국인 영양소 섭취기준에서 티아민의 섭취기준은 평균필요량이 하향 조정된 6~8세 남자, 남자 12~14세, 여자 9~11세, 여자 15~18세 중 여자 15~18세 권장섭취량만 2015년 대비 0.1mg/일 낮아진 1.1mg/일로 산출되었고, 노인의 티아민 평균필요량은 성인에 비하여 체중이 적으므로, 남자 노인 0.9mg/일, 여자 노인 0.7~0.8mg/일로 성인의 평균필요량과 동일하게 설정되었던 2015년에 비하여 낮게 산출되었다.

4) 결핍증

티아민의 결핍증은 초기에 뚜렷한 증세를 보이지 않고 진행될 수 있기 때문에 간과되기 쉽다. 티아민 결핍의 임상 증세는 식욕부진, 체중감소, 무감각(apathy), 단기 기억력 감소, 혼란 등의 정신적 증세와 과민성(irritability), 근육 무력증, 심장비대 등의 심혈관계 증세를 수반하며, 심한 결핍 시에는 신경계 및 심혈관계 장애를 나타내는 각기병(beriberi)을 유발한다. 각기병은 습성과 건성으로 구분되며, 습성 각기병(wet beriberi)의 경우 사지에 부종 현상이 나타나고 보행이 어려우며 울혈성 심부전과 유사한 증세를 보인다. 건성 각기병(dry beriberi)에서는 말초신경계의 마비로 인해 감각, 운동기능에 장애가 나타나며 체조직이 점차적인 손실로 근육 소모증(muscle wasting)이 뚜렷하게 나타난다.

 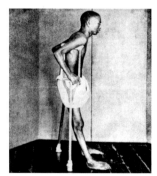

습성각기   건성각기

[그림 6-14] 티아민의 결핍증상

심각한 티아민 결핍증은 주로 과다한 알코올 섭취자에게서 나타나는데 이를 베르니케-코르사코프(Wernike-Korsakoff) 증후군이라고 한다. 기억력 감소, 근육운동 실조, 시각 이상, 정신 이상 등의 증세를 나타내며 알코올 섭취가 식품 섭취를 제한할 수 있고, 또는 직접적으로 티아민의 흡수와 체내대사 장애를 초래하기 때문이다. 영아의 각기병은 티아민 결핍증을 가진 어머니에게 수유를 받은 모유 영양아에게서 나타날 수 있다.

5) 급원식품

티아민은 다양한 식품에 널리 분포되어 있다. 특히 해바라기씨와 돼지고기, 콩류 등은 티아민 함량이 높으며, 전곡류, 땅콩, 부추, 밤 등도 좋은 급원식품이다. 하루에 필요한 티아민 섭취기준을 충족하기 위해 식품 100g에 포함된 티아민 함량과 1인 1회 분량은 [표 6-10, 6-11]에 나타내었다.

표 6-10 티아민의 주요 급원식품 및 함량

식품명	함량(mg/100g)	식품명	함량(mg/100g)
돼지고기(살코기)	0.66	달걀	0.08
백미	0.08	시금치	0.16
현미	0.26	닭고기	0.20
햄/소시지/베이컨	0.49	시리얼	1.85
된장	0.59	보리	0.23

표 6-11 티아민의 권장섭취량* 및 섭취방법

급원식품	1회 분량(g)	함량(mg/1회 분량)	권장 섭취횟수(회/일)
돼지고기(살코기)	60	0.40	3.0
시리얼	30	0.55	2.4
현미	90	0.24	5.0
햄/소시지/베이컨	30	0.15	8.0
백미	90	0.07	17.1
달걀	60	0.05	24
시금치	70	0.11	10.9
닭고기	60	0.12	10.0
된장	10	0.06	20
보리	90	0.21	5.7

* 19세 이상 성인 남자의 권장섭취량 1.2mg/일을 충족할 수 있는 각 급원식품의 섭취횟수

(2) 리보플라빈(riboflavin, 비타민 B$_2$)

리보플라빈은 노란색의 수용성 비타민으로, 세 개의 육각 고리가 연결되어 이루어진 분자로 중간 고리에 리비톨(ribitol)이 결합되어 있다. 리보플라빈의 생리적 활성형은 플라빈 아데닌 디뉴클레오티드(flavin adenine dinucleotide, FAD)와 플라빈 모노뉴클레오티드(flavin mononucleotide, FMN)이며, 각각 FMNH$_2$와 FADH$_2$로 쉽게 산화·환원되면서 에너지대사를 포함한 여러 가지 대사에 조효소로 관여한다. 수용성 비타민이지만 물에 잘 녹지 않고 산과 열에 안정하지만, 알칼리와 자외선에는 쉽게 파괴된다.

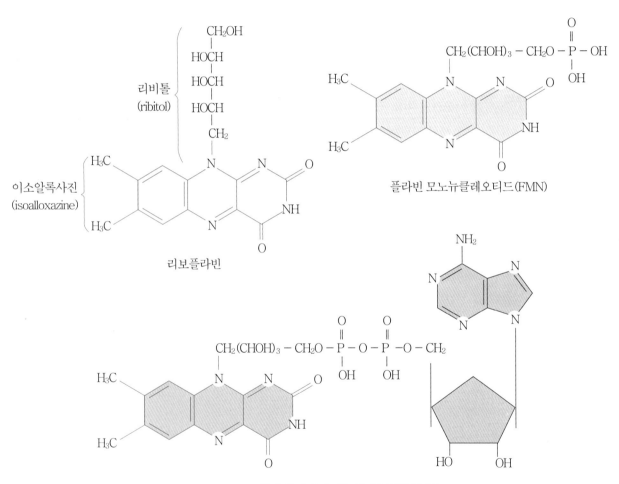

[그림 6-15] 리보플라빈, FMN, FAD의 구조

1) 흡수와 대사

리보플라빈의 영양필요량에 영향을 주는 요인으로는 리보플라빈의 흡수이용률, 다른 영양소나 성분들과의 상호작용 등이 있다. 리보플라빈의 생체이용률은 매우 높은 편으로, 한 번의 식사에서 약 27mg까지 흡수될 수 있어 식품 중 플라빈의 생체이용률은 약 95%에 달한다.

리보플라빈은 유리 형태인 리보플라빈이나 FMN과 FAD의 형태로 존재하고 이 세 가지 형태 모두 체내에서 이용될 수 있다. 식품 속에 함유된 리보플라빈은 대부분 단백질과 결합된 FAD와 FMN의 형태로 위장에서 위산에 의해 단백질과의 결합이 끊어진 후 각각 소장 상부 장점막 세포에서 피로포스파타아제(pyrophosphatase)와 탈인산화효소(phosphatase)의 비특이적 작용에 의해 유리 플라빈으로 전환되어 흡수된다. 간, 신장, 심장에 비교적 많은 양을 저장하고 있으며 과잉으로 섭취된 리보플라빈 대부분은 소변으로 단시간에 배설된다.

2) 생리적 기능

① 에너지 대사의 산화, 환원반응

리보플라빈의 두 가지 조효소 형태인 FAD와 FMN은 전자를 쉽게 얻거나 잃을 수 있는 형태로 체내에서 일어나는 여러 가지 산화, 환원 반응에 관여한다.

리보플라빈은 포도당, 지방산, 아미노산으로 부터 에너지 합성에 매우 중요한 역할을 수행한다. FAD는 피루브산이 아세틸 CoA로 산화될 때, 지방산의 β-산화과정과 아미노산의 탈아미노 반응에서 조효소로 작용한다. 특히 TCA회로 중에서 TCA회로에서 숙신산(succinate)이 푸마르산(fumarate)으로 전환하는 과정은 리보플라빈의 전자전달과정에서 수소운반체로 관여하는 대표적인 반응이다. 이밖에 글리코겐과 케톤체 합성을 위해서도 반드시 필요하다.

$$\text{숙신산} \xrightarrow[\text{숙신산 탈수소 효소}]{\text{FAD} \quad \text{FADH}_2} \text{푸마르산}$$

② 항산화 반응

리보플라빈은 항산화효소인 글루타티온 환원효소(glutathione reductase)의 조효소로 작용하여 글루타티온을 환원상태로 유지함으로써 항산화 기능을 수행할 수 있도록 돕는다고 알려져 있다[그림 6-16].

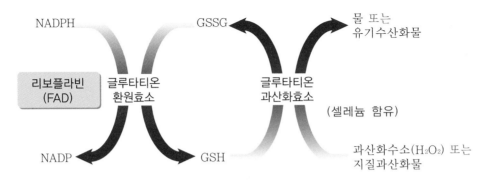

[그림 6-16] 글루타티온 환원효소의 조효소인 리보플라빈

③ 니아신의 합성

FAD는 트립토판을 니아신으로 전환시키고(FAD 의존성 키뉴레닌 수산화효소), 비타민 B_6를 생합성하며(FMN 의존성 산화효소), 활성형 엽산5-MTHF(5-methyl tetrahydrofolate)를 생합성(FAD 의존성 탈수소효소)하는데도 반드시 필요하다[그림 6-17]. 이러한 기능과 관련하여 리보플라빈의 결핍은 엽산에 의한 호모시스테인의 메틸화 저해로 혈중 호모시스테인 수준을 상승시키고 심혈관계질환의 원인으로 작용할 수 있다. 비타민 B_6와 엽산은 DNA 합성에 필요한 비타민이므로 리보플라빈은 세포 분열과 성장에 간접적으로 영향을 미치게 된다.

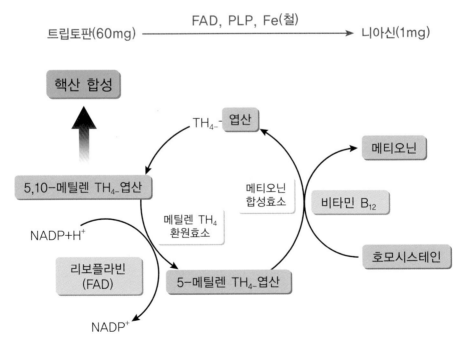

[그림 6-17] 엽산 및 핵산 대사에서 리보플라빈의 역할

3) 영양소 섭취기준

2020 한국인 영양소 섭취기준에서 리보플라빈 평균섭취량은 성인 남자 1.3mg/일, 성인 여자 1.0mg/일로 설정하였다. 권장섭취량은 성인 남자 1.5mg/일, 성인 여자 1.2mg/일로 정하여 권장하고 있다. 다만 노인의 리보플라빈 평균필요량은 에너지 대사를 감안한 체중 비율을 적용하여 65~74세 남녀 노인에서 각각 1.2mg/일과 0.9mg/일, 75세 이상 남녀 노인에서 각각 1.1mg/일과 0.8mg/일로 성인의 평균필요량과 동일한 값으로 설정된 2015 한국인 영양소 섭취수준보다 감소되었다.

4) 결핍증

리보플라빈 부족으로 인한 결핍증은 매우 광범위하게 나타난다. 특히 구각염, 구순염, 설염 등 입과 혀의 염증이 대표적이며 코 및 귀 등에 기름기가 있는 피부질환인 지루성 피부염, 광선에 눈이 부시는 증세 및 빈혈 등이 나타난다. 또한, 리보플라빈이 결핍될 경우 특히 지방산의 베타 산화가 감소되고, 이로 인해 지방간이나 체내 지방산 조성의 변화가 야기될 수 있다.

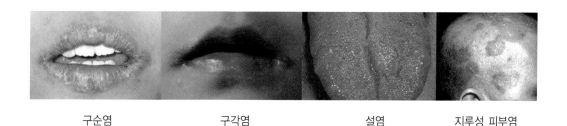

구순염   구각염   설염   지루성 피부염

[그림 6-18] 리보플라빈 결핍증상

5) 급원식품

리보플라빈의 급원식품으로는 육류, 닭고기, 생선과 같은 동물성 식품과 유제품이 있으며, 이 외에 두류, 녹색채소류, 곡류, 난류 등도 급원으로 이용되고 있다. 섭취 급원별 비율의 경우 동물성 식품에서는 육류, 난류, 우유류 순이었고, 식물성 식품에서는 채소류, 곡류, 양념류 순으로 나타났다. 리보플라빈 섭취량에 대한 주요 기여식품으로는 달걀, 우유, 돼지고기, 라면, 김과 닭고기 등이 있었다. 하루에 필요한 리보플라빈 섭취기준을 충족하기 위해서는 식품 100g에 포함된 리보플라빈 함량[표 6-12]과 1인 1회 분량[표 6-13]을 참고로 하여 성별, 연령별로 필요한 리보플라빈이 충족될 수 있는 식사를 계획해야 한다.

표 6-12 리보플라빈의 주요 급원식품 및 함량

식품명	함량(mg/100g)	식품명	함량(mg/100g)
달걀	0.47	깨	2.93
우유	0.16	시금치	0.24
닭고기	0.21	소고기(살코기)	0.15
소부산물(간)	3.43	돼지부산물(간)	2.20
두부	0.18	대두	0.70
돼지고기(살코기)	0.09	김	1.34

표 6-13 리보플라빈의 권장섭취량* 및 섭취방법

급원식품	1회 분량(g)	함량(mg/1회 분량)	권장 섭취횟수(회/일)
소부산물(간)	45	1.54	1
돼지부산물(간)	45	0.99	1.5
김	2	0.03	27
대두	20	0.14	10.7
달걀	60	0.28	5.3
돼지고기(살코기)	60	0.06	1.7
닭고기	60	0.13	11.5
소고기(살코기)	60	0.09	16
깨	5	0.15	10
우유	200	0.32	4.6
두부	80	0.14	10.7
백미	90	0.02	75

* 19세 이상 성인 남자의 권장섭취량 1.5mg/일을 충족할 수 있는 각 급원식품의 섭취횟수

(3) 니아신(niacin)

니아신은 피리딘 고리에 아미드기(-CONH$_2$)가 부착되어 있는 니코틴아미드(nicotinic acid amide)와 피리미딘(pyrimidine) 고리에 카르복실기(-COOH)를 가지고 있는 니코틴산(nicotinic acid, pyridine-3-carboxylic acid) 화합물을 총칭한다. 니아신의 조효소 형태인 니코틴아미드 아데닌 디뉴클레오티드(nicotinamide adenine dinucleotide, NAD) 및 니코틴아미드 아데닌 디뉴클레오티드 인산(nicotinamide adenine dinucleotide phosphate, NADP)은 체내에서 산화·환원 반응에 관여한다.

1) 흡수와 대사

니아신은 식품에 대부분 니코틴산과 니코틴아미드 형태로 들어 있으며 위와 소장에서 빠른 속도로 흡수된다. 소량의 니아신을 섭취할 때는 촉진확산(facilitated diffusion)에 의해 흡수되는 반면, 다량의 니아신은 주로 수동적 확산(passive diffusion)에 의해 흡수된다. 일부 식품에 포함된 NAD는 소장과 간에서 가수분해되어 니코틴아미드로 전환된 후 혈액을 통해 각 조직으로 운반된다. 제한된 양만 신장, 간, 뇌에 저장되고 여분은 소변으로 배설된다. 곡류의 니아신은 대부분 단백질과 결합되어 있어 흡수율이 30% 정도로 낮지만 육류의 경우 NAD 및 NADP 형태로 존재하고 있어 체내이용률(bioavailability)이 높다. 간(liver) 및 두류의 니아신은 유리형으로 존재하고 있고, 식품 강화 또는 첨가에 사용하는 니아신도 유리형이므로 체내이용률이 높다.

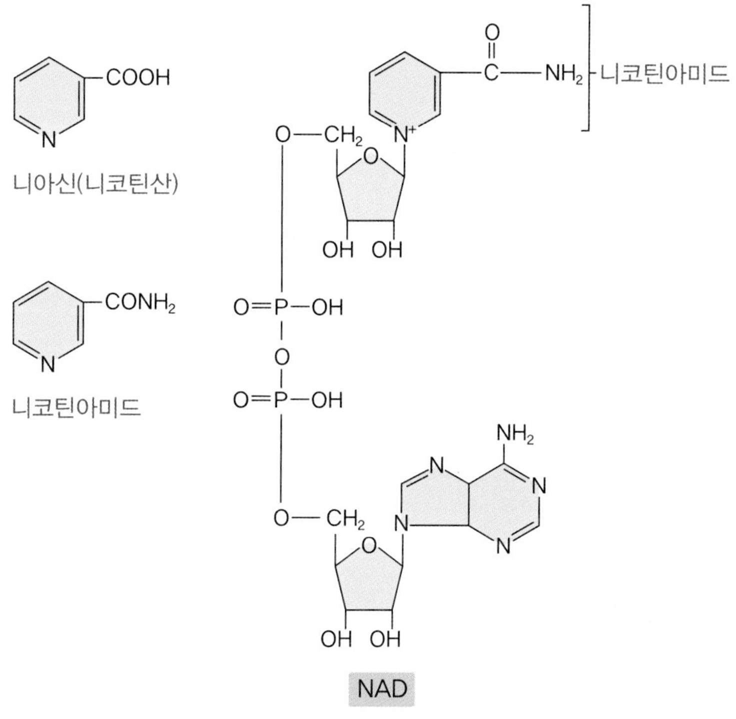

니아신(니코틴산)

니코틴아미드

NAD

니코틴아미드

[그림 6-19] **니아신과 NAD의 구조**

체내에서 트립토판 60mg이 니아신 1mg으로 전환되어 생성된다. 이 과정에서 비타민 B_6의 조효소인 피리독살 5-인산(pyridoxal 5'-phosphate, PLP), 리보플라빈의 조효소인 플라빈 아데닌 디뉴클레오티드(flavin-adenine dinucleotide, FAD) 및 철은 트립토판이 니아신으로 전환되는 반응에 관여한다.

2) 생리적 기능

① 탈수소 효소의 조효소

니아신은 일단 조직세포 내로 이동되면 조효소인 NADH)와 NADPH)로 전환되어 체내의 산화·환원 반응에서 전자운반체로 작용한다. 세포에서 NAD는 산화된 형태(NAD$^+$)로 NADP 는 주로 환원된 형태(NADPH)로 존재하며 구조는 비슷하고 같은 방식으로 반응하지만 세포 내 역할을 매우 다르다. NAD는 수소수용체로 작용하여 NADH를 형성하고 전자전달계로 수소를 이동시키는 수소 공여체로서 작용한다. 즉, NAD는 포도당 대사과정인 해당작용, 피루브산의 산화적 탈탄산화 반응, TCA 회로, 지방산의 β-산화, 알코올의 산화과정 등에 참여하여 NADH로 환원되고 전자전달계로 운반되어 ATP를 형성한다. 반면에 NADP는 환원된 NADPH를 형성하여 생체 내 생합성 과정에 환원력을 제공하여 오탄당 인산대사와 피루브산-말산 셔틀(pyruvate-malate shuttle)에 작용하여 NADPH를 만들고 이는 지방산 생합성, 스테로이드 생합성, 글루탐산 생합성 및 디옥시리보핵산(deoxyribonucleotide) 생합 성 등에 이용된다.

② ADP-리보실화

NAD는 비산화·환원반응인 ADP-ribose 전이반응에 관여함으로써 DNA 복제와 복구 및 세포분화에 관여하고, cyclic ADP-ribose 생성반응에 작용함으로써 세포 내에 저장된 칼슘의 이동에 참여한다.

3) 영양소 섭취기준

니아신의 섭취량은 식품에 들어 있는 니아신과 트립토판으로부터 전환된 니아신을 포함 한다. 약 1mg의 니아신은 60mg의 트립토판으로부터 합성된다. 식품에 함유된 니아신과 트립토판의 양을 합하여 니아신 당량(Niacin Equivalent, NE)이라는 측정단위를 사용한다. 2020년 한국인 영양소섭취기준에서 니아신의 성인 남성 평균필요량은 12mg NE, 여성은 11mg NE로 설정하였다. 권장섭취량은 필요량에 대한 변이계수를 15%로 간주하여, 성인 남성은 16mg NE, 성인 여성은 14mg NE로 설정하였다. 노인기 남성의 니아신 평균필요 량은 65~74세 11mg NE/일, 75세 이상 10mg NE/일, 노인기 여성의 니아신 평균필요량 은 65~74세 10mg NE/일, 75세 이상 9mg NE/일로 설정하였고 이는 2015년 노인기 남 녀의 니아신 평균필요량과 비교하였을 때 감소되었다.

유의사항으로는 식품 중 니코틴아미드가 강화된 과자, 시리얼, 우유, 발효 유제품, 두유 등의 경우, 강화된 니코틴아미드 섭취량에 대한 고려가 있어야 한다. 또한, 식품 중에 존재하는 니아신은 니코틴아미드 형태이므로 식사 섭취 조사를 통한 니코틴산 섭취량을 파악할 수 없으므로 니코틴산 약물복용 시 식품섭취와의 상호작용에 유의해야 한다.

니아신 당량(niacin equivalent, NE)
1NE = 1mg 니아신 = 60mg 트립토판

4) 결핍증

니아신이 결핍되면 초기에는 식욕감소, 체중손실, 허약증이 나타난다. 결핍이 심해지면 혀나 위 점막에 염증이 생기고 피로, 불면, 우울, 환각, 기억상실 등을 초래한다. 니아신 결핍이 심한 증상을 펠라그라 증상이라고도 한다. 펠라그라는 이탈리아어에서 유래되었으며 거칠고 고통스런 피부를 말하며, '4D 증상'이 특징으로 피부염(dermatitis), 소화관 장애(diarrhea)와 신경계 장애(dementia) 등을 나타내는데, 펠라그라를 치료하지 않으면 사망(death)에 이르게 된다. 현대 사회에서 펠라그라의 발생은 흔하지 않으나, 만성 알코올중독자, 트립토판 대사 장애를 가진 사람은 니아신이 결핍되기 쉽다. 니아신과 단백질 섭취가 부족한 지역인 인도, 아프리카, 중국 일부 지역에서 펠라그라가 발생하고 있다.

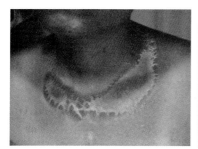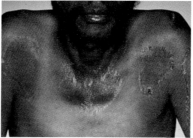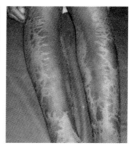

피부염이 신체의 좌우 대칭으로 나타나는 특징이 있음

[그림 6-20] 펠라그라로 인한 피부염 증상

식품으로부터 섭취한 니아신에 의한 유해한 효과는 보고된 바 없으나, 보충제 및 니아신이 강화된 식품 또는 약물로 섭취한 경우 신체에 유해한 효과를 나타낼 수 있다고 보고되었다. 니아신 중 니코틴산은 이상지질혈증의 치료 약물로 사용되는데 니코틴아미드를 3,000mg/일 이상 또는 니코틴산을 1,500mg/일 이상 복용하면 메스꺼움, 구토, 간 독성을 유발할 수 있다. 간 기능 장애나 당뇨병, 소화성궤양, 통풍, 심장부정맥, 알코올 중독 등의 병력이 있는 사람들은 니코틴산의 독성이 쉽게 나타날 수도 있다.

5) 급원식품

니아신의 급원식품으로는 육류, 유제품, 생선과 같은 동물성 식품과 곡류, 버섯, 커피나 차 등이 급원으로 이용되고 있다. 트립토판 함량이 높은 식품의 경우 니아신 함량이 과소평가될 수 있다. 2017년 국민건강영양조사의 식품섭취량 자료에서 니아신 주요 기여식품은 닭고기, 돼지고기, 백미, 소고기, 배추김치 순이었고 주요 급원식품 1인 1회 분량의 니아신 함량을 성인의 2020년 니아신 권장섭취량과 비교한 것으로, 1회 분량의 니아신 함량이 가장 높은 식품은 소고기(간)과 가다랑어, 닭고기로 각각 7.89mg, 6.60mg, 6.49mg이었다. 니아신은 열, 조리, 장기간 보존에 비교적 안정하다. 니아신 섭취와 관련된 다소비 식품을 중심으로 하루에 필요한 니아신 섭취기준을 충족하기 위해서 식품 100g에 포함된 니아신 함량[표 6-14]과 1인 1회 분량[표 6-15]을 제시하였다.

표 6-14 니아신의 주요 급원식품 및 함량

식품명	함량(mg/100g)	식품명	함량(mg/100g)
닭고기	10.82	소부산물(간)	17.53
돼지고기(살코기)	4.90	꽁치	9.80
백미	1.20	가다랑어	11.00
소고기(살코기)	2.38	우유	0.30
돼지부산물(간)	8.44	사과	0.39
햄/소시지/베이컨	5.16	새송이버섯	4.66
고등어	8.20	보리	2.02

표 6-15 니아신 권장섭취량* 및 섭취방법

급원식품	1회 분량(g)	함량(mg/1회 분량)	권장 섭취횟수(회/일)
소부산물(간)	45	7.89	2.0
가다랑어	60	6.60	2.4
닭고기	60	6.49	2.5
돼지고기(살코기)	60	2.94	5.4
보리	90	1.82	8.8
햄/소시지/베이컨	30	1.55	10.3
새송이버섯	30	1.40	11.4
백미	90	1.08	14.8
고등어	70	5.74	2.8
우유	200	0.60	26.6

* 19세 이상 성인 남자의 권장섭취량 16mg NE/일을 충족할 수 있는 각 급원식품의 섭취횟수

(4) 비타민 B$_6$(pyridoxine)

비타민 B$_6$는 활성을 갖는 피리독살(pyridoxal, PL, 알데하이드형), 피리독신(pyridoxine, PN, 일차알코올형), 피리독사민(pyridoaxamine, PM, 아민형)과 각각의 인산화형태인 피리독살인산 (pyridoxal 5' phosphate, PLP), 피리독신인산(pyridoxine 5' phosphate, PNP), 피리독사민인산 (pyridoaxamine 5' phosphate, PMP) 등 6종의 유도체로 구성되어 있으며 이 유도체들의 생물활성은 같으며 모두 인산화과정을 거쳐 활성형인 피리독살인산(pyridoxal 5' phosphate, PLP) 조효소 형태로 전환이 가능하다. 혈장의 PLP 수준은 간과 조직의 PLP 수준을 가장 잘 반영하는 것으로 보고되었다.

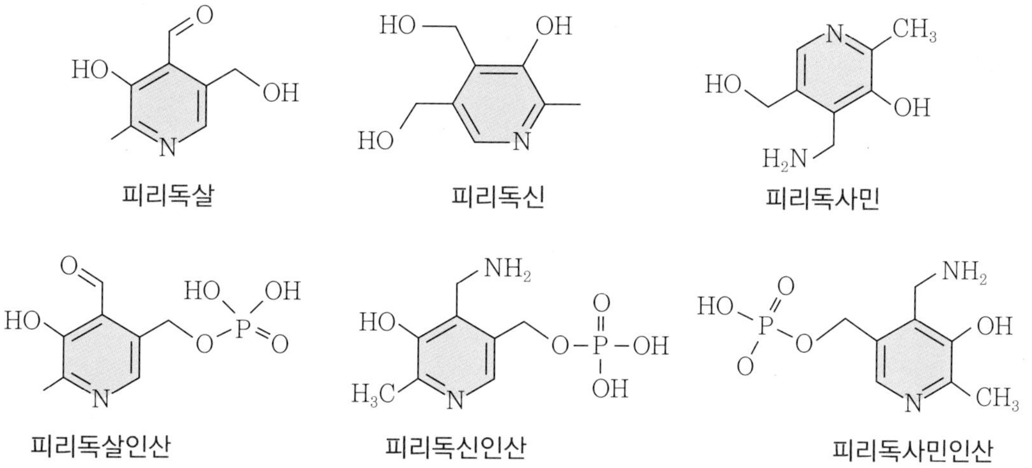

피리독살   피리독신   피리독사민

피리독살인산   피리독신인산   피리독사민인산

[그림 6-21] **비타민 B$_6$의 유도체**

1) 흡수와 대사

여러 가지 유도체로 흡수된 비타민 B$_6$는 공장에서 단순 확산에 의해 흡수된다. 비타민 B$_6$는 수용성 비타민이지만 인체 내에 상당량 저장되어 있다. 비타민 B$_6$는 혈장 단백질인 알부민과 결합하여 순환하며 비타민 B$_6$ 유도체 대부분은 간에서 피리독살인산(PLP)으로 전환된다. 비타민 B$_6$는 수용성 비타민이지만 인체 내 상당량 저장되어 있다. 체내 저장량의 80%가 근육 내 인산화효소와 결합하여 저장된다고 추정하고 있으며, 비타민 B$_6$ 유도체 대부분은 간에서 피리독살인산(PLP)으로 전환되며, 4-pyridoxic(4-PA)로 이화되어 소변으로 배설된다.

2) 생리적 기능

비타민 B$_6$는 주요 조효소 형태인 PLP의 형태로 100여 종의 아미노산 대사에 관여하는 효소의 조효소로 아미노기 전이 반응, 탈탄산 반응, 적혈구의 대사와 기능, 단일탄소 대사, 지질 및 탄수화물 대사와 면역계 및 신경전달물질 합성, 스테로이드호르몬 작용에 관여한다.

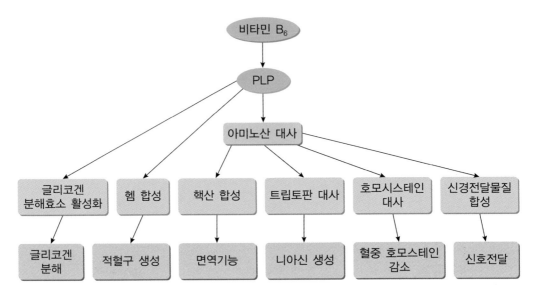

[그림 6-22] PLP가 조효소로서 참여하는 체내 대사반응

① 아미노산 대사

비타민 B_6는 PLP의 형태로 아미노기 전이 반응, 탈아미노 반응, 탈탄산 반응의 보조효소로서 관여한다. 아미노기 전이 반응에서 아미노산의 아미노그룹을 케토산으로 전달하는 역할을 하며 α-케토글루타르산, 또는 피루브산을 글루타메이트 또는 알라닌으로 전환하여 불필수아미노산을 합성하는데 작용한다. 탈아미노 반응은 아미노산의 탄소 골격을 이용하기 위해 아미노산에서 아미노기를 떼어내는 반응이다. 아미노산의 탈탄산 반응은 신체에서 요구되는 아민류와 같은 질소화합물을 만들기 위해 아미노산에서 카르복실기를 떼어내는 반응이다.

② 탄수화물 대사

PLP는 글리코겐이 분해되어 포도당으로 전환되는 과정에서 글리코겐 분해효소(glycogen phosphorylase)의 조효소로서 작용한다. 아미노기를 전이시키고 남은 아미노산의 탄소 골격으로 포도당을 생성하는 당신생 대사에 관여한다.

③ 지방 대사

필수지방산인 리놀레산(linoleic acid)이 아라키돈산(arachidonic acid)으로 전환되는 과정에

PLP가 관여하며, 신경계를 덮어 절연체 역할을 하는 미엘린을 합성하는 데 관여한다.

④ 헤모글로빈 및 백혈구 형성

적혈구에서 PLP는 아미노기전달 효소의 조효소로 작용한다. 간의 헴 합성 첫 번째 단계에 작용하는 효소(mitochondrial σ-aminolevulinate synthase)를 돕는 조효소로써 작용한다. PLP가 결핍될 경우 헤모글로빈 합성이 감소하면서 산소운반능력이 감소되는 소적혈구성(microcytic anemia) 및 저색소성 빈혈(hypochromic anemia) 증상이 나타난다고 보고되고 있다. 또한 비타민 B_6는 백혈구 형성을 도와 면역에 중요한 역할을 한다.

정상 적혈구   소적혈구성 · 저색소성 적혈구

[그림 6-23] 비타민 B_6의 결핍증상

⑤ 신경전달물질의 합성

탈탄산반응의 조효소로서 호르몬, 에피네프린, 세로토닌, 도파민 등의 신경전달물질 합성에도 관여하는데, 비타민 B_6가 결핍되면 탈탄산효소의 활성이 감소하고 비정상적인 트립토판 대사물이 축적되어 경련 및 뇌파계 이상증상이 나타난다.

⑥ 호모시스테인 대사

PLP는 단일탄소 대사에서 조효소로 세린 생합성과 혈관질환의 위험요인인 호모시스테인이 시스테인으로 대사되는 과정에서 역할을 하며, 결핍 시 체내 호모시스테인 농도가 증가한다. 호모시스테인 동맥경화 유발물질로 알려져 있다. 호모시스테인이 혈액에 많으면 고호모시스테인혈증이라 하며 심혈관질환에 걸릴 가능성이 높다.

⑦ 니아신 합성

PLP는 아미노산인 트립토판을 니아신으로 직접전환되는 과정에서 PLP를 요구하는 효소(키뉴레니나아제, kynureninase)에 관여한다.

3) 영양소 섭취기준

2020년 한국인 영양섭취기준에서는 2015년과 같이 성인 남자의 평균필요량 1.3mg/일, 권장섭취량 1.5mg/일, 성인여자의 평균필요량 1.2mg/일, 권장섭취량 1.4mg/일로 제안하였다. 다만 1세 이상의 유아, 아동, 청소년의 비타민 B_6 독성에 대한 보고는 없지만 비타민 B_6의 주요 독성은 신경장애이고, 성장기의 신경장애는 성인보다 치명적인 결과를 초래할 위험이 있으므로 보수적인 견지에서 상한섭취량을 하향조정하였다. 비타민 B_6가 주로 아미노산 대사에 조효소로 작용하므로 비타민 B_6 필요량은 단백질 섭취량과 상관관계가 있는 것으로 알려져 왔으며 단백질 섭취량이 늘어날수록 비타민 B_6 요구량이 늘어나는 것으로 추정되고 있다. 생체이용률이 낮은 식물성식품을 주로 섭취하는 채식주의자들의 경우는 주의가 필요하다.

4) 결핍증

비타민 B_6의 거의 모든 식품에 들어 있어서 결핍증은 흔하지 않으나 섭취가 부족하거나 비타민 B_6의 길항물질을 섭취하는 경우 나타날 수 있다. 아미노산과 단백질 대사에 이상을 가져오고 성장부진, 경련, 빈혈, 항체 합성감소, 피부질환과 같은 다양한 증제를 동반한다. 주로 다른 수용성 비타민 결핍과 관련되어 나타나는데, 특히 리보플라빈 결핍 시 증상이 악화된다.

5) 급원식품

비타민 B_6의 급원으로는 육류, 가금류, 생선류, 돼지고기, 난류, 닭고기, 동물의 내장(간, 신장) 등의 동물성 식품과, 바나나, 현미, 시금치, 대두, 감자 등을 들 수 있으며, 유제품은 상대적으로 비타민 B_6의 함량이 적은 편이다. 채식주의자의 경우 비타민 B_6의 섭취량은 높으나 활성도가 낮게 나타날 수 있으므로 두류, 바나나 등과 같은 체내 이용률이 높은 식품의 섭취를 권장한다.

표 6-16 비타민 B_6의 주요 급원식품 및 함량

식품명	함량(mg/100g)	식품명	함량(mg/100g)
소부산물(간)	1.02	백미	0.12
돼지부산물(간)	0.57	캐슈넛	0.36
꽁치	0.42	연어	0.41
숭어	0.49	효모	1.28
해바라기씨	1.18	코코넛	0.30

표 6-17 비타민 B$_6$의 권장섭취량* 및 섭취방법

급원식품	1회 분량(g)	함량(mg/1회 분량)	권장 섭취횟수(회/일)
소부산물(간)	45	0.46	3.2
닭부산물(간)	45	0.34	4.4
꽁치	60	0.25	6.0
연어	60	0.25	6.0
해바라기씨	10	0.12	12.5
백미	90	0.11	13.6
캐슈넛	10	0.04	37.5
코코넛	10	0.03	50

* 19세 이상 성인 남자의 권장섭취량 1.5mg/일을 충족할 수 있는 각 급원식품의 섭취횟수

(5) 엽산(folate)

엽산의 구조는 [그림 6-24]에 나타낸 것과 같이 분자의 주요 단위가 프테리딘(pteridine)기이며, 프레리딘은 파라-아미노벤조산(para aminobenzoic acid, PABA)과 메틸렌(methylene)결합을 하고 있고 여기에 글루탐산(glutamate)이 결합된 구조를 갖는 화합물이다. 체내에서의 활성형은 환원형인 테트라하이드로엽산(tetrahydrofolic acid, THF)이다. 건조 상태의 엽산은 빛에 의해 파괴되며, 장기간 또는 고온처리 등의 식품가공 시 엽산의 손실이 매우 크다.

1) 흡수와 대사

식품 중에 함유되어 있는 엽산은 주로 십이지장과 공장의 위쪽에서 흡수된다. 흡수되기 직전에 소장 점막에 존재하는 γ-글루타밀펩티데이즈(엽산 킨쥬게이즈)에 의해 글루탐산 잔기가 가수분해되어 모노글루타메이트(monoglutamate) 형태 및 디글루타메이트(diglutamate)로 되어야 흡수되며 글루탐산 잔기가 많이 달린 엽산은 소화흡수율이 떨어진다. 모노 또는 디글루타메이트로 분해된 엽산은 대부분 단백질과 결합하여 흡수되며, 엽산의 섭취량이 많은 경우 일부는 확산에 의해 흡수된다. 흡수된 엽산은 주로 5-methyl-tetrahydrofolate (THF)의 형태로 문맥을 통해 간으로 들어가서 다시 폴리글루타메이트가 된 후 간에 저장되거나 모노글루타메이트의 형태로 혈액으로 방출되어 운반된다. 혈장 엽산의 약 50%는 단백질과 결합하여 운반되며, 엽산 결핍 시에는 단백질과 결합된 엽산의 비율이 높아진다. 세포 내에서 사용된 엽산은 프테리딘과 파라아미노벤조산이 분리되어 산화되며 소변과 담즙으로 배설된다. 체내 엽산 저장량의 0.5~1%가 매일 배설되고 장내 세균에 의해 합성된

엽산은 대변으로 배설된다. 알코올 섭취는 엽산의 흡수와 대사를 방해하며 여러 종류의 약제 복용, 특히 아스피린, 경구피임제, 항경련제, 결핵치료제 등의 과다한 복용은 엽산의 흡수와 대사를 방해한다.

2) 생리적 기능

엽산의 가장 중요한 생리적 기능은 조효소인 THF(tetrahydrofolic acid)로 전환되어 메틸기($-CH_3$)와 같은 단일탄소를 수송하는 것이다. 엽산에 의해 운반된 단일탄소는 여러 종류의 아미노산과 그 유도체의 대사, DNA 합성, 세포 분열, 적혈구 세포와 다른 세포들의 성숙에 이용된다.

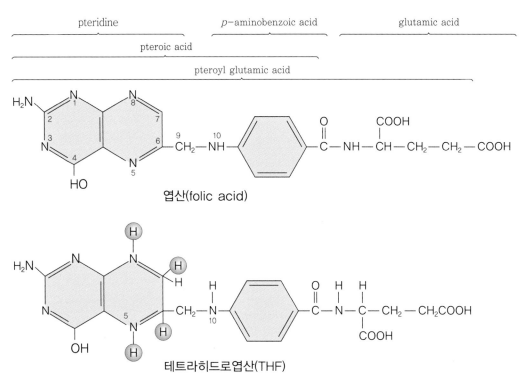

[그림 6-24] 엽산과 THF의 구조

① 호모시스테인으로부터 메티오닌이 합성

호모시스테인으로부터 메티오닌이 합성되는 과정, 히스티딘이 분해되는 과정, 글리신과 세린이 상호 전환되는 과정에 필요하다. 특히 메티오닌은 단백질과 폴리아민의 합성에 있어서 필수아미노산이고 S-아데노실메티오닌(S-adenosylmethionine)의 전구체이기도 하여 대사에 있어서 중요한 역할을 하는 100여종 이상의 효소 반응에 대한 메틸군의 공여체로 서 역할을 한다.

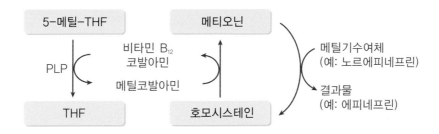

[그림 6-25] 호모시스테인으로부터 메티오닌의 재생 대사

② 퓨린과 피리미딘 염기합성

엽산은 비타민 B_{12}와 함께 세포의 DNA와 RNA 합성에 필요한 염기인 퓨린(purine)과 피리미딘(pyrimidine)의 합성에 필요하다. 세포분열이 활발하게 일어나는 유아기, 성장기, 임신기, 수유기에 엽산의 필요량이 증가하게 된다.

③ 포르피린, 콜린의 합성 등

엽산은 헤모글로빈의 구성성분이 되는 헴(heme, porphyrin)의 합성과 에탄올아민(ethano -lamine)에서 콜린(choline)의 합성에 관여한다. 또한 세린(serine) 분해 시 포름알데하이드 단위를 제공하여 글리신 합성을 돕는다.

3) 영양소 섭취기준

엽산의 생체이용률은 섭취한 엽산 중에서 체내에 흡수되어 대사과정에 사용될 수 있는 엽산의 비율을 뜻하며, 필요량에 영향을 준다. 식품에 첨가된 엽산은 식품 중의 엽산에 비해 1.7배 이용률이 높다. 따라서 이를 고려하여 식이엽산당량(Dietary Folate Equivalent, DFE) 을 만들어 사용하고 있다.

2015년에는 미국 영아의 체중 당 충분섭취량을 참고하여 $80\mu g$ DFE/일로 설정하였으나, 2020년에는 한국 영아 전기의 충분섭취량으로부터 방법을 사용하여 2015년에 비해 높은 값인 $90\mu g$ DFE/일으로 조정되었다. 성인의 평균필요량인 $320\mu g$ DFE/일, 권장섭취량인 $400\mu g$ DFE/일로 2015년과 동일하게 설정되었다.

4) 결핍증

엽산 섭취량이 부족하면 가장 먼저 혈청 엽산 농도가 감소하고, 점차 적혈구 엽산 농도가 감소하며, 호모시스테인 농도는 증가하게 된다. 이와 함께 골수와 세포분열이 빨리 일어나는 세포에 거대적아구성 변화가 생기고, 빈혈이 나타난다. 엽산 결핍 시 나타나는 빈혈은 적혈구가 성숙하지 못하고, 크기가 큰 거대적아구성 빈혈로 산소운반 능력이 떨어져 허약감, 피로, 불안정, 가슴이 두근거림 등의 증세를 수반한다. 또한 엽산이 결핍되면 세포 분열이 매우 빨리 일어나는 위장 점막에 영향을 주어 위장 장애가 나타나며, 백혈구의 수도 감소한다. 임신 초기에 엽산이 부족하면 태아의 신경관 형성에 장애가 생겨 신경관결손증의 기형아를 출산할 확률이 높다. 체내 엽산이 부족하면 혈장 호모시스테인이 상승하고, 혈장 호모시스테인의 상승은 심혈관계 질환과 뇌졸중의 위험요인이 된다. 또한 엽산 부족은 노인의 우울증, 치매, 정신질환과도 관련이 있다고 한다.

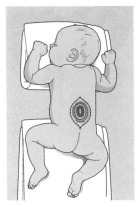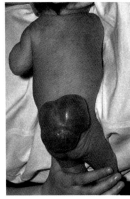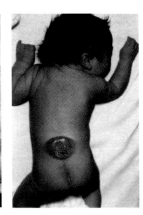

[그림 6-26] **엽산 결핍에 의한 태아의 신경관 손상-이분척추**

5) 급원식품

엽산의 함량이 높은 식품은 대두, 녹두 등의 두류, 시금치, 쑥갓 등의 푸른 잎채소, 마른 김, 말린 다시마 등의 해조류, 딸기, 참외 등의 과일이다. 식품 중에 들어있는 대부분의 엽산은 5-methyl-tetrahydrofolate(THF)와 10-formyl-tetrahydrofolate(THF), 이들은 저장하거나 가공하는 동안 디하이드로엽산 또는 folic acid로 쉽게 산화된다. 또한 엽산의 손실률은 식품의 종류와 조리시간, 조리방법 등에 따라 다르다. 부분 조리수로 용출되고 일부는 산화되어 엽산의 활성을 잃기 때문에 신선한 과일과 채소를 정기적으로 섭취하는 것이 중요하다.

하루에 필요한 엽산 섭취기준을 충족하기 위해서는 식품 100g에 포함된 엽산 함량[표 6-18]과 1인 1회 분량[표 6-19]을 참고로 하여 성별, 연령별로 필요한 엽산이 충족될 수 있도록 식사를 계획해야 한다.

표 6-18 엽산의 주요 급원식품 및 함량

식품명	함량(μg DFE/100g)	식품명	함량(μg DFE/100g)
김	346	달걀	81
대두	755	마늘	125
시금치	272	소부산물(간)	253
상추	84	배추김치	15
딸기	54	백미	12
들깻잎	150	과일음료	10

표 6-19 엽산의 권장섭취량* 및 섭취방법

급원식품	1회 분량(g)	함량(μg DFE/100g)	권장 섭취횟수(회/일)
오이소박이	60	350	1.1
시금치	70	190	2.1
대두	20	151	2.6
들깻잎	70	105	3.8
딸기	150	81	4.9
상추	70	59	6.7
현미	90	44	9.1
콩나물	70	20	20
두부	80	17	23.5
백미	90	11	36.3
김	2	7	57.1
양파	70	8	50

* 19세 이상 성인의 권장섭취량 400μg DEF/일을 충족할 수 있는 각 급원식품의 섭취횟수

(6) 비타민 B_{12}(cobalamin)

비타민 B_{12}는 미생물에 의해서만 합성되며 먹이사슬을 통하여 동물의 근육이나 내장 등에 축적된다고 알려져 있다. 네 개의 환원형 피롤 고리(pyrrole fing)는 비타민 B_{12}의 중심이 된 코린(corrin)이라는 커다란 원구조의 고리를 형성하고 있다. 코린은 헤모글로빈의 헴(heme)과 비슷하지만 철분 대신 코발트(Co)가 중심에 자리를 잡고 있으며, 중심에 코발트 때문에 '코발아민' 이란 이름이 붙여졌다. 비타민 B_{12}의 활성을 갖고 있는 코엔자임 형태로는 아데노아실코발라민(adenoacylcobalamin)과 메틸코발라민(methylcobalamin)이 있으며, 인체에는 코엔자임 형태 외에도 하이드로코발라민(hydrocobalamin)이 존재한다. 비타민 B_{12}는 흡수된 후 세포에서 메틸코발라민(methylcobalamin) 또는 5'-데옥시아데노실코발라민(deoxyadeno-cobalamin)으로 전환된다.

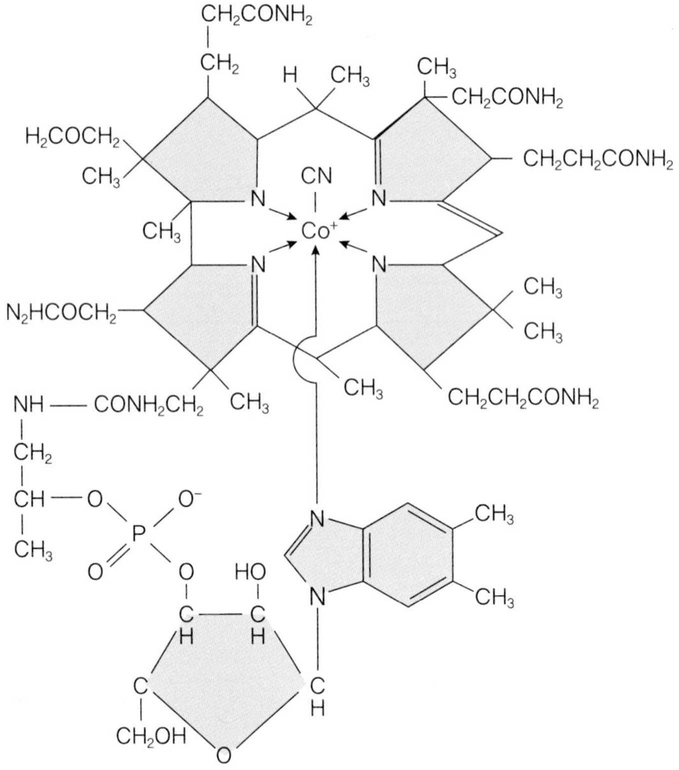

[그림 6-27] **비타민 B$_{12}$의 구조**

1) 흡수와 대사

음식으로 섭취한 비타민 B$_{12}$는 위산과 위와 소화기장 내에 존재하는 효소에 의해서 식품 내 폴리펩티드 결합으로부터 분리된다. 유리된 비타민 B$_{12}$는 침이나 위액에 분비되는 R-단백질(R-protein)과 결합하여 소장으로 내려온다. R-단백질-비타민 B$_{12}$ 복합체는 소화기장에서 이동하는 과정에서 췌장에서 분비되는 트립신에 의해 R-단백질이 제거되어 비타민 B$_{12}$가 분리된다. 유리된 비타민 B$_{12}$는 위장점막 세포에서 분비되는 점액질단백질(muocoprotein)인 내적인자(intrinsic factor, IF)와 결합하여 복합체(B$_{12}$-IF)를 형성하였다가 회장점막에 있는 내적인자 수용체(IF receptor)와 결합되어 흡수된다. 내적인자와 결합된 복합체(B$_{12}$-IF)는 회장까지 이동하여 pH 6.0 이상에서 칼슘이온이 있을 때 회장 점막세포의 내적인자 수용체(IF receptor)와 결합되어 흡수된다. 비타민 B$_{12}$의 흡수과정에는 위산, R 결합단백질, 내적인자, 췌장액 등의 역할이 모두 중요하며, 섭취한 비타민 B$_{12}$는 3~4시간이 지나면 혈액을 순환하게 된다. 비타민 B$_{12}$의 흡수율이 체내 영양상태에 따라 달라지는지에 대한 연구자료는 없으나 섭취량이 많으면 흡수율은 감소한다. 한편, 과량의 비타민 B$_{12}$는 수동적 수송에 의하여 흡수되는데 위장관 표면에서 농도경사에 의해 확산되어 흡수되며 섭취량의 1~2% 밖에 흡수되지 않는다.

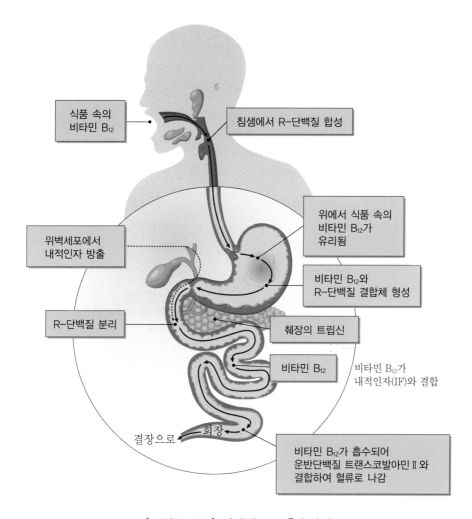

식품 속의 비타민 B₁₂

침샘에서 R-단백질 합성

위벽세포에서 내적인자 방출

위에서 식품 속의 비타민 B₁₂가 유리됨

비타민 B₁₂와 R-단백질 결합체 형성

R-단백질 분리

췌장의 트립신

비타민 B₁₂

비타민 B₁₂가 내적인자(IF)와 결합

결장으로 ← 회장 ←

비타민 B₁₂가 흡수되어 운반단백질 트랜스코발아민Ⅱ와 결합하여 혈류로 나감

[그림 6-28] 비타민 B₁₂ 흡수과정

2) 생리적 기능

① DNA 합성

엽산과 같이 비타민B₁₂도 DNA 합성에 필수적인 영양소로서 세포의 분열과 성장에 중요한 역할을 한다. 호모시스테인을 메티오닌으로 전환하는 과정에서 비타민 B₁₂는 메틸공여체로서의 역할을 하고 5,10-메틸렌 테트라하이드로엽산(5,10-methylene tetrahydrofolate, 5,10-methylene THF)으로부터 테트라하이드로엽산(THF)이 재생된다. 그러므로 비타민 B₁₂

는 엽산의 활성형태인 THF로 재합성되는데 반드시 필요하며 비타민 B_{12}가 결핍되면 엽산은 비활성 형태인 메틸엽산으로 존재한다.

② 세포 내의 엽산의 이동과 저장에 관여

비타민 B_{12}는 엽산의 이동과 저장에 관여한다. 비타민 B_{12}가 부족하면 메틸-THF가 골수세포와 변형된 림프구로 이동하는데 장애가 일어난다. 또한 비타민 B_{12}에 의존하는 호모시스테인과 메티오닌의 메틸기 전달반응이 이루어지지 않아 적혈구와 간세포 내의 엽산 저장량이 감소한다. 비타민 B_{12} 결핍으로 인한 거대적아구성 빈혈은 엽산결핍으로 인한 거대적아구성 빈혈과 구분하기가 어려운데 비타민 B_{12} 결핍 시에는 창백함, 피로, 기운 없음, 두통, 숨 가쁨, 운동능력 감소 등의 증세가 동반된다는 것이 특징이다.

③ 신경세포 정상유지

비타민 B_{12}는 신경세포의 축삭(axon)을 보호하는 수초(myelin)를 형성하고 유지시키는 역할을 한다.

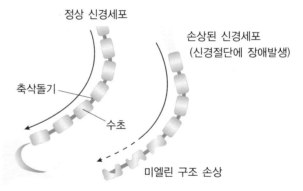

[그림 6-29] 비타민 B_{12} 흡수과정

3) 영양소 섭취기준

비타민 B_{12}의 평균섭취량은 정상적인 혈액학적 상태와 혈청 비타민 B_{12} 농도를 유지하기 위하여 필요한 양을 의미한다. 2020년 한국인 영양소섭취기준에서 15~18세 청소년은 대사체중과 성장계수를 평균하여 적용하였고 2015년 평균필요량과 비교하면 여자는 동일하였고 남자는 $0.2\mu g$/일 감소하였다. 악성 빈혈을 예방하고 혈청 비타민 B_{12} 수준을 유지하기 위해 필요한 양을 추정하여 평균필요량을 설정하였다. 성별이나 체중에 따라 비타민 B_{12}를 달리 섭취해야 한다는 연구결과가 보고된 바가 없기 때문에 최종적으로 남녀 성인 및 노인의 평균필요량은 $2.0\mu g$/일로 설정되었다. 권장섭취량은 평균필요량에 변이계수 10%를 적용하여 $2.4\mu g$/일로 설정하였다.

4) 결핍증

일반적으로 비타민$_{12}$의 결핍증은 섭취부족보다는 흡수가 잘 되지 않아 나타나며, 결핍 요인은 크게 내적인자 부족, 식이섭취 부족, 흡수 불량, 선천적인 질환 등으로 나누어 볼 수 있다. 정상적으로 식사를 하는 경우 비타민 B_{12} 섭취부족은 매우 드물다. 그러나 비타민B_{12}의 급원식품은 주로 동물성이기 때문에 채식주의자, 노인, 환자, 심한 다이어트를 하는 사람 등에게서 영양불량과 함께 비타민 B_{12} 부족의 가능성은 높아진다. 또한, 위나 소장 하부를 절제한 경우 비타민 B_{12}의 흡수과정에 필수적인 위산, R 결합단백질, 내적인자 등이 부족하게 되기 때문에 비타민 B_{12} 결핍이 초래되기 쉽다. 비타민 B_{12}가 부족하면 거대적아구성 빈혈과 같은 혈액학적인 이상 증상과 신경계 이상, 위염, 위궤양, 식욕부진, 변비 또는 설사 등 위장 계통의 이상 증상 등이 나타난다고 알려져 있으며, 최근에는 심각한 수준의 신경계 이상및 노화와 관련된 인지기능 저하 등이 나타난다고 보고된다.

5) 급원식품

비타민 B_{12}는 미생물에 의해서만 합성되며 먹이사슬을 통하여 동물의 근육이나 내장에 축적된다고 알려져 왔다. 된장이나 청국장과 같은 대두발효식품은 동물성 식품에 비해 비타민 B_{12}의 함유량은 낮지만 한국인은 거의 매일 즐겨 섭취하는 식재료이기 때문에 식물성 위주의 식사를 하는 대상자들에게는 급원식품이 될 수 있다. 비타민 B_{12}의 주요 급원식품과 1인 1회 분량을 기준으로 19세 이상 성인의 권장섭취량을 충족시키기 위하여 하루에 섭취해야 하는 섭취횟수를 [표 6-20]과 [표 6-21]에 제시하였다.

표 6-20 비타민 B_{12}의 주요 급원식품 및 함량

식품명	함량(μg/100g)	식품명	함량(μg/100g)
소고기(살코기)	2.0	꼬막	45.9
돼지고기(살코기)	0.5	꽁치	16.3
햄/소시지/베이컨	0.4	오징어	4.4
우유, 요구르트(호상)	0.3	멸치	24.2
달걀	0.8	조기	4.8
가리비	22.9	고등어	11
바지락	74.0	닭고기	0.3
굴	28.4	오리고기	3.3
연어	9.4	김	66.2
게	4.3	매생이	10.3

표 6-21 비타민 B$_{12}$의 권장섭취량* 및 섭취방법

급원식품	1회 분량(g)	함량(μg/1회 분량)	권장 섭취횟수(회/일)
소고기(살코기)	60	1.2	12.82
돼지고기(살코기)	60	0.3	8
닭고기	60	0.2	12
햄/소시지/베이컨	30	0.1	24
우유	200	0.7	3.4
호상 요구르트	100	0.3	8
달걀	60	0.5	4.8
굴	80	22.7	0.1
고등어	70	7.7	0.3
꽁치	60	9.8	0.2
오징어	80	3.5	0.7
멸치	15	3.6	0.6
가리비	80	18.3	0.1
김	2	1.3	1.8
매생이	30	3.1	0.7

* 19세 이상 성인의 권장섭취량 2.4μg/일을 충족할 수 있는 각 급원식품의 섭취횟수

(7) 판토텐산(panthothenic acid)

판토텐산의 어원은 그리스어로 'pathos'에서 유래된 것으로 이는 '어디에나' 또는 '모든 곳'을 의미하는 everywhere의 뜻을 지니고 있다. 따라서 판토텐산은 대부분 모든 식품에 함유되어 있고 코엔자임 A와 아실기 운반 단백질의 구성성분으로 우리 체내의 다양한 대사 과정에 관여하는 영양소이다.

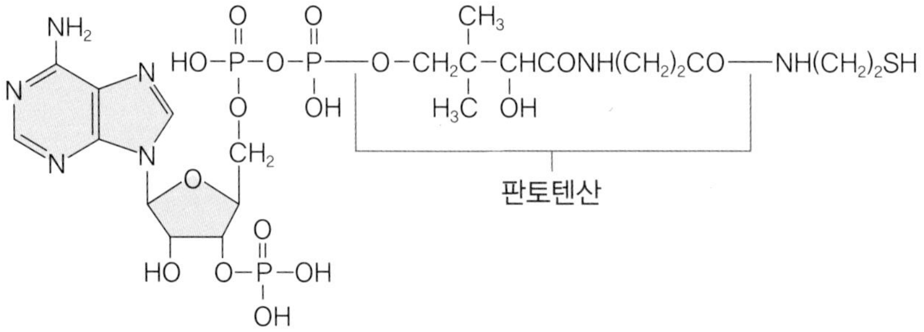

[그림 6-30] 판토텐산과 CoA의 구조

1) 흡수와 대사

판토텐산은 소장에서 단순확산이나 능동수송에 의해 흡수된 후 혈액을 통해 간으로 운반되고 조직으로 이동되어 인산화 반응에 의해 CoA를 형성하며 과잉 섭취 시 소변을 통해 배설 된다. 혈액 내 판토텐산은 적혈구 내에서는 CoA 형태로 존재하지만 혈장에서는 유리 형태의 판토텐산으로 존재한다.

2) 생리적 기능

판토텐산은 코엔자임 A의 구성성분으로 에너지 생성 및 아세틸콜린 합성에 관여하고 아실기 운반 단백질의 구성성분으로 지방산, 콜레스테롤, 스테로이드 호르몬 합성에 관여한다.

아실기운반 단백질(acyl carrier protein, ACP)

체내 지질 대사에서 아실기를 활성화하는 운반체로서 지방산 합성, 콜레스테롤 합성 등에 관여한다.

---

① 에너지 생성

판토텐산은 코엔자임 A의 구성성분으로 탄수화물, 단백질, 지질로부터 ATP를 생성하는 데 필수적이다. 탄수화물, 지질, 단백질은 대사되는 과정에서 아세틸 CoA를 생성하고 아세틸 CoA는 해당과정의 중간 산물인 옥살로아세트산과 결합하여 TCA회로를 거쳐 전자전달계로 들어가 ATP를 생성한다.

$$\text{옥살로아세트산} \xrightarrow[\text{H}_2\text{O}]{\text{아세틸-CoA} \quad \text{CoA·SH}} \text{구연산}$$

② 지방산, 콜레스테롤, 스테로이드호르몬 합성

판토텐산은 아실기 운반 단백질의 구성성분으로 지방산, 콜레스테롤, 스테로이드 호르몬 합성에 관여한다.

③ 아세틸콜린 합성

헴은 프로토포피린과 철이 결합하여 형성되는데 프로토포피린은 숙시닐 CoA와 글리신이 결합하여 생성된다. 따라서 판토텐산이 부족하면 코엔자임 A가 부족하여 프로토포피린 생성이 원활하게 이루어지지 않고 결국 헴 합성이 저해되어 빈혈을 유발하게 된다.

3) 영양소 섭취기준

한국인에 대한 판토텐산 평균필요량을 산정할 자료가 부족하여 권장섭취량 대신 충분섭취량으로 설정하였다. 한국인 성인 남녀의 1일 판토텐산 충분섭취량은 5mg으로 정하였고 과잉 섭취로 인한 부작용이 보고된 바 없으므로 상한섭취량은 책정하지 않았다.

4) 결핍증

판토텐산은 어원에서도 볼 수 있듯이 모든 동물성, 식물성 식품에 존재하므로 정상적인 식사를 하는 사람의 경우 결핍증은 흔하지 않다. 실험적인 결핍증상으로는 과민증, 메스꺼움, 오심, 수면장애, 피로감, 두통, 손과 발의 쑤심, 면역력 저하 등이 나타난다.

5) 급원식품

판토텐산은 거의 모든 식품에 존재한다. 특히 간, 버섯, 땅콩, 닭고기, 달걀, 전곡류 등에 많이 함유되어 있다.

(8) 비오틴(biotin)

비오틴은 황 함유 비타민으로 유리형의 비오틴, 비오틴과 리신이 결합된 비오시틴 두 가지 형태로 존재하며, 장내 세균에 의해 일부 합성된다.

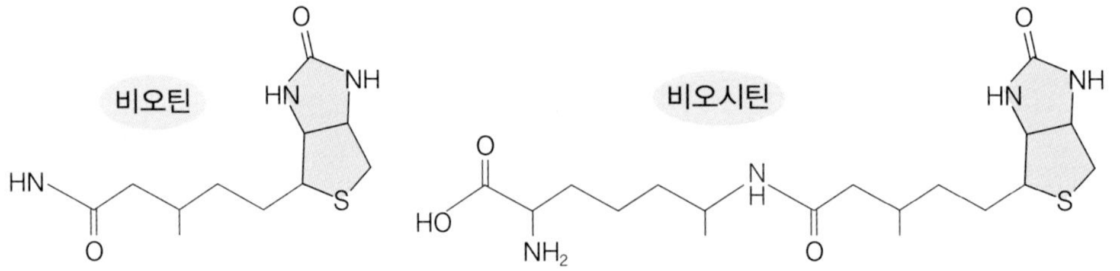

[그림 6-31] 비오틴과 비오시틴의 구조

비오시틴 비오틴과 리신이 아미드결합한 물질

1) 흡수와 대사

비오틴은 식품 내에 유리 형태의 비오틴으로 존재하거나 리신과 결합하여 비오시틴의 형태로 존재하는데 비오시틴의 경우 단백질 분해효소에 의해 리신과 분리되어 유리 형태의 비오틴으로 된 후 소장에서 흡수된다. 흡수된 비오틴은 혈액을 통해 간으로 운반된다.

2) 생리적 기능

비오틴은 탄수화물, 지질, 단백질 대사에서 이산화탄소를 첨가하는 카르복실화 반응(carbo-xylation)의 조효소로 작용한다. 뿐만 아니라, 이산화탄소를 제거하는 탈탄산 반응의 조효소로도 작용한다.

① 옥살로아세트산 생성

비오틴은 피루브산에 이산화탄소를 첨가하여 옥살로아세트산으로 전환시키는 반응에 관여하는 피루브산 카르복실화효소의 조효소로 작용한다.

$$\text{피부르산} \xrightarrow[\text{카르복실화 반응}]{CO_2} \text{옥살로아세트산}$$

② 말로닐 CoA 생성

비오틴은 아세틸 CoA에 이산화탄소를 첨가하여 지방산 합성의 준비단계인 말로닐 CoA를 생성하는 과정에 관여하는 아세틸 CoA 카르복실화효소의 조효소로 작용한다.

$$\text{아세틸-CoA} \xrightarrow[\text{카르복실화 반응}]{CO_2} \text{말로닐 CoA} \longrightarrow \text{지방산}$$

3) 영양소 섭취기준

비오틴은 많은 식품에 다양하게 함유되어 있고 장내 세균에 의해 일부 합성되므로 결핍증이 드물기 때문에 충분섭취량으로 1일 $30\mu g$을 섭취하도록 책정하였다.

4) 결핍증

일반적으로 비오틴의 결핍증은 매우 드물지만 달걀 흰자를 날것으로 과량 섭취하는 경우 흰자에 함유되어 비오틴 흡수를 방해하는 단백질인 아비딘에 의해 비오틴 결핍이 나타날 수 있다. 이를 생난백상해라고 한다. 뿐만 아니라 지속적으로 비오틴이 결핍된 식사를 하는 경우, 유전적으로 비오틴 분해효소가 부족한 경우, 장기간 정맥영양지원을 시행할 경우에는 비오틴 결핍증이 나타날 수 있다. 결핍증으로는 원형탈모, 지루성 피부염, 피부발진, 설염 등의 증상이 나타날 수 있다.

5) 급원식품

비오틴의 급원식품은 동물성, 식물성 식품에 널리 분포되어 있어 간, 달걀(난황), 대두, 땅콩 등에 많이 함유되어 있다. 또한 장내 세균에 의해서도 일부 합성된다.

(9) 비타민 C(ascorbic acid)

비타민 C는 항괴혈성 인자라는 의미를 지닌 이름으로 아스코르브산이라고도 한다. 대부분의 동물들은 포도당과 유사한 구조를 지닌 비타민 C를 포도당으로부터 합성하지만 사람을 비롯하여 영장류, 기니피그, 조류 등 일부는 관련 효소의 결핍으로 비타민 C를 합성하지 못한다. 비타민 C의 체내 활성형은 환원형의 아스코르브산과 산화형의 디하이드로아스코르브산이 있다. 비타민 C는 산에는 비교적 안정하나 산화, 빛, 알칼리와 열에 약하고 특히, 철이나 구리와 함께 있으면 쉽게 파괴된다.

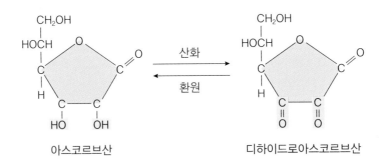

[그림 6-32] 아스코르브산과 디하이드로아스코르브산의 구조

1) 흡수와 대사

식품 내에 비타민 C는 아스코르브산(70~80%)과 디하이드로아스코르브산(20~30%)의 형태로 존재한다. 섭취된 비타민 C는 대부분 공장에서 능동수송에 의해 흡수되어 문맥을 통해 간으로 운반된다. 비타민 C는 섭취량에 따라 흡수율이 달라지는데 하루 섭취량이 100mg 이하일 경우 흡수율은 80~90%로 높지만, 섭취량이 100mg 이상이면 흡수율은 감소하게 된다. 흡수된 비타민 C는 혈액을 통해 각 조직으로 운반되고 과잉 섭취 시 여분의 비타민 C는 소변을 통해 배설된다.

2) 생리적 기능

① 콜라겐 합성

비타민 C는 피부, 연골, 뼈, 치아, 결체조직, 혈관벽 등의 결합조직을 구성하는 콜라겐 합성에 필수적이다. 비타민 C는 콜라겐 합성에 필요한 수산화 효소에 함유된 철을 환원형으로 유지시킴으로써 효소를 활성화시킨다. 이 효소는 프롤린과 리신을 하이드록시 프롤린과 하이드록시 리신으로 전환시켜 콜라겐 합성 및 콜라겐 구조를 안정화시키는데 중요한 역할을 하게 된다.

② 항산화 작용

비타민 C는 자신이 산화됨으로써 다른 물질의 산화적 손상을 막아주는 성질이 강해 항산화제로 작용한다. 특히 비타민 E와 베타-카로틴의 산화적 손상을 막아 체내에서 이러한 비타민의 항산화 기능을 도와줌으로써 비타민 E 절약작용에 관여한다.

③ 철, 칼슘의 흡수증진

비타민 C는 소장에서 철이 흡수 될 때 제2철(Fe^{3+})을 흡수율이 높은 제1철(Fe^{2+})로 환원시켜 철의 흡수율을 높여주게 된다. 뿐만 아니라 칼슘이 장내에서 불용성 염을 형성하는 것을 방지함으로써 칼슘의 흡수를 도와준다.

④ 카르니틴 합성

비타민 C는 카르니틴 합성에 관여한다. 카르니틴은 지방산이 세포질에서 미토콘드리아로 이동하는데 필요한 운반체로 지방산이 산화되어 에너지를 생성하는데 반드시 필요하다.

⑤ 신경전달물질 합성

비타민 C는 수산화 반응을 통해 콜라겐 합성뿐만 아니라 신경전달물질 합성에도 관여한다. 가령, 티로신에서 전환된 도파민은 수산화 과정을 통해 노르에피네프린으로 전환되고 트립토판은 수산화 반응을 통해 세로토닌을 생성하는데 이 과정에 비타민 C가 필요하다.

⑥ 기타

이외에도 비타민 C는 갑상선 호르몬 및 스테로이드 호르몬의 합성, 담즙산 생성에 관여하며 면역력 증가, 멜라닌 색소 생성 억제 등의 기능이 있다.

3) 영양소 섭취기준

성인의 비타민 C 권장섭취량은 100mg으로 설정하였고 흡연자의 경우 흡연으로 인한 산화적 손상으로 비타민 C의 필요량이 증가하여 35mg을 더 섭취할 것을 권장하고 있다. 흡연자 외에도 알코올 중독자, 노인, 수술 후 회복기 환자의 경우 비타민 C가 결핍되기 쉬우므로 충분히 섭취해야 한다. 그러나 과잉 섭취 시 독성이 나타날 수 있으므로 상한섭취량인 2000mg을 초과하지 않아야 한다.

4) 결핍증

비타민 C가 결핍되면 콜라겐 합성이 저하되고 결합조직이 파괴되어 모세혈관 파열 및 잇몸 출혈 등의 증상이 나타나고 심해지면 피하출혈, 치아 손실, 피부 건조, 상처 회복 지연, 뼈의 재형성 억제, 관절통증 등을 증상으로 하는 괴혈병이 나타나게 된다.

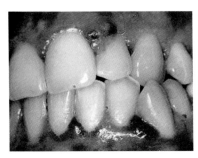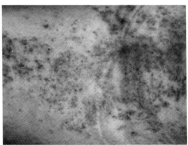

[그림 6-33] 비타민 C 결핍증상(괴혈병)

5) 과잉증

비타민 C를 식품으로 섭취할 경우 과잉증이 나타나지는 않으나 보충제 형태로 복용할 경우 과량 섭취로 인한 과잉증이 나타날 수 있다. 증상으로는 메스꺼움, 구토, 설사, 신장결석 등이 나타날 수 있다.

6) 급원식품

비타민 C는 식물성 식품에만 함유되어 있으며 특히 과일과 채소에 많이 들어 있다. 주된 급원식품으로는 무청, 시금치, 풋고추, 고춧잎, 귤, 레몬, 딸기 등이 있다. 비타민 C는 산화, 열 등에 약하므로 과일과 채소를 자른 단면이 공기 중에 오랫동안 노출되지 않도록 주의하고 장시간 가열하는 것을 피해야 한다.

표 6-22 비타민 C의 주요 급원식품 및 함량

식품명	함량(mg/100g)	식품명	함량(mg/100g)
가당음료(오렌지주스)	44.1	오렌지	43.0
귤	29.1	햄/소시지/베이컨	28.1
딸기	67.1	배추김치	3.2
시금치	50.4	토마토	14.2
시리얼	190.9	고구마	14.5

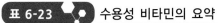

표 6-23 수용성 비타민의 요약

비타민	형태	체내역할	결핍증	과잉증	급원식품
티아민 (비타민 B₁)	TPP	• 탈탄산 반응–에너지 대사 관여(해당과정, TCA회로) • 오탄당 인산경로 • 신경전달물질 합성	각기병 베르니케–코르사코프증후군(알코올 환자) 우울증 피로	보고된 바 없음	돼지고기 해바라기씨 콩류 전곡류
리보플라빈 (비타민 B₂)	FMN FAD	• 에너지 대사 관여(TCA회로, 전자전달계) • 산화·환원 반응–수소전달 • 지방산 산화 • 니아신 합성 관여 • 항산화 기능	구순구각염 구내염 설염 피부염 빛 과민증(눈부심)	보고된 바 없음	우유 및 유제품 간 및 육류 시금치 등 녹색채소
니아신 (비타민 B₃)	NAD NADP	• 에너지 대사(해당 과정, TCA회로, 전자전달계) • 지질 합성 • 지방산 산화	펠라그라 (설사, 피부염, 우울증, 사망)	간 손상 피부발진 및 가려움 위장장애	참치 고등어 간 및 육류 대두
비타민 B₆ (피리독신)	PLP	• 아미노산 및 단백질 대사 • 탄수화물 대사(글리코겐 분해, 당신생) • 신경전달물질 합성 • 헤모글로빈 및 백혈구 형성 관여 • 호모시스테인 대사 관여	피부염 설염 빈혈 신경과민 구토		육류 닭고기 대두 바나나 감자
엽산	THF	• DNA와 RNA 합성 • 호모시스테인 대사 관여 • 단일 탄소 운반	거대적아구성 빈혈 설염 성장 장애 신경관 손상	비타민 B₁₂의 결핍증상을 은폐	시금치 등 녹색채소 간 땅콩 대두
비타민 B₁₂ (코발아민)	메틸코발아민 디옥시아데노실코발아민	• DNA 합성 및 정상적 세포 분열 • 신경세포 유지 • 호모시스테인 대사 관여	악성 빈혈 거대적아구성 빈혈 설염 신경계 손상	보고된 바 없음	동물성 식품 간(소) 내장육 조개

비타민	형태	체내역할	결핍증	과잉증	급원식품
판토텐산	CoA	• 에너지 대사(TCA회로) • 지방산, 콜레스테롤, 스테로이드 호르몬 합성 • 신경전달물질(아세틸콜린) 합성 • 헴 합성	흔하지 않음 과민증 오심 수면장애 피로 두통	보고된 바 없음	대부분의 식품 간(소) 달걀(난황) 버섯 전곡류
비오틴	비오틴 비오시틴	• 당신생 관여 • 지방산 합성 관여	흔하지 않음 탈모 지루성 피부염	보고된 바 없음	달걀(난황) 닭고기 시금치
비타민 C (아스코르브산)	아스코르브산 디하이드로 아스코르브산	• 콜라겐 합성 • 항산화 작용 • 철, 칼슘의 흡수 증진 • 카르니틴 합성 • 신경전달물질 합성 • 면역력 증가 등	괴혈병 빈혈 우울증 면역기능 저하	구토 설사 신장결석	과일과 채소류 무청 감귤류 풋고추 고춧잎 딸기 등

CHAPTER

07
무기질

무기질은 인체를 구성하는 원소이며, 체내에서 유기화합물이 완전히 산화된 후에도 남아 있는 광물질(ash)로 탄소(C), 수소(H), 산소(O), 질소(N)를 제외한 원소들을 총칭하는 것으로 대부분이 한 개의 화학원소로 이루어진 금속물질이다. 체중의 약 4%를 차지하며, 탄소를 함유하지 않으므로 에너지를 생성할 수는 없으나 체내 여러 생리기능의 조절 및 유지에 필수적이다.

1. 무기질의 종류와 조성

무기질은 체내 함량과 필요량에 따라 다량무기질(macrominerals)과 미량무기질(microminerals)로 분류된다. 일반적으로 체중의 0.05% 이상 분포되어 있거나 하루에 100mg 이상 섭취해야 하는 무기질은 다량무기질이라 분류하며, 그렇지 않은 경우에는 미량무기질로 분류한다. 다량무기질에 해당되는 것은 칼슘, 인, 칼륨, 황, 나트륨, 염소, 마그네슘이다. 그리고 미량무기질에는 철, 아연, 망간, 셀레늄, 구리, 요오드, 크롬, 불소, 코발트, 몰리브덴 등이 있다. 인체 내 존재하는 무기질의 종류와 양은 [그림 7-1, 표 7-1]과 같다.

[그림 7-1] **무기질의 체내 분포**

표 **7-1** 다량무기질과 미량무기질	
다량무기질	미량무기질
체중의 0.05% 이상 1일 필요량이 100mg 이상	체중의 0.05% 미만 1일 필요량이 100mg 미만
칼슘(Ca), 인(P), 마그네슘(Mg), 나트륨(Na), 염소(Cl), 칼륨(K), 황(S)	철(Fe), 아연(Zn), 망간(Mn), 셀레늄(Se), 구리(Cu), 요오드(I), 크롬(Cr), 불소(F), 코발트(Co), 몰리브덴(Mo)

2. 무기질의 일반적 기능

무기질은 신체의 각 부분을 구성하는데 필요한 물질로, 경조직이나 호르몬·효소·비타민의 구성성분, 신체에서 일어나는 대사촉매작용 등의 조절작용, 체액의 산·알칼리 평형유지, 삼투압 유지 등의 작용을 한다.

(1) 구성성분

칼슘과 인, 마그네슘 등의 무기질은 뼈와 치아의 구성성분이고, 아연, 구리, 망간 등은 연골, 피부·뼈 주위 조직과 같은 연결조직 형성에 관여한다. 혈액과 조직에도 무기질이 많이 함유되어 있으며, 근육에는 황, 신경조직에는 인이 들어 있다. 요오드는 갑상선호르몬인 티록신, 철은 헤모글로빈, 코발트는 비타민 B_{12}의 구성성분이다. 아연은 인슐린의 생산과 저장에 필요하고, 염소는 위액의 산도유지에 필요하다. 또한 여러 가지 호르몬과 조효소의 합성에도 칼슘, 마그네슘, 구리, 철 등이 이용된다. 그 외에도 여러 가지 무기질이 체내 조직을 구성하고 있다.

(2) 조절작용

무기질은 영양소 대사의 여러 과정에서 [그림 7-2]와 같은 촉매역할을 한다. 마그네슘은 탄수화물, 지질, 단백질의 동화작용(합성)과 이화작용(분해)에 필요하며, 칼슘, 인, 망간, 아연, 구리 등은 체내 이화작용과 동화작용의 촉매나 효소의 구성성분으로 필요하다. 세포막을 통한 나트륨과 칼륨의 이온교환은 신경자극을 전달하고, 칼슘은 근육 수축에 관여하고, 칼륨, 마그네슘은 근육 이완에 작용하여 체내무기질 간의 평형을 조절한다.

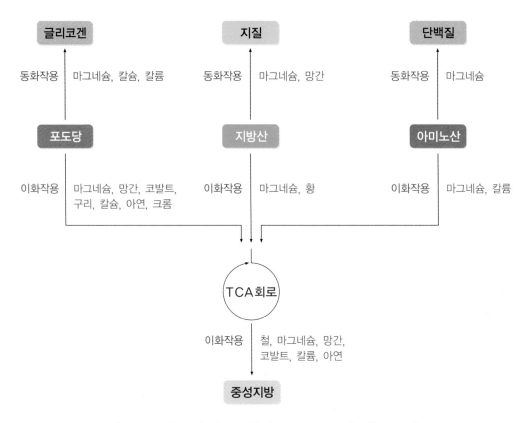

[그림 7-2] 체내 대사 반응에 보조인자로 필요한 무기질

(3) 산·알칼리 평형 및 수분 평형

무기질은 체액과 혈액의 산·알칼리 평형(acid-alkali balance)을 조절한다. 즉 무기질은 체액과 혈액에 정상보다 높은 산이나 알칼리물질이 생성되면 이를 중화하여 체액을 약 pH 7.4 정도로 유지하도록 작용한다.

체내에서 음이온을 형성하는 무기질인 인, 황, 염소 등은 체액을 산성으로, 양이온을 형성하는 무기질인 칼슘, 칼륨, 마그네슘 등은 체액을 알칼리성으로 기울게 한다.

표 7-2 산·알칼리 성질에 따른 식품의 분류

구분	산성 식품	알칼리성 식품	중성 식품
구성 무기질	인, 황, 염소	칼슘, 칼륨, 마그네슘, 철	무기질 함량이 없음
식품	곡류 및 곡류제품, 육류, 난류, 어류, 김, 홍차 등	과일류, 채소류, 해조류(김 제외), 커피, 녹차 등	설탕, 지질 등

무기질은 수분 함량의 평형을 유지한다. 체내에 존재하는 수분은 세포 내와 세포 외에 분포되어 있으며, 세포 내외에 있는 수분이 이동하면서 체액의 무기질 농도를 유지한다. 무기질 중 나트륨, 칼륨, 염소 등이 조직의 수분 이동에 중요한 역할을 한다. 무기질의 균형이 이루어지지 않을 경우 체액은 부종이나 탈수를 일으킬 수 있다.

3. 다량무기질

(1) 칼슘

칼슘(calcium, Ca)은 인체 내에서 가장 함량이 높은 무기질로 체중의 1.5~2%를 차지한다. 99% 정도가 골격과 치아에 존재하며, 나머지 1%는 혈액을 포함한 세포외액 및 근육 등 여러 조직에 존재하여 신경 자극 전달, 근육 수축, 혈액 응고, 효소 반응, 호르몬 분비, 세포막의 기능 등에 관계한다.

1) 흡수와 대사

① 흡수

칼슘의 흡수는 식사에 포함된 다른 영양소들과 칼슘 농도를 조절하는 호르몬에 따라 달라지며, 개개인의 생리적 상태, 영양상태, 연령, 성별, 임신, 수유 상태에 따라서도 달라진다. 보통 성인은 섭취량의 20~40%, 성장기 어린이는 75%, 임신기에는 60% 정도이고 노년기에는 더욱 흡수율이 떨어지며, 특히 폐경기 여성은 흡수율이 떨어져 25% 정도에 불과하다. 칼슘은 산성 상태에서 흡수가 용이하므로 산도가 높은 십이지장에서는 능동적 수송을 통해, 공장과 회장에서는 수동적 확산에 의해 흡수된다. 능동적 수송으로 흡수되는 경우 십이지장에서 합성된 칼슘결합 단백질 운반체(calcium blinding protein carrier, CaBP)와 결합하여 체액으로 이동된다.

가. 흡수를 증가시키는 요인

칼슘은 산성용액에서 효과적으로 용해되므로 적절한 위산 분비는 흡수를 도와준다. 흡수를 증가시키는 인자는 비타민 D, 유당, 비타민 C, 아미노산 중에서 리신과 아르기닌 등이다. 유당은 유산균에 의해 젖산으로 바뀌어 장을 산성화함으로써 칼슘의 흡수를 돕는다. 비타민 D는 십이지장의 점막세포에 있는 칼슘결합 단백질 운반체의 합성을 촉진하여 칼슘의 흡수를 증가시키며, 비타민 C는 칼슘의 이온화를 촉진하여 칼슘의 흡수를 증가시킨다. 식사 내 칼슘과 인의 비율을 1:1 수준으로 유지하는 것이 칼슘의 흡수율을 높이는 데 유용하다.

나. 흡수를 저해하는 요인

수산이나 피틴산은 칼슘과 불용성 염을 형성하므로 칼슘 흡수를 저해한다. 수산은 주로 무청, 시금치, 근대, 코코아 등에 많이 존재하며, 피틴산은 곡류의 껍질에 많이 함유되어 있다. 과량의 식이섬유소나 지질은 칼슘과 함께 불용성 화합물을 형성하여 대변으로 배설되므로 칼슘의 흡수를 방해한다. 그 밖에도 차에 함유된 탄닌 성분이나 운동 부족 등도 칼슘의 흡수를 저하시킨다.

표 7-3 칼슘의 흡수에 영향을 주는 요인

흡수를 증가시키는 요인	흡수를 저해하는 요인
• 소장상부의 산성 환경	• 소장하부의 알칼리성 환경
• 증가된 칼슘요구량(아동기, 임신기, 수유기)	• 수산, 피틴산, 탄닌
• 유당	• 비타민 D 결핍
• 비타민 D	• 과량의 식이섬유소
• 비타민 C	• 과량의 인, 철분, 아연
• 비슷한 비율의 칼슘과 인(1:1)	• 폐경(에스트로겐 감소)
• 낮은 칼슘 섭취	• 노령기
• 정상적인 소화관 운동과 활성	• 고지방식사
• 아미노산(리신, 아르기닌)	• 청량음료
• 부갑상선호르몬	• 나트륨
• 포도당	• 운동 부족

② 대사

칼슘은 소장을 통해 흡수된 후 혈액으로 운반되어 세포의 기능과 사용목적에 따라 공급된다. 칼슘의 배설은 대변, 소변, 피부를 통해서 이루어지는데, 대변으로 배설되는 칼슘은 장막으로 분비된 액에 함유된 칼슘 중 재흡수 되지 않은 내인성 칼슘과 식이칼슘이다.

③ 칼슘의 항상성

칼슘은 혈액과 체액에 존재하면서 신체기능을 조절하는 중요한 기능을 하므로 골격, 신장, 소장에서 호르몬의 조절작용에 의하여 정상으로 유지된다[그림 7-3]. 즉 골격에서의 칼슘 저장과 손실, 신장에서의 칼슘 배설과 재흡수, 소장에서의 칼슘 흡수를 균형있게 이루어 칼슘의 항상성을 조절하고 혈액 중 칼슘의 농도를 약 9~11mg/dL로 유지한다.

혈액 내 칼슘 농도가 감소하면 부갑상선호르몬(parathyroid hormone, PTH)의 분비가 증가한다. 이 호르몬은 신장에서의 칼슘 재흡수와 골격으로부터의 칼슘 용출을 증가시키며,

또한 신장에서 활성형인 $1,25-(OH)_2-$비타민 D의 생성을 증가시킨다. 활성화된 비타민 D는 소장에서 칼슘결합 단백질의 합성을 증가시킴으로써 칼슘의 흡수를 증가시키고, 신장에서의 칼슘 재흡수 및 뼈에서의 칼슘 요출을 증가시켜 혈중 칼슘 농도를 높인다.

반면에 혈액 내 칼슘 농도가 상승하면 갑상선에서 칼시토닌(calcitonin)이 분비되어 부갑상선호르몬과는 반대작용을 함으로써 칼슘 농도를 낮춘다.

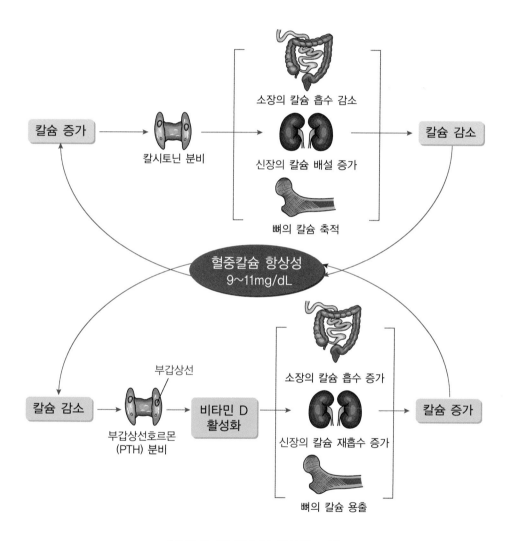

[그림 7-3] **칼슘의 항상성 조절**

2) 생리적 기능

① 골격과 치아 구성

체내 칼슘의 99%가 골격과 치아를 구성하고 유지하는 것이다. 골격, 즉 뼈는 기본적으로 치밀골과 해면골의 형태로 이루어져 있다. 치밀골은 석회화된 콜라겐이 층층이 꽉 찬 구조를 가진 관 모양의 치밀한 구조를 갖고 있으며, 뼈의 가장자리를 구성한다. 해면골은 다공질의 스펀지 형태로 이루어진 조직이며 모세혈관에 접해 있는 골수로부터 칼슘을 지속적으로 공급받는다. 칼슘 섭취가 증가하면 해면골의 규모가 커진다[그림 7-4].

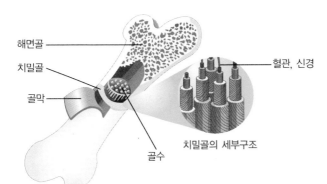

해면골 ————

치밀골 ————

골막 ————

혈관, 신경

치밀골의 세부구조

골수

• **해면골** 장골의 끝이나 등뼈, 골반 등의 안쪽을 구성하는 뼈
• **치밀골** 뼈의 겉부분을 구성하는 것으로 치밀하고 단단한 뼈

[그림 7-4] 뼈의 구조

뼈 무기질의 주된 형태는 칼슘과 인의 수산화물인 하이드록시아파타이드[hydroxyapatite, $Ca_{10}(PO_4)_6(OH)_2$]이며 단백질은 뼈의 기질을 구성하는 중요한 성분이다. 정상적인 무기질화와 골격의 유지를 위해서는 비타민 D, 비타민 A, 비타민 K와 인, 불소, 마그네슘 등이 필요하다. 뼈는 일생동안 계속 재생되며 활발한 대사가 일어나는 조직인데, 뼈의 대사는 조골세포와 파골세포에 의해 이루어진다. 조골세포는 뼈의 기질 형성과 석회화를 유도하며 새로운 뼈를 만드는 세포이고, 파골세포는 무기질을 용해하고 뼈의 콜라겐 기질을 분해함으로써 뼈를 분해하는 세포로 두 세포의 작용에 의해 칼슘이 뼈와 혈액 속을 지속적으로 이동함으로써 골격의 교체가 이루어진다. 이 두 종류의 세포들은 부갑상선호르몬과 비타민 D 등에 의해 영향을 받는다.

② 근육의 수축과 이완

근육 단백질은 액틴과 미오신으로 구성되어 있는데 신경 자극에 의해 근육이 흥분되면 세포 안에 있던 칼슘이 방출되어 액틴과 미오신이 결합하여 근육이 수축된다. 방출된 칼슘이 세포 내 저장 장소로 되돌아가면 액틴과 미오신이 분리되면서 근육이 이완된다. 특히 심장근육의 수축 시 칼슘의 촉매작용은 더욱 뚜렷하며, 이 때 마그네슘, 칼륨, 나트륨 이온은 근육을 이완시키는 데 작용한다.

③ 신경 자극 전달

신경세포에 활동전위가 도달하면 세포외액으로부터 신경세포 내로 칼슘이온 유입이 촉진된다. 그리하여 세포 내 칼슘 농도가 증가하면 신경전달물질이 방출되어 신경자극이 전달된다.

④ 혈액 응고

칼슘은 혈액 응고에 관여하는 피브린 단백질의 형성에 필수적인 무기질이다. 출혈 시 혈소판에서 혈전형성 촉진물질인 트롬보플라스틴을 방출하고 프로트롬빈에서 트롬빈으로 전환이 유도된다. 칼슘이온이 트롬빈을 전환시키는 과정에서 촉매제로 작용하면, 형성된 트롬빈은 피브리노겐을 불용성인 피브린으로 전환시켜 혈액을 응고시킨다[그림 7-5].

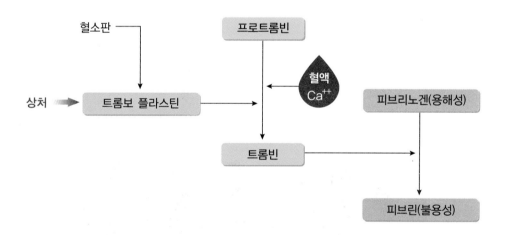

[그림 7-5] 혈액의 응고과정

3) 영양소 섭취기준

체내 칼슘 대사에는 여러 가지 식이인자 외에도 유전적, 생리적 및 환경적 인자들이 복잡하게 영향을 미치기 때문에 칼슘의 필요량을 정확히 말하기는 어렵다. 칼슘의 영양소 섭취기준으로 평균필요량, 권장섭취량, 상한섭취량이 설정되었으며, 영아에게만 충분섭취량이 설정되었다. 체내에 칼슘 평형을 유지하기 위해 권장하고 있는 19~29세 성인의 1일 권장섭취량은 남자 800mg, 여자 700mg이며, 상한섭취량은 2,500mg으로 설정되었다.

4) 결핍증과 과잉증

① 결핍증

구루병은 성장기 아동에게 나타나고, 만성적으로 칼슘이 부족하게 되면 골격 석회화가 불충분해져 성장이 저하되고 뼈에 기형이 발생하게 된다. 골연화증은 뼈 구성 무기질이 부족하여 뼈가 약화된 현상으로 성인에게서 볼 수 있는 칼슘부족 증세이다. 전체 골격 양에는 변화가 없으나 무기질 침착이 잘 되지 않아 뼈가 약해지는 성인형 구루병이다. 또한 혈청 칼슘이온 농도의 감소는 신경성 근육 경련인 칼슘테타니(calcium tetany)를 발생시켜 근육 수축, 경련, 진통 등을 유발하게 된다.

골다공증은 뼈에 축적된 무기질이 서서히 빠져 나가 골밀도와 골질량이 감소하여 뼈가 약화되는 현상이다. 단백질과 무기질로 이루어진 기질이 소실되어 전반적인 골격의 감소를 가져오며, 손목·척추·고관절의 골절이 일어나기 쉽다. 특히 폐경 이후의 여성과 노인에게서 주로 나타난다. 골다공증을 예방하기 위한 최대의 방법은 골손실이 발생하기 전에 골밀도를 가급적 높이는 것이다. 따라서 성장기부터 칼슘을 충분히 섭취하는 것이 최선책이며, 적절한 운동을 규칙적으로 하는 것이 매우 중요하다.

② 과잉증

너무 많은 양의 칼슘을 섭취하면 근육과 신장같은 연조직에 축적된다. 칼슘의 과다섭취는 신장 기능을 손상시키고 철분, 아연 등 다른 무기질의 흡수를 저해하고, 장기간 과잉섭취하면 고칼슘혈증, 신결석증, 우유-알칼리증후군 등이 발생할 수 있다.

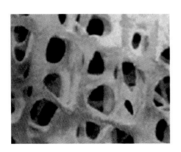 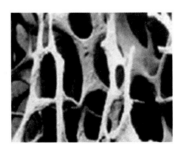

정상인의 뼈   골다공증환자의 뼈

[그림 7-6] 정상인의 뼈와 골다공증환자의 뼈

5) 급원식품

일반적으로 동물성 식품의 칼슘 흡수율이 식물성 식품보다 높다. 이 중 칼슘의 주요 급원 식품은 우유, 치즈, 요구르트와 같은 유제품이다. 우유 한 잔에는 약 200mg 정도의 칼슘이 함유되어 있다. 우유와 유제품은 칼슘 함량이 높을 뿐만 아니라 칼슘의 흡수를 촉진시키는 유당을 함유하고 있으므로 칼슘의 체내 이용률도 높다. 멸치, 뱅어포와 같은 뼈째 먹는 생선도 칼슘의 좋은 급원식품이지만 우유보다는 칼슘 흡수율이 낮다. 녹색 채소도 다량의 칼슘을 함유하고 있으나 흡수율이 좋지 못하며, 육류와 곡류는 칼슘의 함량이 비교적 낮은 식품이다[그림 7-7].

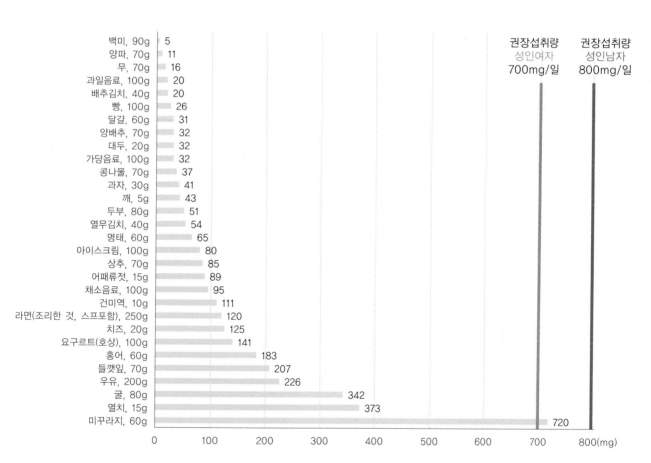

[그림 7-7] **칼슘 주요 급원식품**(1회 분량 당 함량)

(2) 인

인(phosphorus, P)은 인체 내의 모든 조직세포에 존재하는 무기질로서 체중의 0.8~1.1% 를 차지한다. 칼슘과 함께 뼈와 치아에 약 85%가 존재하며, 나머지는 주로 인산의 형태로 연조직, 세포막 및 세포외액에 존재한다. 에너지 대사의 핵심적인 물질인 ATP의 생성에 필수적이며 탄수화물, 지질, 단백질 대사과정에서 조절작용을 하고, 체액의 산염기 균형조절, 세포막의 구성성분, 생체신호전달, 경조직의 구성 등에 기여한다.

1) 흡수와 대사

인은 식품 중에 인산염 형태인 유기화합물로 존재하고, 소화에 의해 가수분해되어 인산 이온이 유리되고 확산에 의해 소장의 상피세포에서 흡수된다. 인산의 흡수율은 급원식품 과 섭취량에 따라 좌우된다. 정상적인 식사에서 섭취된 인은 약 50~70% 정도 흡수되며, 섭취량이 부족하거나 요구량이 많아지는 임신·수유기에는 흡수율이 더욱 증가한다.

식사 내 칼슘과 인이 동량 존재하는 것이 이상적이지만 현실적으로 어려우며, 둘 중 하나 가 과량 존재하게 되면 흡수가 저해된다. 또한 과량의 칼슘, 알루미늄, 철을 섭취하는 것은 인의 흡수를 저해한다.

일반적으로 섭취하는 칼슘과 인의 비율이 1대 1일 때 골격 형성이 가장 효율적으로 이루 어진다. 혈청 내에 함유되어 있는 인의 총량은 신장의 세뇨관을 통과하면서 재흡수된다. 체 내 인의 양은 흡수율에 의한 것보다는 주로 신장을 통해 배설로 조절된다. 비타민 D는 신장 에서 인의 재흡수를 증가시키며, 부갑상선호르몬은 재흡수를 감소시켜 혈청의 인을 일정수 준으로 유지하는 데 관여한다. 장내에서 흡수되지 않은 인은 대변으로 배설되며 배설량은 섭취량에 비례한다.

2) 생리적 기능

① 골격과 치아의 구성

체내 인 함량의 85%가 칼슘과 결합하여 뼈와 치아를 구성한다. 골격조직 내의 칼슘과 인 의 비율은 일반적으로 1:1이며 균형이 맞지 않으면 뼈의 석회화가 잘 일어나지 않는다.

② 에너지 대사

에너지 대사반응에서 대사에너지의 저장 형태인 ATP나 중간에너지의 일시적인 형태인 ADP로 에너지의 저장과 이용에 관여한다. 체내 에너지의 생산과 저장은 ATP와 크레아틴 인산 등의 인산화된 구성물에 의하여 이루어진다. 인은 ATP, 크레아틴 인산 등의 형태로 고에너지 인산결합을 하며, 에너지가 필요할 때 인산이 ATP에서 이탈되어 ADP를 형성하여 에너지를 방출하게 된다[그림 7-8].

③ 신체의 구성성분

유전정보의 저장과 전달을 담당하는 DNA, RNA 등 핵산의 구성성분이며, 인지질을 형성하여 모든 세포막 구성요소로 영양소의 세포 내외 이동을 조절하고, 지단백의 구성에 필요요소이다.

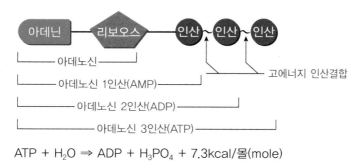

$$ATP + H_2O \Rightarrow ADP + H_3PO_4 + 7.3kcal/몰(mole)$$

[그림 7-8] **ATP의 고에너지 인산결합**

④ 비타민과 효소의 활성화

산화·환원 반응에 관여하는 티아민, 니아신, 피리독신과 같은 비타민의 조효소로 작용하기 위해 인산화가 필요할 때 구성성분으로 사용한다. 즉 니아신의 조효소인 NADP-NADPH$_2$와 탈탄산 반응에 관여하는 티아민의 효소형태인 TPP의 구성요소이다.

⑤ 완충작용

혈액과 세포 내에서 인산과 인산염의 형태로 산과 알칼리의 평형을 조절하는 완충작용을 한다. 체액이 산성화되면 수소이온과 결합하고 알칼리화되면 수소이온을 방출함으로써 체액의 산·알칼리 균형을 유지한다.

3) 영양소 섭취기준

인의 영양소 섭취기준으로 평균필요량, 권장섭취량 및 상한섭취량이 설정되었으며, 영아에게만 충분섭취량이 설정되었다. 19~64세 성인의 1일 권장섭취량은 700mg이며 상한섭취량은 성인의 경우 최대무독성량인 3,5000mg으로 설정되었다.

4) 결핍증과 과잉증

인은 거의 모든 동·식물성 식품에 들어 있어서 일반 성인의 경우 식사로 부족하거나 결핍이 발생하는 경우는 매우 드물다. 그러나 제산제의 남용, 신장투석으로 인해 인이 과다 배설될 경우 결핍증이 발생하기도 한다. 오랜 기간 결핍이 지속되면 저인산혈증, 근육과 뼈의 약화 및 통증을 가져올 수 있으며, 어린이의 경우 성장이 지연될 수 있다. 만성적인 경미한 저인산혈증은 골연화증 또는 구루병을 초래한다.

과잉증은 정맥 내 인산 투여에 의해 유발될 수 있으며, 급성의 심한 고인산혈증은 저칼슘혈증을 야기하고 더 심해지면 근강직성 경련과 사망으로 연결될 수 있다.

5) 급원식품

인의 거의 모든 식품에 들어 있으며, 단백질 함량이 풍부한 어육류와 난류, 우유 및 유제품, 곡류에 많이 함유되어 있다. 동물성 식품은 인의 좋은 급원이고, 현미나 전곡에는 인이 많으나 대부분 피틴산의 형태로 존재하기 때문에 흡수율은 낮은 편이다. 그 외 가공식품과 청량음료에 특히 많이 들어 있는 편이다[그림 7-9].

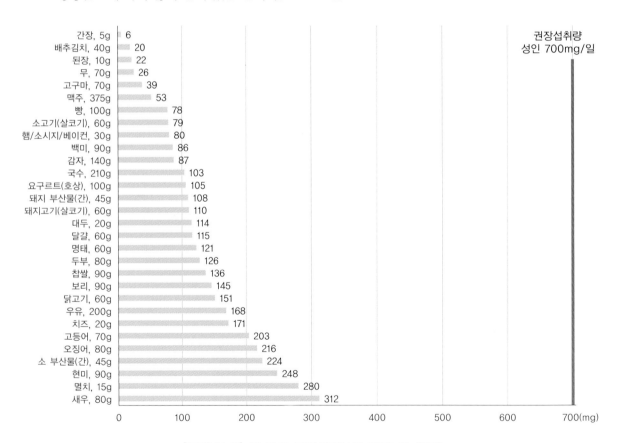

[그림 7-9] 인 주요 급원식품(1회 분량 당 함량)

(3) 마그네슘

마그네슘(magnesium, Mg)은 동·식물의 모든 체세포에 존재하는 양이온으로, 체중의 0.05%를 차지한다. 그중 50~60%가 칼슘, 인과 결합하여 골격을 구성하고 나머지는 주로 근육, 혈액, 연조직에 분포되어 있다. 근육 중에는 마그네슘이 칼슘보다 더 많이 함유되어 있다.

1) 흡수와 대사

마그네슘은 주로 소장에서 흡수되며, 섭취한 식품의 30~40% 정도가 흡수된다. 마그네슘의 섭취가 부족할 경우 흡수율은 약 80%까지 증가하며, 섭취가 많으면 흡수율은 감소한다. 칼슘, 인, 피틴산 등의 섭취가 과다하면 마그네슘의 흡수율은 감소한다.

체내 마그네슘 항상성은 주로 신장에 의해 조절되는데, 사구체에서 여과된 마그네슘의 대부분이 재흡수된다. 배설은 담즙을 통해 일어나며 나머지는 소변과 땀으로 빠져나간다. 대변을 통해 배설되는 마그네슘의 대부분은 흡수되지 않은 식이마그네슘이다.

2) 생리적 기능

마그네슘은 칼슘과 인과 함께 골격과 치아를 구성하는 데 필수적이며, 탄수화물, 지질, 단백질 및 핵산 대사의 여러 과정에 필요한 효소를 활성화시키는 조효소 역할을 한다. 가장 중요한 기능 중의 하나는 산화적 인산화 반응에서 ATP의 합성과 에너지가 방출될 때 조효소의 역할을 하는 것이다. 또한 신경전달물질인 아세틸콜린의 분비를 감소시키고 분해를 촉진하여 신경을 안정시키며, 근육을 이완시키는 작용을 한다. 따라서 마그네슘은 마취제나 항경련제의 성분으로 이용되기도 한다.

3) 영양소 섭취기준

마그네슘의 영양소 섭취기준으로 평균필요량, 권장섭취량, 상한섭취량이 설정되었으며, 영아에게만 충분섭취량이 설정되었다. 19~29세 성인의 1일 권장섭취량은 남자 360mg, 여자 280mg이고, 식품 외 급원으로 섭취한 마그네슘의 상한섭취량은 350mg으로 설정되었다.

4) 결핍증과 과잉증

마그네슘은 식품에 널리 분포되어 있으므로, 정상적인 식사를 하는 건강인은 마그네슘 결핍이 거의 일어나지 않는다. 결핍증은 주로 알코올 중독과 관련이 있으며, 알코올은 소변 중 마그네슘 배설을 증가시킨다. 또한 장기간의 설사나 구토, 이뇨제의 섭취는 마그네슘의 결핍을 일으킬 수 있다. 마그네슘이 결핍되면 골격보유량이 감소되고, 식욕 감퇴, 구토, 무기력, 근육 경련, 과민, 착란 등이 발생한다.

식사를 통해 섭취하는 경우에는 과잉섭취에 의한 부작용이 보고된 바가 없으나, 제산제를 장기간 섭취하는 노인이나 신장 기능이 저하된 사람의 경우 근육 약화, 메스꺼움, 설사, 호흡곤란, 심장박동 이상 등의 증상이 나타난다.

5) 급원식품

마그네슘은 자연계에 널리 분포하며, 녹색 채소, 견과류, 콩류, 곡류 등 식물성 식품에 풍부하며, 도정하지 않는 전곡류나 가공하지 않은 식품에 많다. 우유, 육류, 초콜릿, 커피 등에도 소량의 마그네슘이 함유되어 있다[그림 7-10].

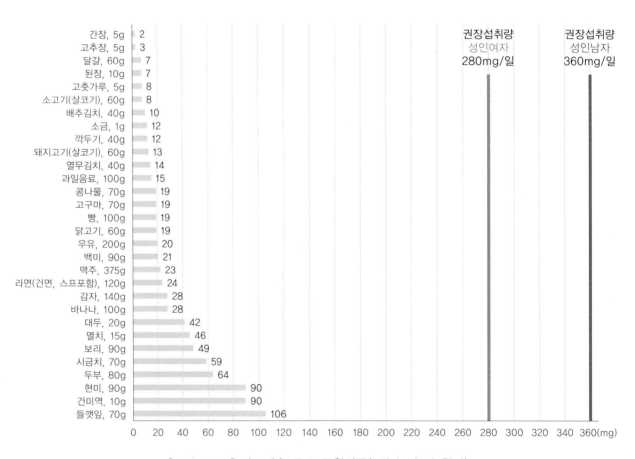

[그림 7-10] 마그네슘 주요 급원식품(1회 분량 당 함량)

(4) 나트륨

나트륨(sodium, Na)은 세포외액의 주된 양이온으로 체중의 약 0.15%를 차지한다. 약 50%는 세포외액에, 40%는 고형물질로 골격표면에 존재하며 저장고 역할을 하고, 나머지 10%는 세포내액에 존재한다. 나트륨은 염소와 결합하여 주로 체액 속에 존재한다.

1) 흡수와 대사

섭취한 나트륨은 약 95~98% 정도가 소장에서 능동수송을 통해 흡수되며, 흡수 시 포도 당이 필요하다. 또한 대장에서도 변으로 제거되기 전까지 흡수된다. 나트륨의 주된 대사경 로는 신장이지만 레닌과 부신피질에서 분비되는 호르몬인 알도스테론은 신장의 세뇨관에 서 재흡수를 증가시킴으로써 체내 나트륨 농도의 항상성과 체액량을 조절한다[그림 7-11].

나트륨의 필요량이 증가되면 알도스테론의 분비도 증가되어 소장에서의 나트륨 흡수와 신장에서의 재흡수 기능을 자극하여 체내 농도가 높아지고, 반대로 나트륨의 섭취가 증가 되면 알도스테론의 분비는 억제되어 나트륨의 재흡수가 감소되고 배설이 증가되어 체내 나트륨 농도를 조절한다.

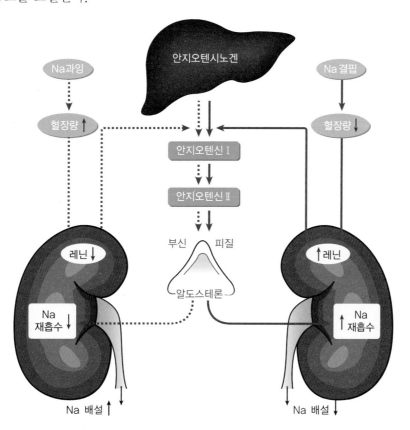

[그림 7-11] **나트륨의 흡수와 대사**

2) 생리적 기능

① 신경과 근육의 자극전달

나트륨은 세포외액의 주요 양이온으로 세포 밖에서 농도가 높고, 칼륨은 세포내액의 주요 양이온으로 세포 안에서 농도가 높다[그림 7-12]. 이러한 세포막 사이의 나트륨과 칼륨의 농도 차이에 의해 막전위가 형성되어 신경자극의 전달, 근육 수축과 심장 기능 유지가 조절된다.

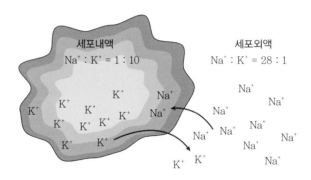

[그림 7-12] 세포 내외의 나트륨과 칼륨

② 수분 및 산·알칼리의 평형 조절

나트륨은 세포외액의 삼투압을 정상으로 유지하고 체액의 부피를 조절하는 데 관여한다. 세포내외액 간의 칼륨과 나트륨의 농도에 따라 생성되는 삼투압에 의해 세포 내외의 수분 평형이 조절된다. 나트륨과 칼륨은 세포외액에서는 28대 1의 비율로 유지되고, 세포내액에서는 1대 10으로 유지될 때 세포 내외의 삼투압이 정상적으로 유지된다. 또한 나트륨은 양이온으로서 산·알칼리 평형에 관하여 세포외액의 정상적인 pH 유지를 돕는다.

③ 영양소의 흡수와 수송

소장점막세포에서 나트륨-칼륨 펌프작용을 통하여 포도당과 아미노산이 흡수될 때 세포막을 통한 능동수송에서 중요한 역할을 한다.

3) 영양소 섭취기준

건강을 유지하는 데 필요한 성인의 1일 나트륨 최소 필요량은 500mg이지만 실제로는 나트륨의 결핍증보다는 과잉섭취가 문제가 된다. 나트륨의 과잉섭취는 고혈압 등 만성질환을 유발할 수 있으므로 19~64세 성인의 1일 충분섭취량은 1,500mg, 만성질환 위험감소 섭취량은 2,300mg으로 설정되었다. 2020 한국인 영양소 섭취기준에서는 나트륨 목표섭취량을 제시하지 않았는데, 이는 앞서 만성질환 위험감소를 위한 섭취기준 신설이 목표섭취량 개념과 유사한 부분이 있기 때문이다.

4) 결핍증과 과잉증

나트륨은 대부분의 식품에 함유되어 있고 조리과정에서 첨가되며, 신장에서 재흡수되므로 결핍증은 거의 나타나지 않는다. 결핍증이 나타나는 경우는 심한 설사, 구토, 발한 등이 지속되거나 부신피질 기능 부전으로 인해 체내 나트륨 함량이 저하되었을 때이다. 결핍증상으로는 성장부진, 식욕부진, 근육 경련, 메스꺼움, 설사 등의 증세가 나타난다.

나트륨을 장기간 과잉으로 섭취하는 경우 고나트륨혈증과 고혈압을 일으키며 위암과 위궤양의 발병률을 증가시킬 수 있다.

5) 급원식품

가정에서 사용하는 소금은 나트륨 40%, 염소 60%로 이루어져 있다. 육류에는 채소나 과일, 콩류에 비해 비교적 많은 나트륨이 함유되어 있다[그림 7-13].

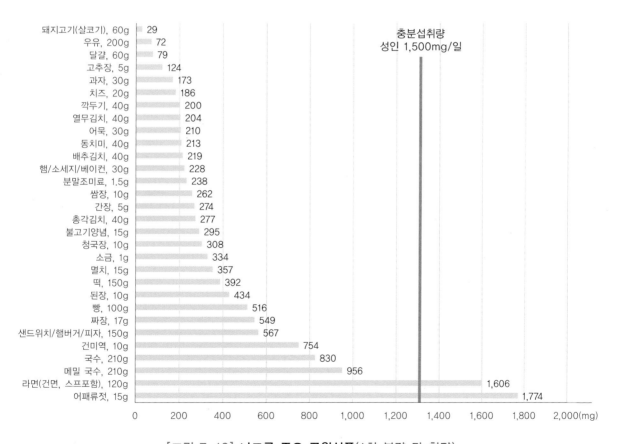

[그림 7-13] **나트륨 주요 급원식품**(1회 분량 당 함량)

그러나 이들 자연식품보다 조리 시 사용되는 소금이나 가공과정에서 첨가되는 나트륨이 훨씬 많다. 소금 외에 간장, 된장, 고추장 등의 양념 및 젓갈류, 장아찌류, 김치류 등은 나트륨 함량이 높으며, 또한 화학조미료와 베이킹파우더, 발색제로 사용되는 아질산나트륨 등에도 많이 함유되어 있다[표 7-4].

표 7-4 소금이 많이 들어 있는 식품

구분	식품명
절임식품	젓갈류, 장아찌, 자반고등어, 굴비
훈제 · 어육식품	햄, 소시지, 베이컨, 훈제 연어
스낵식품	포테이토칩, 팝콘, 크래커 등
인스턴트식품	라면, 즉석식품류, 통조림식품
가공식품	치즈, 마가린, 버터, 케첩
조미료	간장, 된장, 고추장, 우스터소스, 바비큐소스

(5) 칼륨

칼륨(potassium, K)은 세포내액의 중요한 양이온으로 신체 총량의 약 98%가 세포 내에 존재한다. 또한 칼륨은 체내의 대표적인 전해질로서 60% 이상이 물로 구성된 인체가 정상적인 기능을 하기 위해서는 세포 내외의 칼륨 농도 조절이 중요하다.

1) 흡수와 대사

칼륨은 90% 이상이 소장벽을 통하여 쉽게 흡수되고, 전해질 성분으로 재흡수되고 소변으로 배설된다. 신장은 칼륨의 균형을 유지시키는 주된 조절기관이다. 나트륨-칼륨 펌프(sodium-potassium pump)와 부신피질의 알도스테론에 의해서 세포 내·외에서 나트륨과 칼륨의 비율이 일정하게 유지되도록 조절하고 있다.

2) 생리적 기능

칼륨은 세포내액의 주된 양이온으로 나트륨과 함께 체액의 삼투압과 수분 평형을 조절하며, 나트륨, 수소 이온과 함께 산·알칼리 균형에 관여한다. 또한 나트륨, 칼슘과 함께 신경, 근육의 흥분과 자극에 관여하여, 근육의 수축과 이완작용 및 신경의 자극전달에 관여한다. 칼륨은 근육을 이완시키므로 칼륨 농도가 너무 높으면 심장근육이 지나치게 이완되어 심장마비를 일으킬 수 있다. 글리코겐 및 단백질 합성에도 관여한다. 글리코겐이 생성되고

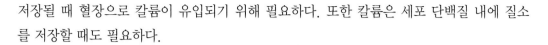

저장될 때 혈장으로 칼륨이 유입되기 위해 필요하다. 또한 칼륨은 세포 단백질 내에 질소를 저장할 때도 필요하다.

3) 영양소 섭취기준

칼륨에 대한 특별한 권장량은 정해져 있지 않으며 성인의 경우 모든 연령층에서 동일한 수준의 충분섭취량을 설정하였다. 19~64세 성인의 1일 충분섭취량은 3,500mg이다.

4) 결핍증과 과잉증

건강한 상태에서는 칼륨의 결핍증이 나타나지 않지만, 기아, 만성 알코올 중독증, 만성적인 위장질환, 고혈압 치료제, 이뇨제, 하제 및 구토제의 오랜 사용 등으로 칼륨 섭취가 불량하거나 지속적인 구토와 설사 등으로 영양소 흡수를 방해받는 경우에 결핍증이 생길 수 있다. 결핍증상으로는 구토, 무기력, 근육 약화, 호흡 기능 약화, 소화 기능 약화, 심장 이상 등의 증세가 나타나고, 심하면 근육 이완에 장애를 가져와 근육마비와 부정맥을 유발시킬 수 있다.

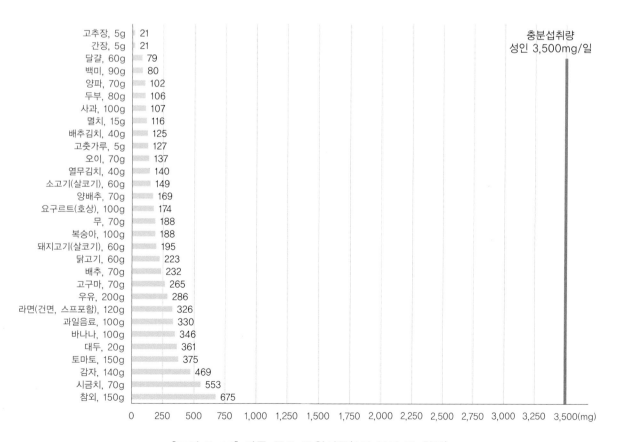

[그림 7-14] 칼륨 주요 급원식품(1회 분량 당 함량)

신장 기능이 정상이면 일상 식사에서 섭취하는 정도로는 칼륨의 과잉증이 나타나지 않으나 신장질환 시에는 혈중 칼륨의 농도가 상승하여 고칼륨혈증이 나타날 수 있다. 고칼륨혈증 시 심장박동이 느려지므로 부정맥을 일으키게 되어 심부전을 일으킬 수 있다.

5) 급원식품

동물성 식품과 식물성 식품에 널리 분포되어 있으므로 여러 가지 식품을 균형있게 섭취하는 경우 충분하게 공급된다. 대표적인 급원식품으로 두류와 견과류, 채소류와 과일류 등이 있다[그림 7-14].

(6) 염소

염소(chlorine, Cl)는 세포외액에 많이 존재하는 음이온으로 주로 나트륨과 칼륨이온이 결합하여 작용한다. 염소는 체내에 널리 분포되어 있으며 많은 양의 염소는 위액 내 위산(HCl)의 구성성분으로 존재하고, 나트륨과 결합하여 소금의 형태로 섭취하게 된다.

1) 흡수와 대사

염소는 나트륨, 칼륨과 함께 소장에서 흡수되며 주로 소변으로 배설되고, 소량이 땀으로 배설된다. 또한 나트륨과 마찬가지로 알도스테론에 의해 대사가 조절된다.

2) 생리적 기능

염소는 수소이온과 결합하여 염산을 형성하는데, 염산(HCl)은 위액의 중요 구성성분으로 펩시노겐을 활성형인 펩신으로 전환시키고 위 내용물의 정상적인 산도를 유지시켜 준다. 세포 사이나 세포외액의 음이온으로 나트륨이나 칼륨처럼 수분 평형과 삼투압을 조절하고 체액의 pH를 조절한다. 또한, 신경자극 전달에도 중요한 역할을 한다.

3) 영양소 섭취기준

염소의 권장섭취량은 설정되어 있지 않으나 성인의 1일 충분섭취량은 2,300mg으로 대부분의 경우 염소는 나트륨과 함께 존재하므로 나트륨의 섭취가 적절하면 염소 역시 충분히 공급된다.

4) 결핍증과 과잉증

염소는 식사를 통한 소금 섭취량이 높기 때문에 결핍증은 흔하지 않으나 극도로 소금의 섭취를 제한하거나 장기간의 잦은 구토 등으로 위액이 손실되면 결핍증세가 나타날 수 있다. 염소가 결핍되면 소화불량, 식욕부진, 무기력, 성장지연 등의 증세가 나타난다.

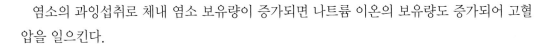

염소의 과잉섭취로 체내 염소 보유량이 증가되면 나트륨 이온의 보유량도 증가되어 고혈압을 일으킨다.

5) 급원식품

소금의 60%가 염소이므로, 소금 섭취량을 알면 염소의 섭취량도 알 수 있다. 급원식품 중 달걀, 육류, 치즈 등에는 염소가 풍부하나 과일과 채소 등에는 소량 함유되어 있다.

(7) 황

황(sulfur, S)의 인체 내 함량은 체중의 0.25%로 우리 신체의 모든 세포 내에서 발견된다. 대부분의 무기질은 체내에서 이온의 형태로 작용하지만 황은 체내에서 비타민이나 아미노산(메티오닌, 시스테인, 시스틴)의 구성성분으로 존재한다.

1) 흡수와 대사

식품 중의 황은 대부분이 유기물상태(예: 황함유 아미노산)로 소장벽을 통해 흡수된다. 황함유 아미노산이 대사되면 황산 음이온이 생성되는데, 이 물질은 신장에서 칼슘의 재흡수율을 낮추는 역할을 한다. 그러므로 동물성 단백질을 과잉섭취하면 소변으로의 칼슘 배설이 증가한다.

2) 생리적 기능

황은 황함유 아미노산인 메티오닌과 시스테인 등의 구성성분으로 결체조직, 손톱, 모발 등에 다량 함유되어 있다. 또한 산·알칼리 평형에 관여하고 약물해독 과정에도 중요한 역할을 한다.

황은 글루타티온의 구성성분으로써 생체 내에서 산화·환원 반응에 관여한다. 그 밖에 황은 인슐린, 헤파린, 비타민 B_1, 비오틴, 코엔자임 A 등의 필수 구성성분이다.

3) 영양소 섭취기준

함황 아미노산이 풍부한 식사를 하고 있는 한 충분히 공급받을 수 있기 때문에 황의 영양소 섭취기준은 설정되어 있지 않다.

4) 결핍증과 과잉증

황의 결핍증이나 과잉증에 대해서는 알려진 바가 없으며, 단백질 섭취가 충분하면 결핍증은 일어나지 않는다.

5) 급원식품

급원식품으로는 단백질이 풍부한 육류, 가금류, 생선, 우유 및 유제품, 두류 등이 있다.

표 7-5 다량무기질 요약

종류	생리적 기능	권장섭취량/ 충분섭취량/ 만성질환위험 감소섭취량	결핍증	과잉증	급원식품
칼슘 (Ca)	• 골격과 치아 구성 • 근육의 수축과 이완 • 신경자극 전달 • 혈액 응고	(19~49세) 남 800mg 여 700mg	구루병(어린이) 골연화증 골다공증 근육경련	고칼슘혈증 신장결석 우유-알칼리증후군 철흡수 감소 아연흡수 감소	우유 및 유제품, 뼈째 먹는 생선, 녹색 채소, 칼슘강화식품
인 (P)	• 골격과 치아 구성 • 에너지 대사 • 신체의 구성성분 • 비타민과 효소의 활성화 • 완충작용(산·염기 평형)	(19세 이상) 남녀 700mg	저인산혈증 근육약화 및 통증	고인산혈증 저칼슘혈증	유제품, 어육류, 곡류, 가공식품, 탄산음료, 제빵류
마그네슘 (Mg)	• 골격과 치아구성 • 효소 기능 보조 • 신경과 근육에 작용	(19~29세) 남 360mg 여 280mg	허약 근육통 심장기능약화 신경장애	신장질환자에서 설사와 허약	전곡 녹황생 채소, 콩류, 견과류, 초콜릿
나트륨 (Na)	• 세포외액의 양이온 • 신경 자극 전달 • 삼투압과 수분조절, • 산·염기 평형조절 • 포도당 흡수	충분섭취량 (19~64세) 남녀 1,500mg 만성질환위험 감소섭취량 2,300mg	식욕부진 근육경련	고혈압 요중 칼슘 손실 증가	식탁염, 장류, 김치, 젓갈, 장아찌, 가공식품
칼륨 (K)	• 세포내액의 양이온 • 삼투압과 수분조절 • 산·염기 평형조절 • 근육이완, 신경자극전달 • 글리코겐 합성	충분섭취량 (19세 이상) 남녀 3,500mg	무기력 식욕감소 근육약화 근육마비 부정맥	신장기능 이상 시 심장박동이 느려짐	두류, 견과류, 채소류, 과일류
염소 (Cl)	• 세포외액의 음이온 • 위내 HCl 구성 • 삼투압과 수분조절 • 산·염기 평형	충분섭취량 (19~64세) 남녀 2,300mg	식욕부진 성장지연	나트륨과 결합하여 고혈압 발생	식탁염, 가공식품
황 (S)	• 세포단백질 구성성분 • 비타민의 구성성분 • 약물해독 • 산·염기 평형	–	결핍증이 발견되지 않음	흔치 않음	단백질 식품

4. 미량무기질

(1) 철

철(iron, Fe)은 자연계에 가장 많이 존재하는 무기질이며 또한 전 세계적으로 가장 결핍증이 흔하게 나타나는 영양소이다. 체내 함유된 철 함량은 0.004% 정도로 성인에게는 3~4g 정도가 있다. 철의 70~80%는 기능적으로 헤모글로빈, 미오글로빈, 철함유 효소에 존재하며, 나머지는 간, 비장, 골수 등에 페리틴이나 헤모시데린 형태로 저장된다. 혈액 내에는 철운반 단백질인 트랜스페린이 존재한다.

1) 흡수와 대사

① 흡수

철은 소장 상부인 십이지장과 공장에서 주로 흡수된다. 철의 흡수율은 낮은 편이라서 식사로 섭취한 철의 약 10%만이 체내로 흡수된다. 그러나 체내 요구량이 높아지거나 철이 부족한 경우 철 흡수율이 높아질 수 있으며 함께 섭취하는 음식물의 종류에 따라서도 흡수율이 달라질 수 있다.

가. 흡수를 증가시키는 요인

식품 중의 철은 헴철과 비헴철의 두 가지 형태로 존재한다. 동물성 식품은 헴철을 상당량 보유하고 있으나 식물성 식품은 모두 비헴철의 형태로 존재한다. 헴철의 흡수율은 20~25% 정도로 비헴철의 흡수율인 5%보다 높다. 비타민 C 섭취나 위산분비 등으로 위의 환경이 산성화되면 식품 중의 3가의 철이온(Fe^{3+}, ferric iron, 제2철)이 흡수되기 좋은 형태인 2가의 철이온(Fe^{2+}, ferrous iron, 제1철)으로 전환되어 철의 흡수율이 높아진다. 구연산이나 젖산과 같은 유기산도 철의 흡수율을 높인다.

철의 흡수율은 체내 이용률에 의해 결정되며 체내의 철 요구량이 높을수록 흡수율이 증가한다. 즉 성장기 어린이나 청소년, 임신부의 경우에는 체내 철 요구량이 높아지므로 철 흡수율이 높아진다.

나. 흡수를 저해하는 요인

철의 흡수를 저해하는 요인 중 가장 많은 경우는 주로 철과 결합하여 불용성 분자를 만들거나 소장점막의 흡수세포막을 통과할 수 없는 분자량이 큰 식이성분들이다. 콩류나 곡류 중에 함량이 높은 피틴산이나 시금치의 수산 및 차의 탄닌 성분도 비헴철과 결합하여 흡수율을 낮춘다. 식이섬유소의 과다 섭취도 영양소들의 장내 통과시간을 단축시켜 철의 흡수를 감소시킬 수 있으며, 다른 무기질(Ca^{2+}, Zn^{2+}, Mn^{2+} 등)의 섭취량이 많으면 흡수과정에서의 경쟁으로 인해 철 흡수가 감소될 수도 있다.

위절제수술이나 노화에 의한 위산분비 감소 등으로 인해 위액의 분비가 감소되면 철의 흡수율이 감소한다. 또한 감염 및 설사 등의 위장관질환도 철의 흡수를 낮춘다. 또한 체내 저장된 철의 양이 풍부할 경우에는 철의 흡수율은 저하된다. 그러나 헴철의 흡수는 식사성분의 영향을 별로 받지 않는다[표 7-6].

표 7-6 철의 흡수에 영향을 주는 요인

흡수를 증진시키는 요인	흡수를 저해하는 요인
• 헴철(육류, 가금류, 어류, 난류 등의 철) • 비타민 C • 유기산(시트르산 등) • 위산 • 신체의 요구량 증가 • 철의 저장량 감소	• 분자량이 큰 식이성분 • 과량의 식이섬유소 • 피틴산, 수산, 탄닌, 폴리페놀 • 과량의 무기질(Ca^{2+}, Zn^{2+}, Mn^{2+} 등) • 위산분비 감소 • 감염 및 위장질환 • 철의 저장량 증가

② 대사

체내로 흡수된 철의 대사경로는 [그림 7-15]와 같다.

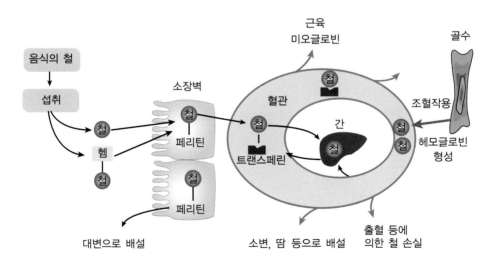

[그림 7-15] 철의 흡수와 대사

흡수된 철은 철 운반 단백질인 트랜스페린에 결합하여 혈액을 따라 필요한 곳으로 운반되어 사용되거나, 소장의 흡수세포에 남아 페리틴의 형태로 저장된다. 페리틴의 형태로 저장된 철은 체내 요구량에 따라 필요한 장소로 이동되어 사용된다. 철은 주로 적혈구의 혈색소인 헤모글로빈의 합성에 사용되어 체내에서 필요한 곳으로 산소를 운반하는 작용을 한다. 적혈구는 90~120일간의 생존 기간을 가진 후 간이나 비장에서 파괴되는데, 이때 빠져나온 철의 대부분은 새로운 적혈구를 만드는 데 재사용된다. 흡수된 후 재사용되지 않은 철은 주로 담즙, 장점막세포의 탈락 등을 통해 땀, 소변, 대변 등으로 배설된다. 그러나 외과적 수술이나 여성들의 생리, 출산 등 출혈이 있으면 적혈구 형태로 철이 손실되는 경우도 있다.

2) 생리적 기능

① 산소의 이동과 저장

철은 산소의 운반과 대사에 관여하는 2가지 단백질인 헤모글로빈과 미오글로빈의 구성성분으로 신체 내에서 산소를 운반하는 중요한 역할을 한다. 체내에 존재하는 철의 약 70%는 적혈구의 헤모글로빈에 결합되어 폐에서 조직으로의 산소 운반을 돕는다. 또한 체내 철의 약 5%는 근육의 미오글로빈 성분으로 존재하여 근육조직에 산소를 일시적으로 저장하고 골격근과 심장근세포 등에 산소를 공급한다.

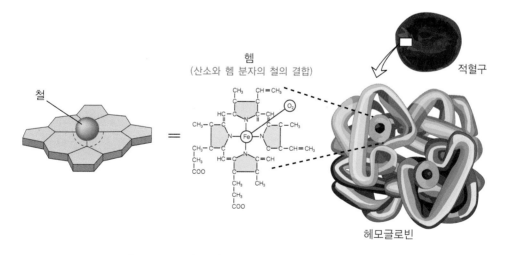

[그림 7-16] 적혈구, 헤모글로빈 및 헴의 구조

② 효소의 구성성분

체내 존재하는 많은 효소가 철을 구성성분으로 함유하고 있거나 기능을 수행하기 위한 조효소로서 철을 필요로 한다. 미토콘드리아의 전자전달계에 관여하는 효소의 구성성분으로 에너지 대사에 관여하며, 지질 대사에 관여하는 물질인 카르니틴과 세포막의 구성물질인 콜라겐의 합성 등에도 관여한다. 이외에도 정상적인 면역기능을 유지하는 데 필요하고 신경전달물질의 합성에도 관여한다.

3) 영양소 섭취기준

철의 영양소 섭취기준은 기본적인 손실량 외에 생리로 인한 손실량, 성장 및 임신으로 인한 요구량 증가 등의 요인들과 철의 흡수율을 고려하여 추정한다. 철의 영양소 섭취기준으로 평균필요량, 권장섭취량, 상한섭취량이 설정되었으며, 0~5개월 영아에게만 충분섭취량이 설정되었다. 19~29세 성인의 1일 권장섭취량은 남자 10mg, 여자 14mg이며, 임신부는 24mg을 섭취하도록 권장하고 있다. 철은 보충제를 통하여 과잉 섭취하였을 때 위장장애를 유발하는 등 인체에 유해한 영향을 미치므로 성인의 상한섭취량은 45mg으로 설정되었다.

4) 결핍증과 과잉증

① 결핍증

철 결핍증은 체내 철 저장량이 부족한 상태로 세계적으로 가장 흔하게 나타나는 영양결핍증이다. 주로 영유아, 사춘기 청소년, 임신부 등에게서 결핍증세가 흔히 나타나는데, 체내 철 저장량이 고갈된 후에도 계속적으로 철 섭취가 부족한 경우 발생한다. 헤마토크리트 수치가 정상보다 낮으면 헤모글로빈 농도가 감소한다. 이러한 경우에 산소의 결합능력이 떨어지고 대사산물인 이산화탄소가 효율적으로 제거되지 못한다.

철이 결핍되면 크기가 작고 혈색소 농도가 낮은 적혈구가 생성되므로 소적혈구성·저색소성 빈혈이 나타난다. 증세로는 혈액의 산소운반 능력 감소로 인한 창백한 피부, 피곤함, 두통, 짜증, 무기력, 추위에 대한 민감도 증가, 면역능력 감소, 식욕 감소 등이 일반적이다. 그 외에도 일 수행능력의 감소, 어린이의 경우 성장 지연, 집중력과 학습능력의 감소 등을 들 수 있다. 생화학적 검사 결과 빈혈로 판정이 되면 이미 체내 철 결핍증이 상당히 진행된 후이므로 평상시 철이 풍부한 식품의 섭취를 통한 사전예방이 중요하다.

② 과잉증

철의 독성은 급성의 경우 철 영양제의 과잉섭취에서 비롯되며, 인체의 저장능력 이상으로 철이 축적되었을 때 나타나지만 철 흡수제한 등의 방어적인 시스템으로 인해 심각한 독성이 쉽게 발생하지는 않는다. 만성적인 과잉증은 철 흡수가 비정상적으로 높은 유전적 질환인 혈색소침착증(hemochromatosis)에서 나타나며 간·피하·췌장·심장에 철의 축적으로

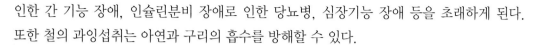

인한 간 기능 장애, 인슐린분비 장애로 인한 당뇨병, 심장기능 장애 등을 초래하게 된다. 또한 철의 과잉섭취는 아연과 구리의 흡수를 방해할 수 있다.

5) 급원식품

철의 가장 좋은 급원식품은 헴철을 가지고 있는 육류, 어패류, 가금류로 이 식품들은 철의 흡수율을 높여 준다. 곡류, 콩류, 녹색 채소 등도 철의 함량이 높지만 식물성 식품에 존재하는 철은 비헴철로 흡수율이 낮으므로 비타민 C가 풍부한 과일이나 육류 등과 함께 섭취하여 흡수를 증진시키도록 한다[그림 7-17].

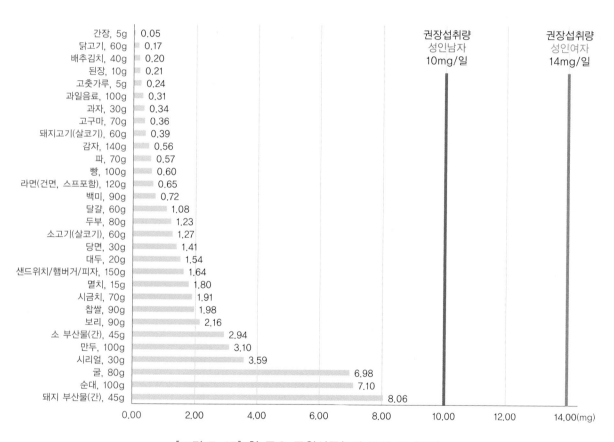

[그림 7-17] **철 주요 급원식품**(1회 분량 당 함량)

(2) 아연

아연(zinc, Zn)의 인체 내 함량은 2~3g이며 체내의 모든 세포에 존재한다. 체내에서 여러 효소의 구성성분, 생체막의 구조와 기능, 면역기능에 관여하는 필수 미량양양소이다. 모든 세포에서 효소작용과 관련하여 중요한 역할을 한다.

1) 흡수와 대사

아연은 대부분 소장에서 흡수되는데 소장 내 아연 농도가 높을 때는 확산에 의해 흡수되고 농도가 낮을 때는 능동수송에 의해 혈액으로 운반된다. 동물성 단백질과 구연산 등은 아연 흡수를 증가시키는 반면 식이섬유소, 피틴산 및 구리, 철, 칼슘 등의 다른 무기질은 흡수를 감소시킨다. 흡수된 아연 중 30~40%는 간으로 운반되어 저장되고 60~70%는 신체의 다른 조직에서 사용된다.

메탈로티오네인(metallothionein)은 아연과 결합하는 금속함유 단백질로서 소장점막세포 내에 존재하여 아연의 항상성을 조절하는 역할을 한다. 아연 섭취량에 따라 소장세포 내에서 메탈로티오네인이 합성되는 정도가 영향을 받는다. 흡수된 아연은 알부민과 결합하여 간 문맥을 경유하여 간으로 운반된다. 흡수되지 못한 아연은 대변으로 배설되며, 사용하고 남은 나머지 중 소량이 소변, 땀 등을 통해서 배설된다[그림 7-18].

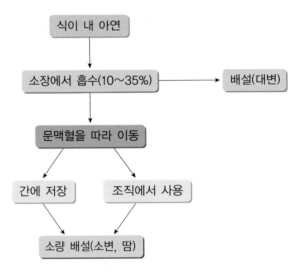

[그림 7-18] 아연의 흡수와 대사

2) 생리적 기능

① 효소의 구성성분

세포 내의 많은 대사과정은 아연을 필요로 한다. 아연은 세포의 증식과 성장, 열량영양소와 알코올의 정상적인 대사 그리고 체내에 유해한 유리기를 제거하는 과정에 관여하는 200여 종의 효소들의 구성성분으로 체내에서 주요한 대사과정과 반응을 조절한다.

② 성장과 면역기능

아연은 DNA, RNA와 같은 핵산의 합성에 관여하여 단백질 대사와 합성을 조절하는 작용을 하므로 아연의 결핍 시 성장이 지연된다. 또한 상처 회복을 돕고 면역기능을 증진시키는 역할을 한다.

③ 기타 필수기능

인슐린과 복합체를 이루고 있어 탄수화물의 대사와도 관련이 있으며, 비타민 A의 이용, 미각, 갑상선 기능, 상처 치유, 정자 생성, 생식기관과 뼈의 발달 등에도 관여하는 등 여러 가지를 담당하고 있다.

3) 영양소 섭취기준

아연은 체내에서 매일 손실되는 양을 보충할 수 있는 양을 근거로 신체크기, 성장속도, 식품의 체내 이용률, 영양소 간의 상호작용 등을 고려하여 결정된다. 영유아 및 청소년기, 임신부와 같이 새로운 조직을 만들어야 하는 사람들의 아연 필요량이 가장 많다. 19~29세 성인의 1일 권장섭취량은 남자 10mg, 여자 8mg을 권장하고 있으며, 어린이의 경우 정상적인 성장발달에 필요하므로 체중에 비해 많은 양을 권장한다. 임신부는 10.5mg, 수유부는 13mg을 권장하고 있다. 아연을 만성적으로 과다 섭취할 경우 적혈구의 활성이 저하되거나 구리의 영양상태가 저하되므로 성인의 경우 상한섭취량을 35mg으로 설정되었다.

4) 결핍증과 과잉증

사람에게서 심한 결핍증은 드물며, 만성적인 경미한 결핍증세로는 면역기능 장애가 나타난다. 어린이의 경우 성장 지연 등의 비특이적인 임상증세가 수반되므로 가벼운 결핍증은 진단이 쉽지 않다. 아연 결핍에 민감한 임신부, 어린이, 노인, 채식주의자, 알코올 중독자에게서 경미한 아연 결핍이 나타날 수 있다. 아연의 결핍은 동물성 식품섭취가 부족한 저소득층에서 주로 나타나는데 미각퇴화, 식욕감소, 상처회복 지연, 성장지연, 성적성숙지연, 학습능력감소 등이다. 아연은 비교적 독성이 없는 원소이지만 많은 양을 섭취할 경우 독성을 일으킬 수 있는데, 구토, 설사, 피로감, 면역기능 감소 등의 증상이 나타난다. 또한 아연의 과잉 공급은 다른 무기질, 특히 철과 구리의 흡수를 억제하여 빈혈 등의 증세를 나타낼 수 있다.

5) 급원식품

아연은 단백질이 풍부한 식품에 많이 들어 있다. 굴에 매우 많으며, 새우, 게, 해산물, 붉은 살코기, 간에 많이 들어있으며 가금류와 전곡도 아연의 좋은 급원이다. 전곡과 식물성 단백질에 들어 있는 아연은 흡수를 방해하는 피틴산이 상대적으로 많이 포함되어 있어 생체 이용률이 떨어지고, 채소나 과일, 정제된 식품에는 아연의 함량이 낮다[그림 7-19].

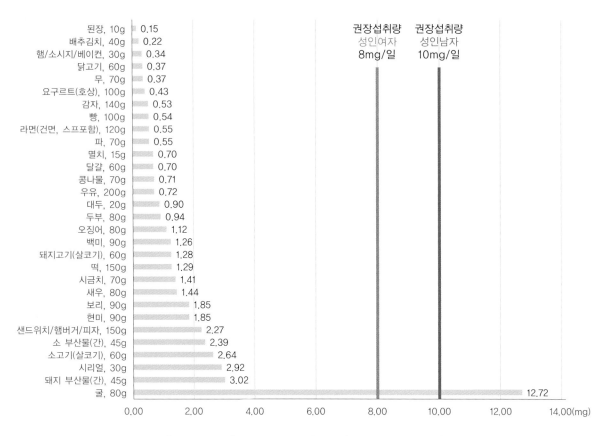

[그림 7-19] 아연 주요 급원식품(1회 분량 당 함량)

(3) 구리

구리(copper, Cu)의 인체 내 함량은 약 50~120mg 정도로 체내 여러 효소의 구성성분이 주로 근육, 간, 뇌, 심장, 신장 등에 존재한다. 기능이나 대사면에서 철과 유사한 점이 많은 원소로 빈혈 예방을 위해 철과 함께 구리가 필요하다.

1) 흡수와 대사

구리는 소장의 십이지장에서 주로 흡수된다. 식사로 섭취한 구리의 흡수율은 섭취량이나 체내 요구량에 따라 달라진다. 구리의 흡수를 조절하는 인자는 아연과 마찬가지로 메탈로티오네인이며, 메탈로티오네인의 생합성은 아연, 구리, 카드뮴에 의해 촉진된다. 구리와 아연은 흡수될 때 서로 경쟁하고, 철, 비타민 C를 많이 섭취하는 경우 구리의 흡수율은 감소시킬 수 있다. 구리의 섭취량이 증가함에 따라 체내 흡수율은 감소하며, 철과 같은 다른 무기질의 체내 이용률에 영향을 주는 식이섬유소와 피틴산은 구리의 흡수에는 영향을 주지 않는다.

흡수된 후에도 주로 알부민 의해 이동되며, 대부분은 간으로 들어가 셀룰로플라스민 (ceruloplasmin)을 합성한다. 구리는 셀룰로플라스민의 형태로 혈액을 통해 필요 조직으로 이동된다. 구리는 대부분 담즙을 통해 대변으로 배설되며 소량은 소변, 땀, 생리로 배설된다[그림 7-20].

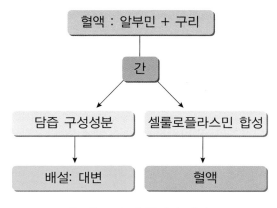

[그림 7-20] 구리의 대사

2) 생리적 기능

① 철의 흡수와 운반

구리를 함유하고 있는 셀룰로플라스민은 철을 산화킴으로써($Fe^{2+} \rightarrow Fe^{3+}$) 소장세포막을 쉽게 통과하도록 철의 흡수를 돕는다. 간에서 다른 조직으로 철의 이동에 관여하여 헤모글로빈 합성을 돕고 빈혈을 예방한다.

② 결합조직의 합성

구리는 결합조직 단백질인 콜라겐과 엘라스틴이 합성하는데 필수적인 역할을 하는 라이실산화효소(lysyl oxidase)를 활성화시키므로 결합조직의 합성에도 관여한다. 이 효소는 심장과 혈관에서 결합조직 유지를 도우며 골격 형성에 관여한다.

③ 금속효소 구성

구리는 여러 다양한 효소들의 구성성분으로 중요한 역할을 한다. 미토콘드리아의 전자전달계에 관여하는 시토크롬 산화효소의 산화효소로 에너지생성에 기여한다. 항산화효소인 수퍼옥사이드 디스뮤테이스(superoxide dismutase, SOD) 등의 반응을 촉매함으로써 세포의 산화적 손상을 방지하는 기능을 가지며 신경전달물질을 형성하는 효소의 보조인자로도 작용한다.

3) 영양소 섭취기준

구리의 영양소 섭취기준으로 평균필요량, 권장섭취량, 상한섭취량이 설정되었으며, 영아에게만 충분섭취량이 설정되었다. 19~64세 성인의 1일 권장섭취량은 남자 850μg, 여자 650μg이다. 구리를 식사나 영양보충제의 형태로 섭취 시 안전에 위해가 되는 경우는 거의 없다. 그러나 농약, 흡연, 화장품 등의 이용 시 비의도적 노출로 인한 독성발생이 나타날 수 있으므로 상한섭취량은 간 손상을 일으키지 않는 10,000μg으로 정하였다.

4) 결핍증과 과잉증

구리 결핍증은 드문 편이나 우유를 먹는 영아, 조산아, 영양불량에서 회복되는 상태의 영유아나 환자들에게서 발생할 수 있다. 결핍증세로는 빈혈, 백혈구 감소증, 무기질이 빠져나옴으로 인한 골격의 비정상화, 머리카락과 피부 탈색, 엘라스틴 형성 손상 등이 있으며, 조혈작용 부전과 뇌손상이 나타나며 사망을 초래하기도 한다. 백혈구감소증은 유아에게 나타나는 구리 결핍의 초기 지표이다.

구리의 과잉섭취에 의한 과잉증으로는 적혈구 파괴로 인한 빈혈, 신장세뇨관의 손상, 간 손상, 메스꺼움, 구토 등이 나타난다. 윌슨씨병은 유전적 결함에 의한 구리 과잉증으로, 담즙을 통해 구리가 배설되지 못하고 간, 뇌, 신장, 각막에 축적되어 뇌 손상의 증상을 보인다. 또한 이들 장기에 갈색이나 녹색이 나타나는 질환으로 보통 어린이에게 발병하기 쉽다.

5) 급원식품

구리가 풍부한 식품으로는 간을 포함한 내장고기류, 굴, 조개 등의 어패류, 견과류, 종자류, 대두제품 및 초콜릿이다. 말린 과일, 바나나, 토마토, 곡류 등에도 상당량 함유되어 있으나 그 외의 과일이나 채소, 우유에는 함량이 적다[그림 7-21].

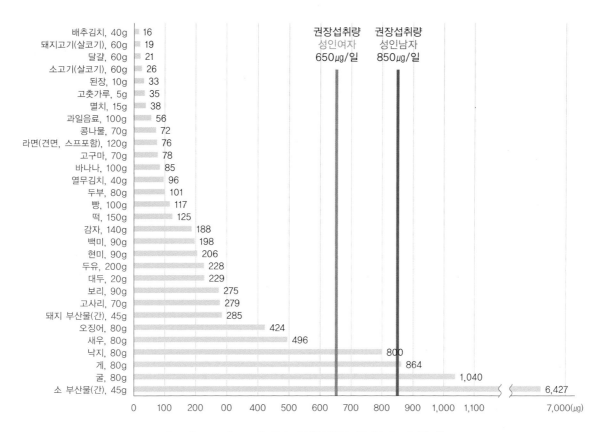

[그림 7-21] **구리 주요 급원식품**(1회 분량 당 함량)

(4) 요오드

요오드(iodine, I)의 인체 내 함량은 15~20mg 정도로, 그중 70~80% 정도가 갑상선에 있다. 요오드는 체내에 극소량으로 존재하는 미량무기질이며, 갑상선호르몬의 주성분으로 체내 기초대사량을 조절하고, 체온 유지, 생식, 성장 등에 관여하는 중요한 역할을 한다.

1) 흡수와 대사

식이 내 요오드는 요오드이온 형태로 환원된 후 소장 상부에서 대부분 흡수된다. 흡수된 요오드는 이온형태로 단백질과 결합하여 갑상선과 신장으로 이동되며 비율은 요오드의 체내 영양상태에 따라 조절된다. 일반적으로 섭취한 양의 30%가 갑상선으로 흡수되어 갑상선호르몬의 합성에 이용된다. 체내에 흡수되어 혈장에 존재하는 요오드의 주된 배설경로는 신장을 통해 소변으로 배설되고, 소량은 대변과 땀을 통하여 배설된다[그림 7-22].

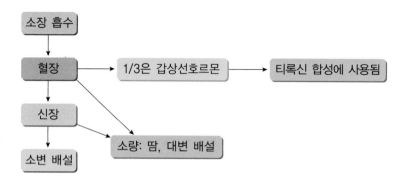

[그림 7-22] 요오드의 흡수와 대사

2) 생리적 기능

요오드의 주된 기능은 갑상선호르몬인 티록신(T_3, T_4)의 합성이다[그림 7-23]. 갑상선호르몬은 티록신과 요오드가 구성성분인 아미노산계 호르몬으로 체내의 대사과정을 촉진시키고 모든 세포에서의 에너지 생산, 열 생산, 체온 조절 등에 관여한다. 또한 신체의 성장과 두뇌 발달에도 관여하므로 태아나 신생아의 갑상선호르몬 부족은 신체 발달이 저하되고 뇌 발달의 손상으로 뇌 기능에 장애가 초래될 수 있다.

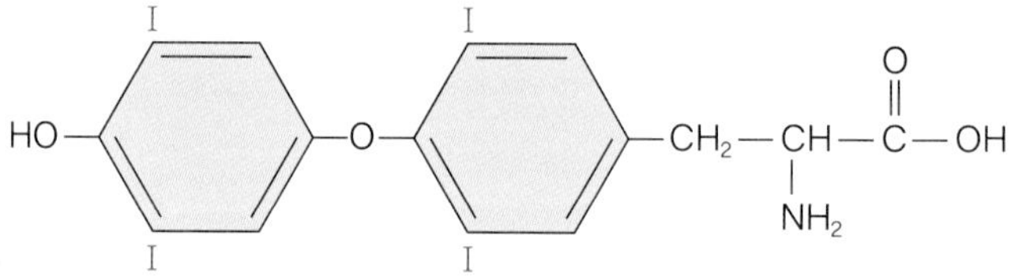

T_3 : 트리요오드티로닌(요오드가 3개)
T_4 : 테트라요오드티로닌, 티록신(요오드가 4개)

[그림 7-23] 갑상선호르몬

3) 영양소 섭취기준

요오드의 영양소 섭취기준으로 평균필요량, 권장섭취량, 상한섭취량이 설정되었으며 영아에게만 충분섭취량이 설정되었다. 갑상선 결핍증을 예방하기 위해서는 하루에 체중 1kg당 1㎍의 요오드 섭취가 바람직하다. 19~64세 성인의 1일 권장섭취량은 150㎍으로 설정되었고, 요오드의 독성 증세를 나타내지 않은 2,400㎍을 상한섭취량으로 설정되었다.

4) 결핍증과 과잉증

요오드 결핍증이 일어나는 가장 큰 요인은 식사로 섭취하는 요오드의 양이 감소하는 것이다. 혈중 요오드 농도가 낮아지면 갑상선을 계속 자극하여 갑상선이 비대해지는데, 이러한 상태를 단순갑상선종이라고 한다[그림 7-24]. 이 질병은 토양에 요오드 함량이 낮은 지역이나 바다로부터 멀리 떨어져서 해조류의 섭취가 저조한 지역에서 많이 발생하는 풍토병으로 인식되어 왔는데, 체내 요오드가 부족하면 갑상선호르몬인 티록신이 제대로 생성되지 못해 갑상선이 비대해지고 이것이 기관지에 압박을 가해 호흡 곤란의 증세가 나타난다. 이 경우에 요오드를 공급해 주면 갑상선의 크기가 점점 감소하여 회복된다.

갑상선 기능이 저하되는 갑상선기능부전증은 성인, 주로 여성에서 나타나는데 기초대사율이 감소하며 권태감, 무기력, 추위에 대한 민감증, 월경불순 등의 증상을 수반한다. 또한 임신 중 모체의 요오드 섭취 부족은 태아의 두뇌발달을 저해하여 인지기능을 저하시켜 출생 후 정신박약, 성장 장애, 왜소증, 난청 등을 동반하는 크레틴병을 유발하기도 한다.

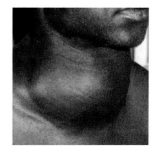

정상   갑상선종

[그림 7-24] **갑상선 조직이 비대해진 단순갑상선종**

요오드 함량이 1일 2,400μg 이상이 되면 과잉증이 나타날 수 있는데, 해조류를 아주 많이 섭취하는 경우를 제외하면 일반 식품으로 이 정도 수준까지의 섭취는 매우 드물다. 그러나 보충제 등을 이용하여 요오드를 과다하게 섭취하면 갑상선호르몬의 합성이 저해되고 갑상선의 과도한 자극으로 인하여 갑상선기능항진증이나 바세도우시병이라고 하는 갑상선중독증이 나타날 수 있다[그림 7-25]. 갑상선기능항진증 시 기초대사율이 높아져 자율신경계 장애를 유발하며 안구돌출이 일어난다. 보통 40세 이상의 연령층에서 발생하므로 주의가 필요하다.

[그림 7-25] 안구돌출 증상이 나타나는 바세도우시병

5) 급원식품

요오드는 바다에 가장 풍부하게 존재함으로 가장 좋은 급원식품은 생선, 다시마, 미역, 김 등의 해조류나 해산물이고 바닷가 근처에서 자란 식품의 잎 등에도 풍부하다. 육지에서 자란 식물성 식품의 요오드 함량은 낮은 편이나 토양 내 요오드 함량과 가공과정에 따라 함유량이 달라진다. 토양 내의 요오드 함량이 낮은 지역에서는 요오드 강화 식탁염이 주요 급원식품이다[그림 7-26].

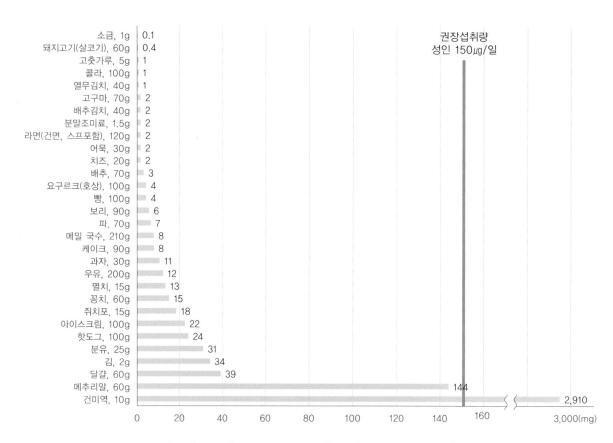

[그림 7-26] 요오드 주요 급원식품(1회 분량 당 함량)

(5) 셀레늄

셀레늄(selenium, Se)의 체내 중요성이 인식된 것은 1970년대이며 셀레늄이 글루타티온 과산화 효소의 구성성분임이 밝혀지고 항산화 및 항암 효과가 보고되면서 주목받기 시작했다. 인체 내에서 주로 간, 신장, 심장에 분포되어 있는 미량 원소이다.

1) 흡수와 대사

식품 내에 존재하는 셀레늄은 대부분이 메티오닌과 시스테인의 유도체에 결합되어 소장에서 흡수되므로 셀레늄의 체내 이용률은 철이나 아연 등 다른 무기질보다 높다. 체내 셀레늄의 항상성은 주로 배설에 의해 조절되지만 섭취량이 매우 높으면 호흡으로 배출되기도 한다.

2) 생리적 기능

셀레늄은 산화적 손상으로부터 세포를 보호하는 역할을 한다. 비타민 E와 함께 항산화제로 작용하므로 비타민 E의 절약작용을 한다. 산화적 손상을 막는데 관련되는 셀레늄 함유 효소로서 가장 대표적인 것은 글루타티온 과산화효소(glutathione peroxidase, GPx)이다. 이 효소는 과산화물의 생성을 억제하여 세포막을 보호한다. 이외에도 셀레늄은 갑상선호르몬을 활성화시키는 데 관여하고 유리래디칼(free radical)의 생성을 억제함으로써 암 예방에도 도움이 된다.

3) 영양소 섭취기준

셀레늄의 영양소 섭취기준으로 평균필요량, 권장섭취량, 상한섭취량이 설정되었으며, 영아에게만 충분섭취량이 설정되었다. 19~64세 성인의 1일 권장섭취량은 $60\mu g$이고 식품과 보충제를 통하여 섭취하는 총 섭취량이 $400\mu g$을 넘지 않도록 상한섭취량을 설정하였다.

4) 결핍증과 과잉증

셀레늄이 결핍되면 근육이 손실되거나 약해지고 성장저하, 심근 장애가 발생한다. 중국의 케샨 지방에서 처음 보고된 케샨병은 주로 어린이와 가임 여성들에게 나타나는 풍토성 심장근육 질환으로 셀레늄의 섭취가 낮을 때 일어나며 혈액과 머리카락의 셀레늄 함량이 낮아지고 비타민 E 부족상태에 이르게 된다. 셀레늄의 과잉섭취로 인한 독성 증세는 머리카락과 손톱에 변화를 가져오고, 피부병, 신경 장애, 치아손상 등을 일으킬 수 있다. 미국에서 셀레늄 함량이 매우 높은 건강식품을 과다 섭취한 환자에게서 메스꺼움, 구토, 탈모, 손톱변화, 과민성피로, 말초혈관 장애 등이 보고되었다.

5) 급원식품

셀레늄은 동·식물성 식품 모두에 함유되어 있으나 식물성 식품의 경우 재배지역 토양의 셀레늄 함량에 따라 함량차이가 나타난다. 일반적으로 육류의 내장과 생선류, 난류, 육류의 살코기 순이며, 식물성 식품으로는 밀, 브로콜리, 마늘, 양파 등에 함유되어 있다[그림 7-27].

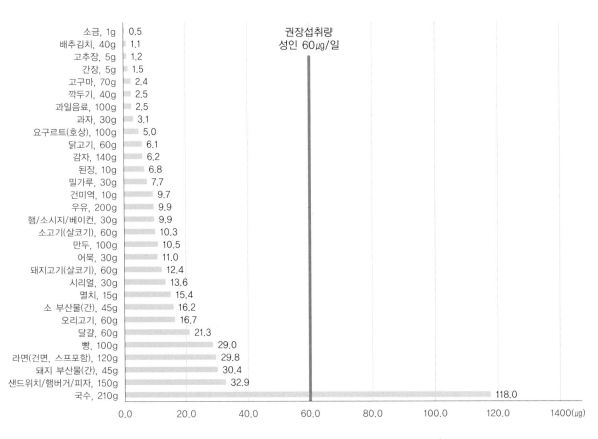

[그림 7-27] 셀레늄 주요 급원식품(1회 분량 당 함량)

(6) 불소

불소(fluorine, F)의 인체 내 함량은 미량이지만 뼈와 치아의 건강에 매우 중요하다. 체내에 존재하는 불소의 95% 정도가 뼈와 치아에 존재하는데, 불소는 아이들의 치아를 충치로부터 예방해 줄 뿐만 아니라 노인들의 뼈 손실을 지연시키는 역할을 한다. 뼈에 함유된 불소의 농도는 연령과 섭취량에 따라 증가한다.

1) 흡수와 대사

불소는 주로 위장관 전체를 통해 일어나며 일반적으로 섭취량의 80~90%가 흡수된다. 식이로 섭취하는 다른 무기질, 특히 마그네슘이 불소의 흡수를 방해하고 체내 이용률을 감소시킨다. 주로 소변을 통해 배설되며 연령이 증가함에 따라 배설량이 많아진다.

2) 생리적 기능

불소는 체내 함량의 95%가 뼈와 치아에 존재하며, 뼈와 치아가 발달하는 과정에서 칼슘, 인과 함께 결합하여 산에 대한 저항력이 강한 플루오르아파타이트(fluoroapatite) 결정을 형성한다. 이 성분이 치아에 많이 함유되어 있으면 에나멜(enamel)층을 보호해주는 역할을 하여 충치에 대한 저항성을 높여 준다. 그러므로 수돗물에 미량의 불소를 첨가하거나 치과에서 무기질이 빠져나오는 것을 막아 노년기의 골다공증을 지연시키는 기능이 있다.

3) 영양소 섭취기준

성인을 위한 불소의 권장섭취량은 설정되지 않았고, 1일 충분섭취량 범위는 19~29세 성인 남자 3.4mg, 여자 2.8mg이다. 한편, 식사나 식수, 영양보충제 등을 통해 섭취되는 불소량이 하루 10mg이 넘지 않도록 상한섭취량을 정하였다.

4) 결핍증과 과잉증

불소가 결핍되면 충치 발생률이 증가하고 노년기에 골다공증의 위험이 높아진다. 식수에 불소를 첨가하거나, 불소가 함유된 치약의 사용은 결핍증을 예방하는 데 효과가 있다. 반면 불소 섭취량이 일일 60mg 이상이 되면 뼈나 치아에 불소가 과다하게 침착되어 반점 모양이 생기는 불소증이 생긴다. 장기적인 불소의 과잉섭취는 골격과 신장의 손상, 근육과 신경계 이상을 가져올 수 있다. 따라서 불소가 식수에 첨가된 지역의 사람들은 의사에게 따로 처방되지 않는 한 불소 보충제를 섭취하지 않도록 주의하여야 한다[그림 7-28].

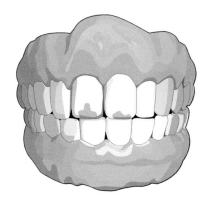

[그림 7-28] **불소 과잉에 의한 불소증**

5) 급원식품

불소가 함유된 식품으로는 해조류, 고등어, 정어리, 연어 등의 해산물, 차, 뼈를 곤 식품 등이 있으며, 불소가 첨가된 식수, 불소를 첨가한 치약이나 치과에서 불소를 도포하는 과정 등으로부터 불소가 공급될 수 있다.

(7) 망간

망간(manganese, Mn)은 여러 금속 효소 또는 조효소의 구성성분으로 미토콘드리아에서 에너지 방출, 지방산과 콜레스테롤 합성, 탄수화물 대사, 간에서의 지방 방출 등에 기여한다.

19~64세 성인의 1일 충분섭취량은 남자 4.0mg, 여자 3.5mg이고 상한섭취량을 11mg으로 정하여 식품과 보충제, 식수 등을 통하여 섭취하는 총량이 이를 넘지 않도록 설정하였다.

결핍 증상으로는 체중감소, 일시적인 피부염, 저콜레스테롤혈증, 구토, 메스꺼움, 모발 탈색, 모발과 수염이 늦게 자라는 것 등의 증세가 나타난다. 그러나 망간은 식물성 식품에 널리 존재하고 필요량은 매우 소량이므로 일반인에게서 망간 결핍증은 잘 나타나지 않는다.

반면 망간의 과다 섭취는 근육 조절의 손상, 심리적 장애 등의 증상을 보이며, 간과 중추신경계에 많이 축적되면 파킨스씨병과 같은 신경근육 증상을 보인다. 망간은 식사를 통해 과다섭취되는 경우는 드물고 탄광에서 일하는 근로자나 공해물질을 과다흡입할 경우 과잉증이 발생한다.

망간은 식물성 식품에 많이 함유되어 있는데 도정하지 않은 곡류 및 그 제품, 조개류, 견과류와 잎채소 등이 주요 급원이다.

(8) 크롬

크롬(chromium, Cr)은 동물실험을 통해 주요 역할들이 보고되긴 했지만 인체 내에서 중요성이 인식된 것은 비교적 최근의 일이다. 크롬은 인슐린 작용을 원활하게 함으로써 탄수화물, 지질, 단백질 대사에 관여한다.

19~64세 성인의 1일 충분섭취량은 남자 30㎍, 여자 20㎍이다.

결핍 시 포도당 내성 감소 및 당뇨병 위험성 증가와 관련이 있다. 수분 오염, 산업공해 산물에 과다노출로 인해 알레르기성 피부질환, 피부 궤양, 기관지 종양 등이 발생할 수 있으나 중독이 나타나는 경우는 드물다.

식품 내의 크롬 함량은 토양에 존재하는 크롬 함량에 영향을 받으며 도정된 곡류보다 전곡류가 함량이 높다. 과일, 채소 및 우유에는 크롬 함량이 낮다.

(9) 몰리브덴

몰리브덴(molybdenum, Mo)은 산화환원 과정에 관여하는 효소인 크잔틴 산화효소(xanthine oxidase), 알데하이드 산화효소(aldehyde oxidse), 아황산염 산화효소(sulfide oxidse) 등의 보조인자로 요산(uric acid) 생성 과정에 관여한다. 또한 철, 구리와 상호작용을 하므로 과다섭취는 이들 무기질의 흡수를 방해한다.

19~29세 성인의 권장섭취량은 남자 30μg, 여자 25μg이고, 상한섭취량은 남자 600μg, 여자 500μg이다.

결핍 증상으로 정신적 변화, 황과 퓨린대사 이상, 허약 증세와 혼수 등이 나타날 수 있으나 정상적인 식사를 하는 사람에게서는 몰리브덴 결핍이 드물다. 몰리브덴은 비교적 독성이 적은 원소이므로 과잉증이 잘 나타나지는 않지만 설사, 느린 성장 속도, 빈혈, 통풍 등과 같은 증상이 보고된 바 있다.

급원식품은 전곡류, 서류, 콩류, 견과류, 우유 및 유제품, 간 등으로 동·식물성 식품에 널리 분포되어 있다.

(10) 코발트

코발트(cobalt, Co)는 비타민 B_{12}의 구성성분으로 필수 미량무기질이지만 인체는 코발트로부터 비타민 B_{12}를 합성하지 못한다. 반추동물은 장내 세균에 의하여 코발트로부터 비타민 B_{12}를 합성할 수 있다. 사람의 장내에 서식하는 미생물도 어느 정도 비타민 B_{12}를 합성하므로 정상적인 식사를 하는 사람에게는 결핍증이 거의 일어나지 않는다. 한국인 영양소 섭취기준은 설정되어 있지 않다.

표 7-7 미량무기질 요약

종류	생리적 기능	권장섭취량/충분섭취량	결핍증	과잉증	급원식품
철 (Fe)	• 헤모글로빈·미오글로빈 성분 • 골수에서 조혈작용을 도움 • 효소의 구성성분 • 면역기능 유지에 관여	(19~49세) 남 10mg 여 14mg	체내 철 감소 철 결핍성 빈혈 (피부창백, 피로, 허약, 호흡곤란, 식욕부진 유발, 어린이의 경우 성장장애)	혈색소증 (심장, 췌장 등에 철이 축적되면 심부전, 당뇨병 등 유발가능)	육류(소간) 어패류 가금류 콩류
아연 (Zn)	• 200여 개 효소의 구성요소 • 성장·면역·생체막 구조와 기능의 정상 유지에 기여 • 핵산의 합성에 관여	(19~49세) 남 10mg 여 8mg	성장지연 상처회복 지연 식욕부진 미각 감퇴 성적성숙지연	철·구리 흡수 저하 설사, 구토 면역기능 감소	패류(굴, 게 등) 육류, 곡류

종류	생리적 기능	권장섭취량/충분섭취량	결핍증	과잉증	급원식품
구리 (Cu)	• 철의 흡수·이용을 도움 • 결합조직의 건강에 기여 • 금속효소 성분	(19~64세) 남 850㎍ 여 650㎍	빈혈증 골격의 비정상화 백혈구 감소증 성장장애	메스꺼움 구토 간손상 윌슨씨병	육류(간, 내장) 어패류 곡류, 콩류 말린 과일
요오드 (I)	• 갑상선 호르몬의 성분 및 합성	(19~64세) 성인 남녀 150㎍	갑상선기능부전증 갑상선종 크레틴병	갑상선기능항진증	해조류(미역, 김 등) 해산물 요오드 강화 식염
셀레늄 (Se)	• 글루타티온 과산화효소의 성분 • 항산화작용 • 비타민 E 절약	(19~64세) 성인 남녀 60㎍	근육 약화 성장장애 심근장애 심장기능 저하	구토, 설사 피부손상 신경 장애	육류(내장, 살코기 등), 생선류, 난류, 밀, 브로콜리, 마늘 등
불소 (F)	• 충치예방 및 억제 • 골다공증 방지에 기여	(19~29세) 남 3.4mg 여 2.8mg	충치유발 골다공증	불소증 치아반점	불소화된 음용수, 치약, 차, 해조류 불소 도포
망간 (Mn)	• 금속 효소의 구성요소 • 효소의 활성화시킴 (탄수화물, 지질, 단백질 대사에 관여)	충분섭취량 (19~64세) 남 4.0mg 여 3.5mg	체중 감소, 지질 및 탄수화물 대사 이상	신경근육계 증세 (파킨슨병과 유사, 정신장애)	전곡류, 조개류, 견과류, 잎채소
크롬 (Cr)	• 당내성인자의 성분으로 인슐린작용 및 탄수화물 대사에 관여	충분섭취량 (19~64세) 남 30㎍ 여 20㎍	장기간 TPN시 당뇨 유발 성장지연 지질대사에 이상	식사로 인한 과잉증은 없고 산업적 오염에 의해 발생할 수 있음	전곡류 달걀, 간
몰리브덴 (Mo)	• 효소 구성성분 (잔틴 탈수소효소, 잔틴 산화효소)	(19세~29세) 남 30㎍ 여 25㎍	사람에 잘 알려져 있지 않음, 허약 증세와 혼수	설사, 통풍 유발	전곡류, 우유 간, 콩류, 견과류

수분

수분(water)은 신체를 구성하는 주요성분이고, 생명유지와 대사과정에서 반드시 필요한 중요한 성분이다. 수분을 제외한 영양소들의 공급이 중단된 경우도 사람들은 길게는 수주에서 수개월까지 버틸 수 있지만, 수분은 며칠만 못 마셔도 생명을 지킬 수 없게 되므로, 중요한 영양소 중 하나다.

1. 수분의 함량과 분포

체내 수분함량은 성인의 경우 약 60%를 차지하고 있다. 또한 연령, 성별, 체조직이 구성에 따라 체내 수분함유량이 다르게 나타난다. 신생아는 수분함량이 체중의 75% 정도이며, 성인은 55~60%, 근육량이 현저히 감소되는 노인은 45~50% 정도로, 일반적으로 연령이 증가할수록 수분 함량은 낮아진다. 성인의 체내 수분량은 체지방량과 반비례한다. 따라서 체내 수분함량은 마른 사람이 비만한 사람보다, 남성이 여성보다 높다.

표 8-1 연령별 체내 수분의 함량

나이(세)		수분량(%)
영아(1~11개월)		75
1		68
6~7		62
성인 남자	16~30	58.9
	31~60	54.7
	61~90	51.6
성인 여자	16~30	50.9
	31~91	45.2

인체에 함유된 수분은 세포막을 기준으로 세포내액과 세포외액으로 구분되며 세포외액은 혈관벽을 기준으로 혈액과 세포간질액으로 구분된다. 총 수분량의 2/3 정도는 세포내액, 1/3은 세포외액으로 존재한다. 그러나 세포내·외액, 혈관내·외액은 수분의 통과가 용이한 반투과성으로 구분되어 있어 무기질 균형에 따라 수분이 자유롭게 통과할 수 있다.

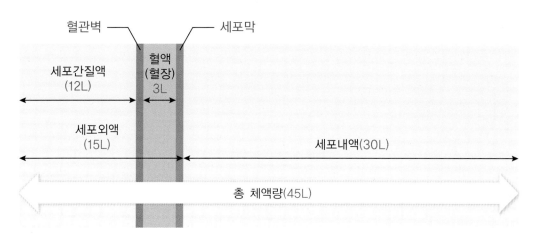

[그림 8-1] 체내의 수분분포

2. 수분의 체내 기능

(1) 영양소와 노폐물 운반작용

수분은 체내에서 영양소를 운반하거나 노폐물을 배출시켜 주는 작용을 한다. 음식물을 통해 섭취된 영양소는 혈액을 통하여 운반하여 세포 안으로 사용되거나 저장되도록 돕는다. 그리고 혈액은 대사 과정에서 생성된 질소화합물, 이산화탄소 그리고 전해질 등을 노폐물을 신장이나 피부, 또는 폐로 운반하여 소변과 땀 및 호흡을 통해 체외로 배출시킨다. 혈액과 조직세포 사이에서 물질교환이 일어나는 세포간질액에서 그 역할을 담당한다.

(2) 체내 화학반응에 관여

체내에서 이루어지는 각종 화학반응은 모두 수분을 매개로 하여 이루어진다. 수분은 체내 각 조직에서 여러 물질을 용해시키는 용매로써 작용하여 대사반응이 일어날 수 있도록 돕는다. 또한 수분은 탄수화물, 지질, 단백질의 가수분해라고 일컬어지는 영양소의 소화과정은 각각의 반응마다 물 한 분자가 더해지거나 떨어져 나오는 화학반응 과정이다.

(3) 체액의 구성 및 전해질의 평형 유지

수분은 혈액을 포함하여 세포내액과 세포외액을 구성하며, 그 속에 전해질의 농도에 따라 반투과막을 통하여 이동함으로써 각 부위마다 적절한 양의 체액과 전해질의 평형을 유지한다.

(4) 체온 조절

수분은 체온을 일정하게 유지하는 기능을 수행하고, 순환계를 통하여 수분과 함께 열을 신체 각 부분에 전달하여 일정한 체온을 유지하도록 돕는다. 신체는 영양소의 에너지 대사 과정에서 열을 계속 발생시키는데, 필요 이상으로 생성된 열은 체외로 발산되어야 체온을 정상으로 유지할 수 있다. 예를 들어, 여름에 겨울보다 갈증이 더 자주 나는 이유도 체온이 높아지게 되면 피부를 통해 땀의 형태로 수분을 증발시켜 체온을 낮추기 때문이다.

(5) 윤활제 역할 및 신체 보호

수분은 타액, 소화기관, 호흡기관의 윤활 작용을 하고, 연골과 뼈의 마모를 완화시켜 관절의 움직임을 원활하게 한다. 그 외에 눈, 척추, 관절, 태아를 둘러싼 양수 등의 성분으로 외부의 충격으로 이들 조직을 보호하고 부드럽게 해주는 윤활제 역할을 한다.

(6) 상피세포조직 보호

눈, 코, 입, 피부 등의 상피세포 조직은 수분이 부족하면 점액의 분비가 원만하지 못하고 표면에 균열이 생기며 세균이 침입에 쉽게 노출되고 이는 면역력의 저하로 연결된다. 특히 인체의 피부는 가장 기본적인 면역기능을 담당하는 조직이며 이 일에 수분이 중요한 역할을 한다.

(7) 분비물 구성성분

수분은 체내에서 대사과정이 원만히 진행되도록 작용하는 타액, 위액, 정액, 담즙 등 여러 가지 분비물의 구성성분으로 작용한다.

3. 수분 균형

(1) 수분 섭취량

수분은 대부분 우리가 마시는 물과 음료, 그리고 음식의 섭취를 통해 주로 공급받는다. 물과 음료의 섭취를 통해 성인은 1일 900~1,600mL/일을 섭취하게 된다. 밥, 국, 어육류, 채소, 과일 등의 음식을 통하여 성인은 1일 600~900mL/일 정도이다. 또한 체내에서 열량영양소가 대사될 때 200~300mL/일의 수분이 생성되며, 이를 대사수라고 한다. 이를 모두 합하면 평균 1,700~2,800mL/일이 된다.

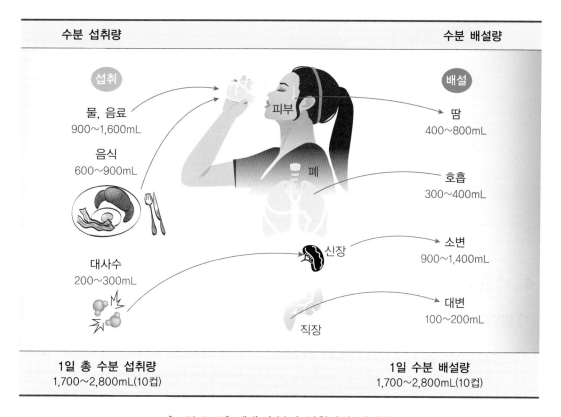

수분 섭취량	수분 배설량

섭취

물, 음료
900~1,600mL

음식
600~900mL

대사수
200~300mL

피부

폐

신장

직장

배설

땀
400~800mL

호흡
300~400mL

소변
900~1,400mL

대변
100~200mL

1일 총 수분 섭취량
1,700~2,800mL(10컵)

1일 수분 배설량
1,700~2,800mL(10컵)

[그림 8-2] **체내 수분의 섭취량과 배설량**

(2) 수분 배설량

체내의 수분은 소변, 피부, 호흡 및 대변을 통해 배설되고, 수분 평형을 위해서는 섭취된 수분과 거의 같은 양의 수분이 배설되어야 한다. 일반적으로 소변으로 900~1,400mL/일이 배설하고, 피부에서 땀 및 증발을 통해 400~800mL/일의 수분을 매일 배출한다. 폐호흡을 통한 증발로 약 300~400mL/일의 수분을 배출하고, 대변을 통해서 100~200mL/일의 수분이 손실된다.

(3) 수분 균형의 조절

신체는 생리적 상태, 활동 정도, 외부 환경의 변화 등에 대처하여 여러 반응을 통해 수분의 섭취량과 배설량을 조절함으로써 체내 수분함량을 일정하게 유지하고 있다. 즉, 수분 섭취량이 적어 체액량이 적을 때는 신장에서 알도스테론이 나트륨을 재흡수하고, 항이뇨호르몬의 분비로 소변의 배출량을 조절하며, 또한 갈증을 유발하여 수분을 섭취하도록 함으로써 수분 균형이 이루어진다.

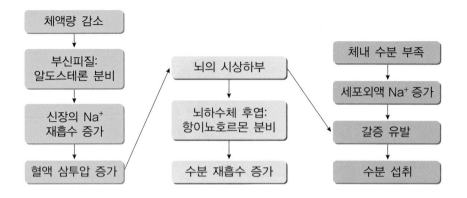

[그림 8-3] 체내 수분 균형 조절과정

4. 수분과 건강

(1) 탈수

탈수는 체내 수분이 지나치게 손실되는 과정을 의미하는데, 운동으로 인한 과다한 발한, 지속적인 구토, 출혈, 화상 등에 의해 체내 수분함량이 저하되면 탈수현상이 나타날 수 있다. 체내 총수분량의 2%가 손실되면 갈증을 느끼며, 4%가 손실되면 근육의 강도와 지구력이 떨어져 근육피로감을 쉽게 느끼게 되고, 12%가 손실되면 외부의 높은 기온에 신체가 적응하는 능력을 상실하여 무기력 상태에 빠지고, 20% 이상이 손실되면 생명을 잃게 된다. 일단 심한 탈수를 겪게 되면 신장기능에 영구적 손상이 초래될 수 있다. 고열, 구토, 설사 등을 앓고 있는 영아나 장기간 비행기 여행을 하는 사람에게서 특히 탈수증세가 나타나기 쉽다.

(2) 수분 과잉

필요 이상으로 섭취한 수분은 소변으로 배설되어 문제가 없지만, 과도하게 수분을 섭취하게 되면 인체에 해로울 수 있다. 수분이 과잉되면 세포외액의 전해질 농도가 낮아져서 물이 세포내액으로 들어가거나 칼륨이 세포외액으로 이동하게 된다. 결과적으로 전해질 희석으로 세포 내로 유입된 수분에 의한 뇌세포의 팽창을 초래하여 두통, 메스꺼움, 구토, 근육경련, 대뇌부종, 방향감각 상실, 발작, 혼수 등의 증상이 나타나고, 방치되면 사망에 이를 수도 있다.

수분 과잉상태에 의한 저나트륨혈증은 장기간 지구력이 필요한 운동선수에게도 나타날 수 있으므로 나트륨이 함유된 음료를 공급하여 예방한다.

(3) 부종

부종은 수분이 세포 사이의 공간에 부적되어 세포간질액이 증가된 상태이며, 주로 단백질 결핍이나 나트륨 과다섭취 시 나타난다. 오랫동안 단백질 섭취가 부족하여 혈장의 단백질의 농도가 저하되면 혈장의 삼투압이 저하되어 혈액 중의 수분이 세포간질액으로 빠져나가 부종이 나타난다. 특히 손, 발과 같은 조직의 말초모세혈관에서 수분의 이동이 활발히 일어나 부종이 발생한다. 부종으로 세포간질액이 증가되면 영양소와 산소의 확산을 방해하여 조직이 정상적인 기능 유지가 어려워진다.

(4) 체지방과 수분

수분은 열량을 낼 수가 없으므로 체중 증가와는 상관없지만, 글리코겐과 함께 에너지 저장에 관여한다. 수분을 섭취하지 않으면 포도당은 그대로 혈액 속에 남아 간으로 운반된 후, 지방으로 전환되므로 수분을 충분히 공급하지 않으면 체지방 증가로 체중이 증가하게 된다.

비만인 경우에 수분 섭취량이 많은 이유는 지방의 열전도 불량으로 체온 상승을 조절하기 위하여 수분섭취가 많아지는 것으로, 체지방 감량을 위해서는 충분한 수분을 섭취하도록 한다. 체중감량을 목적으로 운동할 때 효율적인 수분 공급이 필요하다.

5. 영양소 섭취기준

수분 필요량은 연령, 계절, 체온, 체표면적, 건강상태, 신체활동량, 섭취식품의 종류 등에 따라 달라진다. 나이가 어릴수록, 여름에, 체온이 증가할수록, 체표면적이 클수록, 신체활동이 많을수록 수분 필요량은 증가한다. 고열, 설사, 혼수 등의 비정상적인 건강 상태, 고단백 식사와 고나트륨 식사, 커피 등의 카페인 음료 섭취는 수분 필요량을 증가시키고, 고지방 식사는 수분 필요량이 감소시킨다.

수분은 음식과 액체로 섭취하는 총 수분 섭취량과 액체로 섭취하는 액체섭취량으로 나누어 충분섭취량을 제시하고 있다. 총 수분의 충분섭취량은 19~29세 성인 남자 2,600mL/일, 여자는 2,100mL/일이고, 액체의 충분섭취량은 남자 1,200mL/일, 여자는 1,000mL/일이다. 수분의 상한 섭취량은 설정되어 있지 않다.

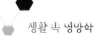

표 8-2 한국인의 1일 수분 섭취기준

성별	연령	수분(mL/일)					상한섭취량
		음식	물	음료	충분섭취량		
					액체	체수분	
영아	0~5(개월)				700	700	
	6~11	300			500	800	
유아	1~2(세)	300	362	0	700	1,000	
	3~5	400	491	0	1,100	1,500	
남자	6~8(세)	900	589	0	800	1,700	
	9~11	1,100	686	1.2	900	2,000	
	12~14	1,300	911	1.9	1,100	2,400	
	15~18	1,400	920	6.4	1,200	2,600	
	19~29	1,400	981	262	1,200	2,600	
	30~49	1,300	957	289	1,200	2,500	
	50~64	1,200	940	75	1,000	2,200	
	65~74	1,100	904	20	1,000	2,100	
	75 이상	1,000	662	12	1,100	2,100	
여자	6~8(세)	800	514	0	800	1,600	
	9~11	1,000	643	0	900	1,900	
	12~14	1,100	610	0	900	2,000	
	15~18	1,100	659	7.3	900	2,000	
	19~29	1,100	709	126	1,000	2,100	
	30~49	1,000	772	124	1,000	2,000	
	50~64	900	784	27	1,000	1,900	
	65~74	900	624	9	900	1,800	
	75 이상	800	552	5	1,000	1,800	
임신부						+200	
수유부					+500	+700	

6. 급원식품

액체 수분 급원으로는 생수, 보리차 등의 일상적으로 섭취하는 물과 우유, 두유, 주스, 커피와 차류, 이온음료, 탄산수 등의 음료가 있다. 건강을 위해서는 액체로 탄산음료나 커피 등과 같이 당류와 카페인이 함유되어 있는 음료보다는 순수한 물로 섭취한다. 식품 증의 수분 함량은 식품에 따라 다양하나 일부 식품은 상당량의 수분을 함유하고 있다.

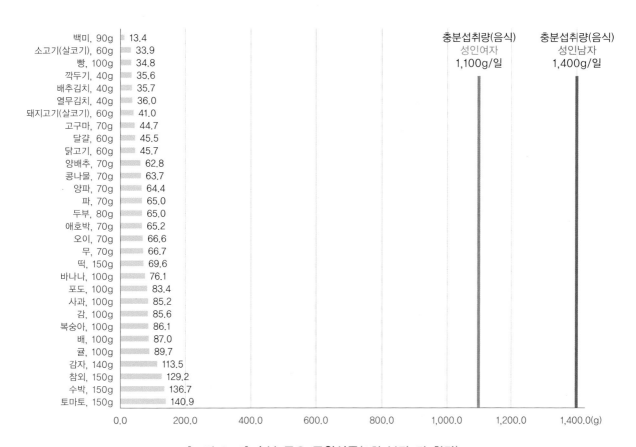

[그림 8-4] **수분 주요 급원식품**(1회 분량 당 함량)

부록

1. 세계 각국의 기초식품군 모형

미국식품가이드

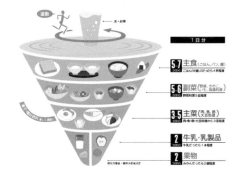

일본식품가이드

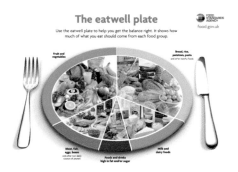

영국식품가이드

캐나다식품가이드

필리핀식품가이드

호주식품가이드

2. 한국인 영양소 섭취기준 (보건복지부, 2020)

성별	연령	에너지적정비율(%)				
		탄수화물	단백질	지질[1]		
				지방	포화지방산	트랜스지방산
영아	0~5(개월)	–	–	–	–	–
	6~11	–	–	–	–	–
유아	1~2(세)	55~65	7~20	20~35	–	–
	3~5	55~65	7~20	15~30	8 미만	1 미만
남자	6~8(세)	55~65	7~20	15~30	8 미만	1 미만
	9~11	55~65	7~20	15~30	8 미만	1 미만
	12~14	55~65	7~20	15~30	8 미만	1 미만
	15~18	55~65	7~20	15~30	8 미만	1 미만
	19~29	55~65	7~20	15~30	7 미만	1 미만
	30~49	55~65	7~20	15~30	7 미만	1 미만
	50~64	55~65	7~20	15~30	7 미만	1 미만
	65~74	55~65	7~20	15~30	7 미만	1 미만
	75 이상	55~65	7~20	15~30	7 미만	1 미만
여자	6~8(세)	55~65	7~20	15~30	8 미만	1 미만
	9~11	55~65	7~20	15~30	8 미만	1 미만
	12~14	55~65	7~20	15~30	8 미만	1 미만
	15~18	55~65	7~20	15~30	8 미만	1 미만
	19~29	55~65	7~20	15~30	7 미만	1 미만
	30~49	55~65	7~20	15~30	7 미만	1 미만
	50~64	55~65	7~20	15~30	7 미만	1 미만
	65~74	55~65	7~20	15~30	7 미만	1 미만
	75 이상	55~65	7~20	15~30	7 미만	1 미만
임신부		55~65	7~20	15~30		
수유부		55~65	7~20	15~30		

[1] 콜레스테롤: 19세 이상 300mg/일 미만 권고

2020 한국인 영양소 섭취기준-당류

총당류 섭취량을 총 에너지섭취량의 10~20%로 제한하고, 특히 식품의 조리 및 가공 시 첨가되는 첨가당은 총 에너지섭취량의 10% 이내로 섭취하도록 한다. 첨가당의 주요 급원으로는 설탕, 액상과당, 물엿, 당밀, 꿀, 시럽, 농축과일주스 등이 있다.

2) 영양소별 영양소 섭취기준 설정현황

영양소		영양소 섭취기준					
		평균필요량	권장섭취량	충분섭취량	상한섭취량	만성질환 위험감소를 고려한 섭취량	
						에너지적정비율	만성질환 위험감소섭취량
에너지	에너지	O¹⁾					
다량영양소	탄수화물	O	O			O	
	당류						O³⁾
	식이섬유			O			
	단백질	O	O			O	
	아미노산	O	O				
	지방			O		O	
	리놀레산			O			
	알파-리놀렌산			O			
	EPA+DHA			O²⁾			
	콜레스테롤						O³⁾
	수분			O			
지용성비타민	비타민 A	O	O		O		
	비타민 D			O	O		
	비타민 E			O	O		
	비타민 K			O			
수용성비타민	비타민 C	O	O		O		
	티아민	O	O				
	리보플라빈	O	O				
	니아신	O	O		O		
	비타민 B₆	O	O		O		
	엽산	O	O		O		
	비타민 B₁₂	O	O				
	판토텐산			O			
	비오틴			O			
다량무기질	칼슘	O	O		O		
	인	O	O		O		
	나트륨			O			O
	염소			O			
	칼륨			O			
	마그네슘	O	O		O		
미량무기질	철	O	O		O		
	아연	O	O		O		
	구리	O	O		O		
	불소			O	O		
	망간			O	O		
	요오드	O	O		O		
	셀레늄	O	O		O		
	몰리브덴	O	O		O		
	크롬			O			

¹⁾ 에너지필요추정량
²⁾ 0~5개월과 6~11개월 영아의 경우 DHA 단일성분으로 충분섭취량 설정
³⁾ 권고치

3) 에너지와 다량영양소

성별	연령	에너지(kcal/일)				탄수화물(g/일)				식이섬유(g/일)				지방(g/일)			
		필요추정량	권장섭취량	충분섭취량	상한섭취량	평균필요량	권장섭취량	충분섭취량	상한섭취량	평균필요량	권장섭취량	충분섭취량	상한섭취량	평균필요량	권장섭취량	충분섭취량	상한섭취량
영아	0~5(개월)	500						60								25	
	6~11	600						90								25	
유아	1~2(세)	900				100	130					15					
	3~5	1,400				100	130					20					
남자	6~8(세)	1,700				100	130					25					
	9~11	2,000				100	130					25					
	12~14	2,500				100	130					30					
	15~18	2,700				100	130					30					
	19~29	2,600				100	130					30					
	30~49	2,600				100	130					30					
	50~64	2,200				100	130					30					
	65~74	2,000				100	130					25					
	75 이상	1,900				100	130					25					
여자	6~8(세)	1,500				100	130					20					
	9~11	1,800				100	130					25					
	12~14	2,000				100	130					25					
	15~18	2,000				100	130					25					
	19~29	2,000				100	130					20					
	30~49	1,900				100	130					20					
	50~64	1,700				100	130					20					
	65~74	1,600				100	130					20					
	75 이상	1,500				100	130					20					
임신부[1]		+0 +340 +450				+35	+45					+5					
수유부		+340				+60	+80					+5					

성별	연령	리놀레산(g/일)				알파-리놀렌산(g/일)				EPA+DHA(mg/일)				단백질(g/일)			
		평균필요량	권장섭취량	충분섭취량	상한섭취량	평균필요량	권장섭취량	충분섭취량	상한섭취량	평균필요량	권장섭취량	충분섭취량	상한섭취량	평균필요량	권장섭취량	충분섭취량	상한섭취량
영아	0~5(개월)			5.0				0.6				200[2]					10
	6~11			7.0				0.8				300[2]		12	15		
유아	1~2(세)			4.5				0.6						15	20		
	3~5			7.0				0.9						20	25		
남자	6~8(세)			9.0				1.1				200		30	35		
	9~11			9.5				1.3				220		40	50		
	12~14			12.0				1.5				230		50	60		
	15~18			14.0				1.7				230		55	65		
	19~29			13.0				1.6				210		50	65		
	30~49			11.5				1.4				400		50	65		
	50~64			9.0				1.4				500		50	60		
	65~74			7.0				1.2				310		50	60		
	75 이상			5.0				0.9				280		50	60		
여자	6~8(세)			7.0				0.8				200		30	35		
	9~11			9.0				1.1				150		40	45		
	12~14			9.0				1.2				210		45	55		
	15~18			10.0				1.1				100		45	55		
	19~29			10.0				1.2				150		45	55		
	30~49			8.5				1.2				260		40	50		
	50~64			7.0				1.2				240		40	50		
	65~74			4.5				1.0				150		40	50		
	75 이상			3.0				0.4				140		40	50		
임신부[1]				+0				+0				+0		+12 +25	+15 +30		
수유부				+0				+0				+0		+20	+25		

[1] 에너지, 탄수화물, 식이섬유: 임신부 1,2,3 분기별 부가량/단백질: 임신부 2,3 분기별 부가량/아미노산: 임신부, 수유뷰-부가량 아닌 절대필요량임
[2] DHA

성별	연령	메티오닌+시스테인(g/일)				류신(g/일)				이소류신(g/일)				발린(g/일)				라이신(g/일)			
		평균필요량	권장섭취량	충분섭취량	상한섭취량	평균필요량	권장섭취량	충분섭취량	상한섭취량	평균필요량	권장섭취량	충분섭취량	상한섭취량	평균필요량	권장섭취량	충분섭취량	상한섭취량	평균필요량	권장섭취량	충분섭취량	상한섭취량
영아	0~5(개월)			0.4				1.0				0.6				0.6				0.7	
	6~11	0.3	0.4			0.6	0.8			0.3	0.4			0.3	0.5			0.6	0.8		
유아	1~2(세)	0.3	0.4			0.6	0.8			0.3	0.4			0.4	0.5			0.6	0.7		
	3~5	0.3	0.4			0.7	1.0			0.3	0.4			0.4	0.5			0.6	0.8		
남자	6~8(세)	0.5	0.6			1.1	1.3			0.5	0.6			0.6	0.7			1.0	1.2		
	9~11	0.7	0.8			1.5	1.9			0.7	0.8			0.9	1.1			1.4	1.8		
	12~14	1.0	1.2			2.2	2.7			1.0	1.2			1.2	1.6			2.1	2.5		
	15~18	1.2	1.4			2.6	3.2			1.2	1.4			1.5	1.8			2.3	2.9		
	19~29	1.0	1.4			2.4	3.1			1.0	1.4			1.4	1.7			2.5	3.1		
	30~49	1.1	1.4			2.4	3.1			1.1	1.4			1.4	1.7			2.4	3.1		
	50~64	1.1	1.3			2.3	2.8			1.1	1.3			1.3	1.6			2.3	2.9		
	65~74	1.0	1.3			2.2	2.8			1.0	1.3			1.3	1.6			2.2	2.9		
	75 이상	0.9	1.1			2.1	2.7			0.9	1.1			1.1	1.5			2.2	2.7		
여자	6~8(세)	0.5	0.6			1.0	1.3			0.5	0.6			0.6	0.7			0.9	1.3		
	9~11	0.6	0.7			1.5	1.8			0.6	0.7			0.9	1.1			1.3	1.6		
	12~14	0.8	1.0			1.9	2.4			0.8	1.0			1.2	1.4			1.8	2.2		
	15~18	0.8	1.1			2.0	2.4			0.8	1.1			1.2	1.4			1.8	2.2		
	19~29	0.8	1.0			2.0	2.5			0.8	1.1			1.1	1.3			2.1	2.6		
	30~49	0.8	1.0			1.9	2.4			0.8	1.1			1.0	1.4			2.0	2.5		
	50~64	0.8	1.1			1.9	2.3			0.8	1.1			1.1	1.3			1.9	2.4		
	65~74	0.7	0.9			1.8	2.2			0.7	0.9			0.9	1.3			1.8	2.3		
	75 이상	0.7	0.9			1.7	2.1			0.7	0.9			0.9	1.1			1.7	2.1		
임신부[1]		1.1	1.4			2.5	3.1			1.1	1.4			1.4	1.7			2.3	2.9		
수유부		1.1	1.5			2.8	3.5			1.3	1.7			1.6	1.9			2.5	3.1		

성별	연령	페닐알라닌+티로신(g/일)				트레오닌(g/일)				트립토판(g/일)				히스티딘(g/일)				수분(g/일)					상한섭취량
		평균필요량	권장섭취량	충분섭취량	상한섭취량	평균필요량	권장섭취량	충분섭취량	상한섭취량	평균필요량	권장섭취량	충분섭취량	상한섭취량	평균필요량	권장섭취량	충분섭취량	상한섭취량	음식	물	음료	충분섭취량 액체	충분섭취량 총수분	
영아	0~5(개월)			0.9				0.5				0.2				0.1					700	700	
	6~11	0.5	0.7			0.3	0.4			0.1	0.1			0.2	0.3			300			500	800	
유아	1~2(세)	0.5	0.7			0.3	0.4			0.1	0.1			0.2	0.3			300	362	0	700	1,000	
	3~5	0.6	0.7			0.3	0.4			0.1	0.1			0.2	0.3			400	491	0	1,100	1,500	
남자	6~8(세)	0.9	1.0			0.5	0.6			0.1	0.2			0.3	0.4			900	589	0	800	1,700	
	9~11	1.3	1.6			0.7	0.9			0.2	0.2			0.5	0.6			1,100	686	1.2	900	2,000	
	12~14	1.8	2.3			1.0	1.3			0.3	0.3			0.7	0.9			1,300	911	1.9	1,100	2,400	
	15~18	2.1	2.6			1.2	1.5			0.3	0.4			0.9	1.0			1,400	920	6.4	1,200	2,600	
	19~29	2.8	3.6			1.1	1.5			0.3	0.3			0.8	1.0			1,400	981	262	1,200	2,600	
	30~49	2.9	3.5			1.2	1.5			0.3	0.3			0.7	1.0			1,300	957	289	1,200	2,500	
	50~64	2.7	3.4			1.1	1.4			0.3	0.3			0.7	0.9			1,200	940	75	1,000	2,200	
	65~74	2.5	3.3			1.1	1.3			0.2	0.3			0.7	1.0			1,100	904	20	1,000	2,100	
	75 이상	2.5	3.1			1.0	1.3			0.2	0.3			0.7	0.8			1,000	662	12	1,100	2,100	
여자	6~8(세)	0.8	1.0			0.5	0.6			0.1	0.2			0.3	0.4			800	514	0	800	1,600	
	9~11	1.2	1.5			0.6	0.9			0.2	0.2			0.4	0.5			1,000	643	0	900	1,900	
	12~14	1.6	1.9			0.9	1.2			0.2	0.3			0.6	0.7			1,100	610	0	900	2,000	
	15~18	1.6	2.0			0.9	1.2			0.2	0.3			0.6	0.7			1,100	659	7.3	900	2,000	
	19~29	2.3	2.9			0.9	1.1			0.2	0.3			0.6	0.8			1,100	709	126	1,000	2,100	
	30~49	2.3	2.8			0.9	1.2			0.2	0.3			0.6	0.8			1,000	772	124	1,000	2,000	
	50~64	2.2	2.7			0.8	1.1			0.2	0.3			0.6	0.7			900	784	27	1,000	1,900	
	65~74	2.1	2.6			0.8	1.0			0.2	0.2			0.5	0.7			900	624	9	900	1,800	
	75 이상	2.0	2.4			0.7	0.9			0.2	0.2			0.5	0.7			800	552	5	1,000	1,800	
임신부		3.0	3.8			1.2	1.5			0.3	0.4			0.8	1.0							+200	
수유부		3.7	4.7			1.3	1.7			0.4	0.5			0.8	1.1						+500	+700	

[1] 메티오닌, 류신: 2, 3분기별 부가량

아미노산: 임신부·수유부-부가량 아닌 절대필요량임

4) 지용성 비타민

성별	연령	비타민 A(μg RAE/일)				비타민 D(μg/일)				비타민 E(mg α-TE/일)				비타민 K(μg/일)			
		평균 필요량	권장 섭취량	충분 섭취량	상한 섭취량	평균 필요량	권장 섭취량	충분 섭취량	상한 섭취량	평균 필요량	권장 섭취량	충분 섭취량	상한 섭취량	평균 필요량	권장 섭취량	충분 섭취량	상한 섭취량
영아	0~5(개월)			350	600			5	25			3				4	
	6~11			450	600			5	25			4				6	
유아	1~2(세)	190	250		600			5	30			5	100			25	
	3~5	230	300		750			5	35			6	150			30	
남자	6~8(세)	310	450		1,100			5	40			7	200			40	
	9~11	410	600		1,600			5	60			9	300			55	
	12~14	530	750		2,300			10	100			11	400			70	
	15~18	620	850		2,800			10	100			12	500			80	
	19~29	570	800		3,000			10	100			12	540			75	
	30~49	560	800		3,000			10	100			12	540			75	
	50~64	530	750		3,000			10	100			12	540			75	
	65~74	510	700		3,000			15	100			12	540			75	
	75 이상	500	700		3,000			15	100			12	540			75	
여자	6~8(세)	290	400		1,100			5	40			7	200			40	
	9~11	390	550		1,600			5	60			9	300			55	
	12~14	480	650		2,300			10	100			11	400			65	
	15~18	450	650		2,800			10	100			12	500			65	
	19~29	460	650		3,000			10	100			12	540			65	
	30~49	450	650		3,000			10	100			12	540			65	
	50~64	430	600		3,000			10	100			12	540			65	
	65~74	410	600		3,000			15	100			12	540			65	
	75 이상	410	600		3,000			15	100			12	540			65	
임신부		+50	+70		3,000			+0	100			+0	540			+0	
수유부		+350	+490		3,000			+0	100			+3	540			+0	

5) 수용성 비타민

성별	연령	비타민 C(mg/일)				티아민(mg/일)				리보플라빈(mg/일)				니아신(mg NE/일)[1]			
		평균필요량	권장섭취량	충분섭취량	상한섭취량	평균필요량	권장섭취량	충분섭취량	상한섭취량	평균필요량	권장섭취량	충분섭취량	상한섭취량	평균필요량	권장섭취량	충분섭취량	상한섭취량 니코틴산/니코틴아미드
영아	0~5(개월)			40				0.2				0.3				2	
	6~11			55				0.3				0.4				3	
유아	1~2(세)	30	40		340	0.4	0.4			0.4	0.5			4	6		10/180
	3~5	35	45		510	0.4	0.5			0.5	0.6			5	7		10/250
남자	6~8(세)	40	50		750	0.5	0.7			0.7	0.9			7	9		15/350
	9~11	55	70		1,100	0.7	0.9			0.9	1.1			9	11		20/500
	12~14	70	90		1,400	0.9	1.1			1.2	1.5			11	15		25/700
	15~18	80	100		1,600	1.1	1.3			1.4	1.7			13	17		30/800
	19~29	75	100		2,000	1.0	1.2			1.3	1.5			12	16		35/1,000
	30~49	75	100		2,000	1.0	1.2			1.3	1.5			12	16		35/1,000
	50~64	75	100		2,000	1.0	1.2			1.3	1.5			12	16		35/1,000
	65~74	75	100		2,000	0.9	1.1			1.2	1.4			11	14		35/1,000
	75 이상	75	100		2,000	0.9	1.1			1.1	1.3			10	13		35/1,000
여자	6~8(세)	40	50		750	0.6	0.7			0.6	0.8			7	9		15/350
	9~11	55	70		1,100	0.8	0.9			0.8	1.0			9	12		20/500
	12~14	70	90		1,400	0.9	1.1			1.0	1.2			11	15		25/700
	15~18	80	100		1,600	0.9	1.1			1.0	1.2			11	14		30/800
	19~29	75	100		2,000	0.9	1.1			1.0	1.2			11	14		35/1,000
	30~49	75	100		2,000	0.9	1.1			1.0	1.2			11	14		35/1,000
	50~64	75	100		2,000	0.9	1.1			1.0	1.2			11	14		35/1,000
	65~74	75	100		2,000	0.8	1.0			0.9	1.1			10	13		35/1,000
	75 이상	75	100		2,000	0.7	0.8			0.8	1.0			9	12		35/1,000
임신부		+10	+10		2,000	+0.4	+0.4			+0.3	+0.4			+3	+4		35/1,000
수유부		+35	+40		2,000	+0.3	+0.4			+0.4	+0.5			+2	+3		35/1,000

성별	연령	비타민 B6(mg/일)				엽산(µg DFE/일)[2]				비타민 B12(µg/일)				판토텐산(mg/일)				비오틴(µg/일)			
		평균필요량	권장섭취량	충분섭취량	상한섭취량	평균필요량	권장섭취량	충분섭취량	상한섭취량[3]	평균필요량	권장섭취량	충분섭취량	상한섭취량	평균필요량	권장섭취량	충분섭취량	상한섭취량	평균필요량	권장섭취량	충분섭취량	상한섭취량
영아	0~5(개월)			0.1				65				0.3				1.7				5	
	6~11			0.3				90				0.5				1.9				7	
유아	1~2(세)	0.5	0.6		20	120	150		300	0.8	0.9					2				9	
	3~5	0.6	0.7		30	150	180		400	0.9	1.1					2				12	
남자	6~8(세)	0.7	0.9		45	180	220		500	1.1	1.3					3				15	
	9~11	0.9	1.1		60	250	300		600	1.5	1.7					4				20	
	12~14	1.3	1.5		80	300	360		800	1.9	2.3					5				25	
	15~18	1.3	1.5		95	330	400		900	2.0	2.4					5				30	
	19~29	1.3	1.5		100	320	400		1,000	2.0	2.4					5				30	
	30~49	1.3	1.5		100	320	400		1,000	2.0	2.4					5				30	
	50~64	1.3	1.5		100	320	400		1,000	2.0	2.4					5				30	
	65~74	1.3	1.5		100	320	400		1,000	2.0	2.4					5				30	
	75 이상	1.3	1.5		100	320	400		1,000	2.0	2.4					5				30	
여자	6~8(세)	0.7	0.9		45	180	220		500	1.1	1.3					3				15	
	9~11	0.9	1.1		60	250	300		600	1.5	1.7					4				20	
	12~14	1.2	1.4		80	300	360		800	1.9	2.3					5				25	
	15~18	1.2	1.4		95	330	400		900	2.0	2.4					5				30	
	19~29	1.2	1.4		100	320	400		1,000	2.0	2.4					5				30	
	30~49	1.2	1.4		100	320	400		1,000	2.0	2.4					5				30	
	50~64	1.2	1.4		100	320	400		1,000	2.0	2.4					5				30	
	65~74	1.2	1.4		100	320	400		1,000	2.0	2.4					5				30	
	75 이상	1.2	1.4		100	320	400		1,000	2.0	2.4					5				30	
임신부		+0.7	+0.8		100	+200	+220		1,000	+0.2	+0.2					+1.0				+0	
수유부		+0.7	+0.8		100	+130	+150		1,000	+0.3	+0.4					+2.0				+5	

[1] 1mg NE(니아신 당량)=1mg 니아신=60mg 트립토판 [2] Dietary Folate Equivalents, 가임기 여성의 경우 400µg/일의 엽산보충제 섭취를 권장함
[3] 엽산의 상한섭취량은 보충제 또는 강화식품의 형태로 섭취한 µg/일에 해당됨

6) 다량무기질

성별	연령	칼슘(mg/일)				인(mg/일)				나트륨(mg/일)			
		평균필요량	권장섭취량	충분섭취량	상한섭취량	평균필요량	권장섭취량	충분섭취량	상한섭취량	필요추정량	권장섭취량	충분섭취량	만성질환위험감소섭취량
영아	0~5(개월)			250	1,000			100				110	
	6~11			300	1,500			300				370	
유아	1~2(세)	400	500		2,500	380	450		3,000			810	1,200
	3~5	500	600		2,500	480	550		3,000			1,000	1,600
남자	6~8(세)	600	700		2,500	500	600		3,000			1,200	1,900
	9~11	650	800		3,000	1,000	1,200		3,500			1,500	2,300
	12~14	800	1,000		3,000	1,000	1,200		3,500			1,500	2,300
	15~18	750	900		3,000	1,000	1,200		3,500			1,500	2,300
	19~29	650	800		2,500	580	700		3,500			1,500	2,300
	30~49	650	800		2,500	580	700		3,500			1,500	2,300
	50~64	600	750		2,000	580	700		3,500			1,500	2,300
	65~74	600	700		2,000	580	700		3,500			1,300	2,100
	75 이상	600	700		2,000	580	700		3,000			1,100	1,700
여자	6~8(세)	600	700		2,500	480	550		3,000			1,200	1,900
	9~11	650	800		3,000	1,000	1,200		3,500			1,500	2,300
	12~14	750	900		3,000	1,000	1,200		3,500			1,500	2,300
	15~18	700	800		3,000	1,000	1,200		3,500			1,500	2,300
	19~29	550	700		2,500	580	700		3,500			1,500	2,300
	30~49	550	700		2,500	580	700		3,500			1,500	2,300
	50~64	600	800		2,000	580	700		3,500			1,500	2,300
	65~74	600	800		2,000	580	700		3,500			1,300	2,100
	75 이상	600	800		2,000	580	700		3,000			1,100	1,700
임신부		+0	+0		2,500	+0	+0		3,000			1,500	2,300
수유부		+0	+0		2,500	+0	+0		3,500			1,500	2,300

성별	연령	염소(mg/일)				칼륨(mg/일)				마그네슘(mg/일)			
		평균필요량	권장섭취량	충분섭취량	상한섭취량	평균필요량	권장섭취량	충분섭취량	상한섭취량	평균필요량	권장섭취량	충분섭취량	상한섭취량[1]
영아	0~5(개월)			170				400				25	
	6~11			560				700				55	
유아	1~2(세)			1,200				1,900		60	70		60
	3~5			1,600				2,400		90	110		90
남자	6~8(세)			1,900				2,900		130	150		130
	9~11			2,300				3,400		190	220		190
	12~14			2,300				3,500		260	320		270
	15~18			2,300				3,500		340	410		350
	19~29			2,300				3,500		300	360		350
	30~49			2,300				3,500		310	370		350
	50~64			2,300				3,500		310	370		350
	65~74			2,100				3,500		310	370		350
	75 이상			1,700				3,500		310	370		350
여자	6~8(세)			1,900				2,900		130	150		130
	9~11			2,300				3,400		180	220		190
	12~14			2,300				3,500		240	290		270
	15~18			2,300				3,500		290	340		350
	19~29			2,300				3,500		230	280		350
	30~49			2,300				3,500		240	280		350
	50~64			2,300				3,500		240	280		350
	65~74			2,100				3,500		240	280		350
	75 이상			1,700				3,500		240	280		350
임신부				2,300				+0		+30	+40		350
수유부				2,300				+400		+0	+0		350

[1] 식품외 급원의 마그네슘에만 해당

7) 미량무기질

성별	연령	철(mg/일)				아연(mg/일)				구리(μg/일)				불소(mg/일)			
		평균필요량	권장섭취량	충분섭취량	상한섭취량	평균필요량	권장섭취량	충분섭취량	상한섭취량	평균필요량	권장섭취량	충분섭취량	상한섭취량	평균필요량	권장섭취량	충분섭취량	상한섭취량
영아	0~5(개월)			0.3	40				2			240				0.01	0.6
	6~11	4	6		40	2	3					330				0.4	0.8
유아	1~2(세)	4.5	6		40	2	3		6	220	290		1,700			0.6	1.2
	3~5	5	7		40	3	4		9	270	350		2,600			0.9	1.8
남자	6~8(세)	7	9		40	5	5		13	360	470		3,700			1.3	2.6
	9~11	8	11		40	7	8		19	470	600		5,500			1.9	10.0
	12~14	11	14		40	7	8		27	600	800		7,500			2.6	10.0
	15~18	11	14		45	8	10		33	700	900		9,500			3.2	10.0
	19~29	8	10		45	9	10		35	650	850		10,000			3.4	10.0
	30~49	8	10		45	8	10		35	650	850		10,000			3.4	10.0
	50~64	8	10		45	8	10		35	650	850		10,000			3.2	10.0
	65~74	7	9		45	8	9		35	600	800		10,000			3.1	10.0
	75 이상	7	9		45	7	9		35	600	800		10,000			3.0	10.0
여자	6~8(세)	7	9		40	4	5		13	310	400		3,700			1.3	2.5
	9~11	8	10		40	7	8		19	420	550		5,500			1.8	10.0
	12~14	12	16		40	6	8		27	500	650		7,500			2.4	10.0
	15~18	11	14		45	7	9		33	550	700		9,500			2.7	10.0
	19~29	11	14		45	7	8		35	500	650		10,000			2.8	10.0
	30~49	11	14		45	7	8		35	500	650		10,000			2.7	10.0
	50~64	6	8		45	6	8		35	500	650		10,000			2.6	10.0
	65~74	6	8		45	6	7		35	460	600		10,000			2.5	10.0
	75 이상	5	7		45	6	7		35	460	600		10,000			2.3	10.0
임신부		+8	+10		45	+2.0	+2.5		35	+100	+130		10,000			+0	10.0
수유부		+0	+0		45	+4.0	+5.0		35	+370	+480		10,000			+0	10.0

성별	연령	망간(mg/일)				요오드(μg/일)				셀레늄(μg/일)				몰리브덴(μg/일)				크롬(μg/일)			
		평균필요량	권장섭취량	충분섭취량	상한섭취량	평균필요량	권장섭취량	충분섭취량	상한섭취량	평균필요량	권장섭취량	충분섭취량	상한섭취량	평균필요량	권장섭취량	충분섭취량	상한섭취량	평균필요량	권장섭취량	충분섭취량	상한섭취량
영아	0~5(개월)			0.01				130	250			9	40							0.2	
	6~11			0.8				180	250			12	65							4.0	
유아	1~2(세)			1.5	2.0	55	80		300	19	23		70	8	10		100			10	
	3~5			2.0	3.0	65	90		300	22	25		100	10	12		150			10	
남자	6~8(세)			2.5	4.0	75	100		500	30	35		150	15	18		200			15	
	9~11			3.0	6.0	85	110		500	40	45		200	15	18		300			20	
	12~14			4.0	8.0	90	130		1,900	50	60		300	25	30		450			30	
	15~18			4.0	10.0	95	130		2,200	55	65		300	25	30		550			35	
	19~29			4.0	11.0	95	150		2,400	50	60		400	25	30		600			30	
	30~49			4.0	11.0	95	150		2,400	50	60		400	25	30		600			30	
	50~64			4.0	11.0	95	150		2,400	50	60		400	25	30		550			30	
	65~74			4.0	11.0	95	150		2,400	50	60		400	23	28		550			25	
	75 이상			4.0	11.0	95	150		2,400	50	60		400	23	28		550			25	
여자	6~8(세)			2.5	4.0	75	100		500	30	35		150	15	18		200			15	
	9~11			3.0	6.0	80	110		500	40	45		200	15	18		300			20	
	12~14			3.5	8.0	90	130		1,900	50	60		300	20	25		400			20	
	15~18			3.5	10.0	95	130		2,200	55	65		300	20	25		500			20	
	19~29			3.5	11.0	95	150		2,400	50	60		400	20	25		500			20	
	30~49			3.5	11.0	95	150		2,400	50	60		400	20	25		500			20	
	50~64			3.5	11.0	95	150		2,400	50	60		400	20	25		450			20	
	65~74			3.5	11.0	95	150		2,400	50	60		400	18	22		450			20	
	75 이상			3.5	11.0	95	150		2,400	50	60		400	18	22		450			20	
임신부				+0	11.0	+65	+90			+3	+4		400	+0	+0		500			+5	
수유부				+0	11.0	+130	+190			+9	+10		400	+3	+3		500			+20	

참고문헌

- 건강보험심사평가원 보건의료빅데이터 개방시스템 http://opendata.hira.or.kr
- 곽한식 외 3명 역, Mary K. Campbell·Shawn O. Farrel, 생화학 6판, 라이프사이언스, 2008
- 권종숙·김경민·김혜경·장유경·조여원·한성림, 사례와 함께하는 임상영양학, 신광출판사, 2012
- 구재옥·임현숙·윤진숙·이애랑·서정숙·이종현·손정민, 고급영양학 개정판, 파워북, 2017
- 구재옥·임현숙·정영진·윤진숙·이애랑·이종현, 이해하기 쉬운 영양학 개정판 제3판, 파워북, 2017
- 국민건강정보포탈 http://health.mw.go.kr
- 김덕희·김서현·김정연·박수진·오희경·조재선·한성희, 베이직 영양학, 지구문화사, 2014
- 김미경·왕수경·신동순·정해랑·권오란·배계현·노경아·박주연 역, Gordon M. Wardlaw·Jeffrey S. Hampl·Robert A. DiSilvestro, 생활속의 영양학, 라이프사이언스, 2005
- 김미현·김순경·배윤정·성미경·연지영·이지선·임희숙·조혜영, 식사요법 및 실습, 파워북, 2018
- 김미현·김순경·배윤정·연지영·최미경, 현대인의 질환과 생애주기에 맞춘 영양가 식사관리 3판, 교문사, 2019
- 김민선, 비만과 에너지 대사 ; 에너지대사의 조절인자, 대한비만학회지 9(3) : 6~11, 200
- 김선효·이경애·이현숙, 기초영양학, 파워북, 2016
- 김숙희·김선희·이상선·정진은·강명희·김혜영·김우경·이다희, 건강한 삶을 위한 영양학, 신광출판사, 2011
- 김혜영·박혜련·이혜성·장순옥·최영선·김광옥·김기대·김윤희·박은미·임영숙, 최신 영양학, 도서출판 효일, 2016
- 나미희·김우경, 자일로올리고당의 섭취가 변 내 비피더스 균수, lactic acid 농도와 지질대사에 미치는 영향, 한국 영양학회지, 40(2):154-161, 2007.
- 농촌진흥청 국립농업과학원, 국가표준식품성분표 제9.2 개정판, 2020
- 농촌진흥청 국립농업과학원 http://www.naas.go.kr
- 대한당뇨병학회, 당뇨병 식품교환표 활용지침 제3판, 2010
- 대한당뇨병학회, 당뇨병 진료지침, 2013
- 대한당뇨병학회 http://www.diabetes.or.kr/
- 대한비만학회 http://general.kosso.or.kr
- 대한영양사협회, 식사계획을 위한 식품교환표 개정판, 2010
- 대한영양사협회, 임상영양관리지침서 제3판, 대한영양사협회, 2008
- 대한영양사협회 http://www.dietitian.or.kr/
- 대한지역사회영양학회 식생활정보센터 http://www.dietnet.or.kr
- 문수재·김혜경·홍순명·이경혜·이명희·이영미·이경자·안경미·이민준·김정연·김정현, 알기쉬운 영양학 개정판, 수학사, 2011
- 미국 농무성의 식품영양정보센터 http://www.nal.usda.gov/fnic
- 미국 식품가이드 http://www.chooseplate.gov
- 미국 식품의약안전본부(FDA) http://www.fda.gov

- 미국 암연구소 http://www.aicr.org/index.lasso
- 미국 영양사협회 http://www.eatright.org/public
- 미국 터프스 대학교(Tufts University) http://www.healthletter.tufts.edu
- 박태선·김은경, 현대인의 생활 영양, 교문사, 2011
- 보건복지부, 한국인을 위한 식생활지침, 2010
- 보건복지부 http://www.mw.go.kr
- 보건복지부, 한국영양학회, 2015 한국인 영양소 섭취기준, 도서출판 한아름기획, 2015
- 보건복지부, 한국영양학회, 2020 한국인 영양섭취기준(KDRIs, Dietary Reference Intakes for Koreans) 개정판, 2020
- 보건복지부, 한국보건산업진흥원, 국민공통식생활지침 제정, 2016
- 송경희·손정민·김희선·한성림·이애랑·김순미·김현주·홍경희·라미용, 식사요법 개정판, 파워북, 2012
- 서광희·김애정·김영현·오세인·이현옥·장재권·하귀현, 알기쉬운 영양학 개정판, 도서출판 효일, 2013
- 서울특별시 식생활종합지원센터 http://www.seoulnutri.co.kr
- 서정숙·서광희·이승교·정현숙, New 영양학 개정판, 지구문화사, 2012
- 세계보건기구(WHO)/건강 https://www.who.int/about/who-we-are/constitution
- 식품영양성분 DB https://www.foodsafetykorea.go.kr/fcdb/
- 식품의약품안전처 공고 제2014-340호, 식품 등의 표시기준 일부개정고시(안), 2014
- 식품의약품안전처, 2020년도 고등학교 식품안전·영양교육 교재
- 식품의약품안전처, 2020년도 식품안전·영양교육 초등학교 통합교재
- 식품의약품안전처, 식품영양성분자료집, 2020
- 식품의약품안전처, 어린이·청소년을 위한 비만과 식사 장애 예방가이드, 2013
- 식품의약품안전처, 청장년 맞춤형 식생활가이드: 건강생활을 위한 영양·식생활 실천 가이드, 2013
- 식품의약품안전처, 한 눈에 보는 영양표시 가이드라인, 2019
- 식품의약품안전처 http://www.kfda.go.kr
- 식품의약품안전처 영양표시정보 http://www.mfds.go.kr/nutrition
- 신원선·박수진·김돈규, 고령자를 위한 영양관리와 식사케어, 창지사, 2019
- 어린이급식관리지원센터 http://ccfsm.foodnara.go.kr
- 오세인·이현옥·서광희·김영현·장재권·알기 쉬운 영양학 3차 개정판, 도서출판 효일, 2017
- 이보경·변기원·이존현·이홍비·이유나, 이해하기 쉬운 임상영양관리 및 실습 개정판, 파워북, 2018
- 이승림·이순희·최현숙·송희순, 재미있는 영양학, 도서출판 효일, 2017
- 이양자·김수연·김은경·김혜경·김혜영·박연희·박영심·박태선·안홍석·염경진·오경원·이기완·이종호·정은정·정혜연·황진아·황혜진, 고급영양학, 신광출판사, 2012
- 이일하, 비타민과 무기질의 연구경향, 한국영양학회지, 20(3): 187~202, 1987
- 이희승·이지원·김지명·장남수, 영양교육과 운동중재 프로그램이 성인비만여성의 신체성분과 식이섭취, 혈중지질 및 기초체력에 미치는 효과 (2) 비만관리 프로그램의 참여율과 프로그램 효과와의 상관성, 한국영양학회지 43(3) : 260~272, 2010

- 장순옥, 단백질 섭취기준: 단백질 필요량과 추정 방법 및 단백질에너지 적정비율, 한국영양학회지, 44(4) : 338~343, 2011
- 장유경·박혜련·변기원·이보경·권종숙, 기초영양학 제4판, 교문사, 2019
- 장혜순·서광희·이병순·이해정·양수진·이승림·이순희·이정윤, 질환에 따른 식사요법, 신광출판사, 2014
- 조옥수·노호성·장명재, 비만 아동의 감량프로그램이 혈중 렙틴농도, 에너지 대사, 체지방 분포에 미치는 영향, 한국발육발달학회지 14(2) : 115~125, 2006
- 질병관리본부, 2013~2017 국민건강통계, 보건복지부, 2018
- 질병관리본부, 2018 국민건강통계, 질병관리본부, 2019
- 질병관리청 http://www.kdca.go.kr
- 질병관리청, 제8기 1차년도(2019) 국민건강영양조사결과 발표, 2020
- 채범석, 지방질 대사, 아카데미서적, 1995
- 최혜미·김정희·이주희·김초일·송경희·장경자·민혜선·임경순·이홍미·김경원·김희선·윤은영, 교양인을 위한 영양과 건강 이야기 제4판, 라이프사이언스, 2016
- 최혜미·김정희·이주희·김초일·송경희·장경자·민혜선·임경숙·변기원·여의주·이홍미·김경원·김희선·김창임·윤은영·김현아·곽충실·권상희·한영신, 21세기 영양학 5판, 교문사, 2016
- 한국건강증진개발원, 국민공통 식생활 지침, 2017
- 한국건강증진개발원 https://www.khealth.or.kr/
- 한국보건산업진흥원, 2015 국민건강영양조사 결과보고서, 2016
- 한국영양학회 http://www.kns.or.kr
- 해양수산부 국립수산과학원, 표준수산물성분표 2018 제8개정판, 2019
- 허채옥·권순형·김은미·원선임·박용순·박진희·김상연·정경아·김은영·박유신, 기초영양학 개정판, 수학사, 2016
- The Surgeon General's Report on Health Promotion and Disease, 1979
- Appel LJ·Miller ER 3rd·Seidler AJ·Whelton PK, Does supplementation of diet with 'fish oil' reduce blood pressure? A meta-analysis of controlled clinical trials, Arch Intern Med 1993;153:1429-38.
- Bao DQ·Mori TA·Burke V·Puddey IB·Beilin LJ, Effects of dietary fish and weight reduction on ambulatory blood pressure in overweight hypertensives, Hypertension 1998;32:710-7.
- Benjamin Caballero, Modern Nutrition in Health and Disease, 11/e, Lippincott W&W, 2013
- Dokholyan RS·Albert CM·Appel LJ·Cook NR·Whelton P·Hennekens CH, A trial of omega-3 fatty acids for prevention of hypertension, Am J Cardiol 2004;93:1041-3.
- Food and Agriculture Organization of the United Nations, Food-based dietary guidelines-Canada http://www.fao.org/nutrition/education/food-dietary-guidelines/regions/canada/previous-version-can/ru/
- Food and Agriculture Organization of the United Nations, Food-based dietary guidelines-Philippines http://www.fao.org/nutrition/education/food-dietary-guidelines/regions/countries/Philippines/en
- Friedewald WT·Levy RI·Fredrickson DS, Estimation of the concentration of low-density lipoprotein cholesterol in plasma, without use of the preparative ultracentrifuge, Clin Chem 1972; 18:499-502.
- Government of Canada, Canada's food guide-Healthy eating resources-Food guide snapshot ▯ Other

languages(식품안내서 개요)https://www.canada.ca/en/health-canada/services/canada-food-guide/resources/snapshot/languages/korean-coreen

- Hayakawa K·Mitzutani J·Wada K·Masai T·Yoshihara I·Mitsuoka T, Effects of soybean oligosaccharides on human fecal flora, Micobiol Ecol Health Dis 3:293~303, 1990.

- Jee SH·Park JW·Lee SY·Nam BH·Ryu HG·Kim SY·Kim YN·Lee JK·Choi SM·Yun JE, Stroke risk prediction model: a risk profile from the Korean study, Atherosclerosis 2008;197(1):318-325.

- Jun KR·Park HI·Chun S·Park H·Min WK, Effects of total cholesterol and triglyceride on the percentage difference between the low-density lipoprotein cholesterol concentration measured directly and calculated using the Friedewald formula, Clin Chem ab Med 2008;46:371-5.

- Linus Pauling Institute&Oregon State University, 2015

- Linda DeBruyne, Nutrition and Diet Therapy, Wadsworth Cengage Learning, 2012

- Mahan L. Kathleen, Krause's Food, Nutrition & Diet Theraphy, Elsevier/Saunders, 2008

- Mahan L. Kathleen·Escott-Stump Sylvia, Krause's Food & Nutrition Therapy 12/e, Elsevier, 2007

- Murray RK, Et al, Harper's Illustrated Biochemistry, McGraw-Hill Companies, 2006

- Ruth Roth, Nutrition & Diet Therapy, Delmar Cengage Learning, 2013

- Song S, The role of increased liver triglyceride content: a culprit of diabetic hyperglycemia?, Diabetes Metab Res Rev 2002. 18:5-12.

- Wardlaw GM·Smith AM, Contemporary Nutrition, McGraw-Hill Companies, 2011

- 20 health tips for 2020https://www.who.int/philippines/news/feature-stories/detail/20-health-tips-for-2020

저자소개

이승림

- 한양대학교 대학원 식품영양학 박사
- 상지대학교 식품영양학과 교수

이순희

- 경희대학교 동서의학대학원 의학영양학 박사
- 수원여자대학교 식품영양과 교수

최현숙

- 조선대학교 대학원 식품영양학 박사
- 충청대학교 호텔조리파티쉐영양학부 교수

생활 속 **영양학**

발 행 일	2021년 3월 2일 초판 인쇄
	2021년 3월 5일 초판 발행
지 은 이	이승림 · 이순희 · 최현숙
발 행 인	김홍용
펴 낸 곳	도서출판 **효일**
디 자 인	에스디엠
주 소	서울시 중구 다산로46길 17
전 화	02) 928-6643
팩 스	02) 927-7703
홈페이지	www.hyoilbooks.com
E m a i l	hyoilbooks@hyoilbooks.com
등 록	2001년 10월 8일 제2019-000146호
정 가	22,000원
I S B N	978-89-8489-490-7

* 무단 복사 및 전재를 금합니다.